JN409849

무역체제 변화와
한일
축산의 미래

무역체제 변화와 한일 축산의 미래

초판 1쇄 찍은날 2008년 8월 30일
초판 1쇄 펴낸날 2008년 9월 5일

글쓴이 허덕 · 최승철 · 한성일 · 양병우 · 신용광 · 이병오
스즈키 노부히로 · 홋타 카즈히코 · 카이 사토시
후쿠다 스스무 · 야마우치 토시유키

펴낸이 오 명
펴낸곳 건국대학교출판부
주 소 : 143-701, 서울시 광진구 화양동 1번지
전 화 : 도서주문 (02) 450-3893 / 팩스 (02) 457-7202
편 집 실 (02) 450-3892
홈페이지 : http://press.konkuk.ac.kr
전자우편 : press@konkuk.ac.kr
등 록 : 제 4-3 호(1971. 6. 21)

책임편집 임 경 희

찍은곳 (주)동화인쇄공사

정가 13,000원

ISBN 978-89-7107-497-8 93520

♠ 이 도서의 국립중앙도서관 출판시도서목록(CIP)은 e-CIP 홈페이지(http: //www.nl.go.kr/cip.php)에서 이용하실 수 있습니다.(CIP제어번호: CIP2008002653)

허덕 · 최승철 · 한성일 · 양병우 · 신용광 · 이병오
스즈키 노부히로 · 홋타 카즈히코 · 카이 사토시 · 후쿠다 스스무 · 야마우치 토시유키
공저

건국대학교출판부

머리말

우리나라의 축산업이 본격적으로 산업화 대열에 참여한 것은 1970년대에 들어와서부터라고 볼 수 있다. 이렇게 볼 때 우리나라의 축산업은 40년이 채 안 되는 짧은 역사를 가지고 있다. 그러나 오늘날 축산업은 생산액 면에서 10대 농산물 안에 축산물이 5개를 차지할 정도로 크게 성장하였다. 축산업의 생산액을 합치면 이제 쌀을 능가한다.

그 동안 축산 농가들은 생산비 절감과 품질 향상을 위해 열악한 환경 속에서도 고군분투해 왔다. 정부와 협동조합도 정책자금 지원, 제도 정비, 신기술 보급, 브랜드사업 활성화 등을 위해 힘을 보태어 왔다. 이러한 바탕 위에서 축산업은 한국 농업의 성장 동력으로서 굳건하게 발전해 온 것이다.

그러나 1995년 세계무역기구(WTO)가 출범하면서 개방화의 물결이 거세게 밀어닥쳤다. 사료곡물의 80% 이상을 수입에 의존하고 있고 상대적으로 경영규모가 작은 한국 축산은 가격경쟁력에서 열세일 수밖에 없다.

한편, 지속적인 경제성장에 힘입어 소득이 증대됨에 따라 소비자는 고품질과 더불어 안전한 축산물을 찾게 되었다. 특히 안전성은 소비자가 축산물을 구매할 때 고려하는 첫 번째 요소가 되었다.

이에 따라 농가나 도축·가공장에 위해요소 중점관리기준(HACCP)이 도입되고 있고 원산지 표시가 강화되고 있으며 쇠고기를 필두로 이력추적시스템이 확산되고 있다.

최근 곡물가격이 급등하고 유가까지 상승하여 축산 농가들이 큰 곤경에 처해 있다. 여기에 그 동안 광우병(BSE) 발생으로 중단되었던 미국산 쇠고기의 수입이 재개되고 한미 자유무역협정(FTA)까지 추진되고 있어 소 값 하락을 부추기고 있다.

이러한 환경 변화는 한국 축산이 일찍이 경험하지 못하였던 시련이고 도전이다. 한국 축산은 이 시점에서 스스로를 냉철하게 분석하고 21세기 미래형 축산으로 거듭나기 위한 준비를 서둘러야 한다.

한편, 품질 및 안전관리, 제품 표시 및 포장, 환경문제 등에서 우리보다 앞선 일본의 축산은 벤치마킹 대상이 되고 있다. 다만 일본도 사료곡물 가격 및 유가상승, 외국산 저가 축산물의 수입 증대로 국내 축산이 크게 영향을 받고 있다는 점은 우리와 유사하다.

이러한 문제의식에서 양국의 축산 연구자들이 축산업의 주요 현안들을 선정하여 책으로 펴내기로 의견을 모으게 되었다. 그 후 원고를 모아 편집하고 번역하는 데 많은 시간과 노력이 소요되었다. 앞으로 이 책의 일본어판도 출간할 예정이다.

이 책의 장점은 축산업의 주요 현안인 무역, 유통, 브랜드사업, 안전성, 환경, 정책 등에 대해 한국과 일본의 학자가 각각 자국의 실태와 문제점을 분석함으로써 많은 시사점을 제공할 수 있다는 점이다. 따라서 이 책은 축산경영학이나 농업경제학을 공부하는 학부생, 대학원생은 물론, 정책담당자 및 협동조합 관계자에게도 많은 참고가 되리라고 생각한다.

책으로 정리해 놓고 보니 뿌듯함도 있지만 이번에 다루지 못한 분야나 새로이 추가할 부분에 대해서는 관련 전문가들과 함께 계속 대안을 제시하고자 한다.

아무쪼록 이 책이 어려움에 처해 있는 양국의 축산업 발전에 작은 보탬이라도 된다면 더 이상 바랄 것이 없겠다.

2008년 7월

집필자를 대표하여

이 병 오

차 례

1부 한국 축산의 현황 및 대응 전략

1장 축산물을 둘러싼 무역체제의 변화

4장 축산식품 안전성 확보 방안

5장 가축 분뇨의 이활용 촉진을 위한 정책 방향

2부 일본 축산의 현황 및 대응 전략

1장 한일 자유무역협정과 축산물 쌍방향 무역의 가능성

2장 축산정책 변화와 축산물 시장 구조

5장 자원순환형 축산의 전개와 정책지원

1부

한국 축산의 현황 및 대응 전략

1장

축산물을 둘러싼 무역체제의 변화

－WTO/FTA 정세 변화와 향후 과제－

허 덕*

1절 축산물 수입자유화와 축산물 수급의 변화

1. 축산물 수입자유화 일정

한국에서 축산물 수입자유화는 1993년 우루과이 농산물 협정 타결을 전후하여 거의 완결되었다고 해도 과언이 아니다. 이후 연차적으로 수입이 자유화된 품목의 수입과 국내 유통은 민간의 손으로 넘어가게 된다.

농축산물 시장 자유화 일정에 따라, 1995년 개방 품목 중에는 냉장 돼지고기, 냉장 닭고기와 치즈, 조제분유, 우유 함유 제품 등 주요 축산물이 포함되어 있었다. 1996년 7월에는 수입이 자유화된 9개 품목 중에는 버터, 연유가 포함되어 있어, 동년도에 낙농제품

*한국농촌경제연구원 연구위원

[표 1-1] 축산물 수입자유화 일정 및 이행조치

구 분	쇠고기	돼지고기	닭고기	유제품
자유화 일 시	• 2001년 1월 • 2000년까지 수입쿼터 제한에서 수입	• 1997년 7월 • 1995~1997년 6월까지 조치는 아래와 같음	• 1997년 7월 • 1995~1997년 6월까지 조치는 아래와 같음.	• 1996년부터 자유화
수 입 쿼 터	• 1993년 99천 톤에서 연차적으로 증량, 2000년 225천 톤	• 1995년 17,544톤에서 1996년 29,240톤 1997년 6월까지 18,275톤.	• 1995년 7,700톤 1996년 10,400톤 1997년 6월까지 6,500톤	• 시장접근 물량을 1995년 23,000톤에서 2004년까지 연10%씩 증가시키고 이 물량에 대하여서는 20%(할당관세)적용.
관세율	• 1994년 관세 20%에서 1995년에는 43.6%로 인상 후 연차적으로 인하, 2001년 41.2%	• 1994년 25%인 관세를 1995년 37%로 인상 후 1997년 33.4%, 2004년 25%로 하향 조정	• 1994년 20%에서 1995년 35%, 1997년 30.5%, 2004년 20%로 낮추어 나감	• 전지 및 탈지분유: 1995년부터 관세를 220%로 인상 후 자유화하되 관세를 2004년까지 176%로 감축. • 치즈, 조제분유, 우유함유제품: 1995년부터 1994년 관세율 40%로 자유화 • 유장분말: 1995년부터 관세를 20%에서 99%로 인상된 관세로 자유화하고 2004년까지 관세를 49.5%로 감축. • 버터류: 1996년 7월부터 99%로 인상된 관세로 자유화하고, 2004년까지 49.5%로 감축.
부과금	• 1993년 부과금 수준을 100으로 하여, 이를 연차적으로 감축, 1995년 70, 2000년에 완전히 없앰	-	-	-
특 기 사 항	• 쿼터 중 업계자율구매(SBS)물량 비율: 1993년 15%에서 연차적으로 증량하여 1995년 30%, 2000년 70%. ※ 쇠고기육포와 식용 설육은 1997년 7월부터 각각 30%, 20%의 관세율로 자유화.	-	-	-

은 모두 개방이 된 셈이다. 1997년 7월에는 냉동 돼지고기와 냉동 닭고기 등 16개 품목이 자유화되었다. 낙농산물을 필두로 하여 극히 일부 품목을 제외한 양돈산물과 양계산물의 대부분이 이때 개방되었다.

쇠고기와 생우의 수입이 자유화된 것은 2001년 1월부터이다. 이전까지 쇠고기는 쿼터제(quota system)하에서 수입되었다. 이행기간 동안 연차적으로 쇠고기 수입쿼터량은 증량하고, 수입쇠고기에 대한 관세율과 부과금 수준은 하향조정하며, 쿼터량 중 업계자율구매(SBS: Simultaneous Buying System)비율은 증가시켜 왔다. 주요 축산물의 개방일정과 자유화 이행기간 중 이행조치 등은 [표 1-1]과 같다.

2. 축산물 수입과 수급상황

1) 쇠고기

실제로 쇠고기가 처음 수입된 것은 1976년의 일이며, 이후에도 쇠고기 수입은 계속되었다. 1981~85년에는 143천 마리의 생축과 함께 140천 톤의 쇠고기가 수입되었다. 이는 동 기간 총 소비량의 25.7%에 달하는 양이다. 같은 기간 동안 쇠고기 소비량은 93,202톤에서 120,342톤으로 증가하였다. 수입의 증가로 인해 쇠고기 자급률은 1981년 74.3%에서 1983년 57.2%로 하락하였다. 이후 산지 소 값 파동으로 국내산 쇠고기 공급이 과잉되었던 1985년 자급률은 96.1%로 다시 높아졌다.

산지 소 값 파동이 일어나자 정부는 1985년 쇠고기 수입을 중단하였다. 문제는 쇠고기 수출국과 사전협의 없이 수입을 중단하였다는 이유로, 미국을 비롯한 쇠고기 수출국으로부터 거센 항의를 받았다는 점이었다. 이를 계기로 미국을 비롯한 쇠고기 수출국들은 우리 정부에 쇠고기 수입 재개와 쇠고기시장 자유화를 집요하게 요구하여 왔다. 이에 따라 쇠고기협상이 다시 시작되었으며, 1988년부터 쿼터제로 쇠고기 수입을 재개하기로 합의하여 협상은 타결되었다. 수입재개 첫해인 1988년 쇠고기 수입량은 14,193톤에 불과하였지만, 1989년에는 49,592톤으로 크게 증가하였다. 1988년 소비량 중 수입 쇠고기는 9,275톤으로 자급률은 93.4%로 높게 유지되었지만, 1989년에는 수입쇠고기 소비량이 53,261톤으로 크게 증가하여 자급률은 다시 62.8%로 크게 하락하였다.

한편, 산지 소 값은 1988~89부터 상승하기 시작하였고 정부는 산지가격 상승을 억제하기 위하여 쇠고기 수입을 쿼터량 이상으로 수입하였다. 이에 따라 쇠고기 소비는 1990~92년간 177.0천 톤에서 226.9천 톤으로 크게 증가하였고, 국내산 쇠고기 공급의 정체로 쇠고기 자급률은 1990년 53.6%, 1992년 43.9%로 크게 하락하여, 같은 기간 쇠고기 소비증가는 수입쇠고기 소비가 주도하였다.

1993년 12월에는 우루과이 라운드(UR) 농산물 협상이 타결되었

[표 1-2] UR 협상에서 합의된 쇠고기 시장 개방 내용

<table>
<tr><th colspan="2">구 분</th><th>1994</th><th>1995</th><th>1996</th><th>1997</th><th>1998</th><th>1999</th><th>2000</th><th>2001</th></tr>
<tr><td colspan="2">수입쿼터(정육, 천톤)</td><td>106</td><td>123</td><td>147</td><td>167</td><td>187</td><td>206</td><td>225</td><td rowspan="5">수 입
자유화
(관세율
41.2%)</td></tr>
<tr><td rowspan="4">SBS</td><td>쿼터비율</td><td>20</td><td>30</td><td>40</td><td>50</td><td>60</td><td>70</td><td>70</td></tr>
<tr><td>쿼터량(천톤)</td><td>21</td><td>37</td><td>59</td><td>84</td><td>112</td><td>144</td><td>158</td></tr>
<tr><td>마크업</td><td>95</td><td>70</td><td>60</td><td>40</td><td>20</td><td>10</td><td>0</td></tr>
<tr><td>관세(%)</td><td>20</td><td>43.6</td><td>43.2</td><td>42.8</td><td>42.4</td><td>42.0</td><td>41.6</td></tr>
<tr><td colspan="2">육포 및 식용 설육</td><td colspan="8">1997년 7월 1일 수입자유화(관세율: 육포 30%, 설육 20%)</td></tr>
<tr><td colspan="2">생 우</td><td colspan="8">2001년 수입자유화(관세율 41.2%)</td></tr>
</table>

다. 쇠고기 수급과 관련된 협상결과의 주요 내용은 다음과 같다.

쇠고기는 2000년까지만 쿼터제로 쇠고기를 수입하고, 쿼터량은 1995년 123천 톤에서 매년 늘려나가 2000년 225천 톤으로 확대하며, 2001년 국내 쇠고기시장을 완전 자유화한다는 것이었다(표 1-2).

1997년 말부터의 외환위기에 따른 농가경제의 어려움 가중과 2001년 쇠고기와 생우시장 개방이 예고되자, 많은 농가들이 한육우 사육을 포기하거나 사육 의욕이 현저히 감소되어, 한육우 사육수는 1996년 6월 285만 마리에서 2001년 3월에는 147.6만 마리까지 줄어들었다(그림 1-1 참조). 이에 따라 한육우 및 국내산 쇠고기 가격이 급격히 상승하여, 2005년 8월 현재까지 350만원(500kg 1마리당 산지가격) 이상을 유지하고 있다(그림 1-2 참조).

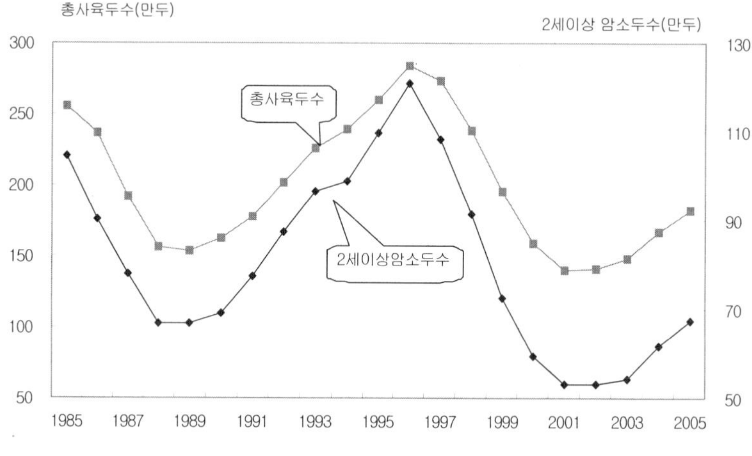

[그림 1-1] 한육우 사육두수 변화(1980~2005)

자료: 농식품부, 「가축통계」, 각 연도

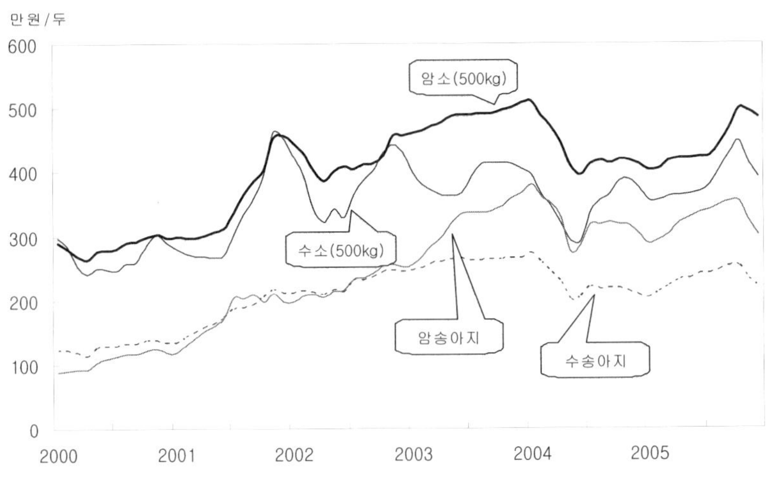

[그림 1-2] 한우 산지가격 최근 동향(2000~2005)

주: 한우산지가격은 명목가격임.
자료: 농협중앙회, 「축산물가격정보」, 각 연도

2003년 12월 미국에서 BSE(Bovine Spongiform Encephalopathy, 소해면상 뇌증, 일명 광우병)가 발생하여 미국산 쇠고기의 수입이 중단되었다. 수입금지 이후 호주와 뉴질랜드산 쇠고기의 수입이 증가하였으나, 2004년 쇠고기 수입은 13만 3천 톤으로 전년에 비해 54.8% 감소하였다.

쇠고기 수입량이 크게 감소한 것은 호주와 뉴질랜드에서 곡물로 비육된 쇠고기를 충분히 공급하지 못하였고, 우리나라와 일본이 호주산 쇠고기 수입시장에서 경쟁관계에 있었기 때문이다.

2006년 1월 13일 한・미 간 쇠고기 협상이 타결됨에 따라 상반기에 수입이 재개되었다. 수입재개 조건으로 30개월령 미만 뼈를 제외한 살코기만 수입하는 것으로 되었다.

양국간 협상에서 쇠고기 안전성과 관련된 도축월령과 뼈 포함여

부가 주요 논의 대상이었다. 수입가능 부위가 뼈를 제거한 살코기에 한정됨에 따라 미국산 쇠고기 수입량 중 큰 비중을 차지하였던 뼈 있는 갈비가 수입대상에서 제외되었으며, 안창살과 각종 부산물, 육가공품, 분쇄육 등도 수입대상에서 제외되었다. 일본은 2005년 12월 미국산 쇠고기 수입을 재개하였으며 수입재개 조건으로 21개월 미만 쇠고기(뼈 포함)를 수입하는 것으로 합의한 바 있다.

2) 돼지고기

비교적 경쟁력을 지니고 있어 수출까지 하던 양돈산업에도 수입 자유화의 물결이 밀려 왔다. 시장개방의 파고가 거세지면서 1997년 7월 1일부터 냉동 돼지고기가 관세율 33.4%로 수입 자유화되었으며, 2004년까지 관세율은 25%로 하향 조정되었다. 1990~97년간 돼지고기 수급동향을 보면, 돼지고기 소비량은 504.8천 톤에서 698.3천 톤으로 연 4.7%씩 증가하였다. 이 중 국내 공급량은 502.2천 톤에서 630.7천 톤으로 연 3.3%씩 증가하였다.

돼지고기 수입은 1990년 2.6천 톤이 수급조절용으로 처음 수입되었고, 그 이후 수입량은 다소 기복을 보이다가, 1994년 25.1천 톤이 수입되었다(수입량 중 소비량은 18.3천 톤). 이는 같은 해 소비량 613.9천 톤의 4% 정도에 불과한 양이다. 1995년 수입량은 34.4천 톤이었다. 이는 우루과이 라운드 농산물 협상타결에 의한 수입자유화 시까지의 최소시장 접근(MMA: Minimum Market Access) 물량 수입허용에 따른 1995년도 최소시장 접근물량은 17.5천 톤보다 많은 양이다. 1996년 돼지고기 수입량은 41.4천 톤, 1997년 64.8천 톤으로 꾸준하게 증가하여 왔다.

1990~97년간 돼지고기 수출추이를 보면, 1990년에는 5.8천 톤(수

출액 미화 31.7백만 달러)에 불과하였으나, 1995년 14.3천 톤(89.1백만 달러), 1996년 36.9천 톤(199.7백만 달러), 1997년 51.6천 톤(247.3백만 달러)으로 크게 증가하였다. 1997년 일본에 수출된 돼지고기 부위별 비율을 보면 등심 69%, 후지 16%, 안심 7%, 목등심 8%였다.

돼지고기는 세계에서 가장 큰 수입시장인 일본이 인접하여 있는 등 축산물 중에서 가장 국제경쟁력이 있는 품목이다. 하지만, 수출업자들의 채산성 악화로 인한 수출중단, 규격돈 확보문제, 잔류물질 검출 등으로 수출이 부진하여 왔다. 양돈업은 1990년대 초부터 정부의 지원하에 빠르게 구조조정이 일어나 규모화가 진척되고 사양관리 개선으로 생산비 절감이 가능해졌고, 산지가격이 과거에 비하여 비교적 안정되면서 수출이 크게 증가하게 되었다. 이에 따라 일본시장 점유율은 1995년 2.4%에서 1997년 9.9%로 높아졌다.

특히 1997년 3월에는 일본에 돼지고기를 수출하고 있던 대만에서 구제역이 발생하여 수출이 중단됨에 따라 수년간 수출 물량은 지속적으로 증가할 것으로 전망하였다. 하지만, 2000년과 2002년 우리나라에서도 구제역이 발생하고 돼지콜레라 등 전염병이 끊이지 않아 돼지고기의 대일 수출은 중단된 상태이다.

2절 축산물을 둘러싼 무역체계의 변화

1. WTO/DDA 협상 현황

UR 협상결과를 토대로 시장개방을 더욱 가속화한다는 목표 하에 2001년 11월 DDA 협상이 출범되었다. 그동안 여러 차례 협상의 기본골격을 정하는 초안이 나왔으나 실패하고, 2004년 8월 1일 WTO 이사회에서 가까스로 기본골격을 채택한 바 있다. 기본골격 채택 이후 2005년 12월 홍콩에서 제6차 각료회의가 개최되었다.

2004년 8월 채택된 기본골격의 주요 내용은 시장접근 분야와 국내보조 분야 그리고 수출경쟁 분야로 나누어 볼 수 있다. 시장접근 분야에서는 첫째, 관세수준에 따라 여러 구간으로 나누어 관세를 감축하되, 높은 관세는 더 많이 감축한다. 둘째, 민감품목의 관세감축에는 신축성을 두기로 하되 저율관세 수입물량(TRQ: Tariff Rate Quota)을 증량한다. 셋째, 개도국으로 지정된 국가에 대해서는 관세감축률, 이행기간 등에 대해 우대하며, 특별품목은 관세감축에 보다 많은 신축성을 부여한다는 내용을 골자로 한다. 그동안 논란이 되어 왔던 종량세의 종가상당치[1] 계산방식이 2005년 5월 합의됨에 따라 최근 시장접근 분야에 대한 논의가 본격화되고 있다.

국내보조 분야에서는 첫째, 무역왜곡 보조가 많을수록 더 큰 폭으로 감축하고 이행 첫해에 무역왜곡 보조 총액의 20%를 감축한다. 둘째, 생산을 제한하는 제도하에서의 직접지불을 허용하는 소위 블루박스(blue box) 보조금의 지급한도를 농업총생산액의 5%로 규정하고 생산제한을 전제로 하지 않는 새로운 블루박스를 도입한다. 셋째, 최소허용 보조(de minimis)는 감축을 원칙으로 하되, 개도국에는 특별대우를 고려한다는 내용을 골자로 한다. 우리나라가 개도국의 지위를 유지할 수 있느냐 여부에 따라 파급영향의 정도가 크게 달라질 것은 자명한 일이다.

---

1) 기본골격에서 구간대별 관세감축 방식을 채택하고 있기 때문에 종량세를 관세구간대에 배치하기 위해서는 종량세의 크기를 종가세로 환산하는 종가상당치 계산이 필요하다. 그동안 그 계산 방식에서도 국가간 차이를 보여 왔다.

수출경쟁 분야에 있어서는 첫째, 수출보조를 협상에서 합의하는 날짜까지 폐지하며, 수출신용이나 식량보조 등에 대해서도 규제한다. 둘째, 개도국에 대해서는 수출물류비 지원을 허용한다는 내용을 골자로 한다.

농업협상에 있어서 각국들이 각자 의견을 내기보다는 입장을 같이 하는 몇몇 국가들이 그룹을 이루어 협상에 임한다. 주요 그룹으로는 수출국 그룹인 케언즈(Cairns) 그룹과 G-5 등, 수입국 그룹인 MF6, G-10 등이 대표적이며, 개도국 입장을 반영하고자 하는 그룹으로는 강경개도국 그룹인 G-20 이외에도 특별품목 그룹인 G-33과 아프리카, 중남미, 아시아 일부국가가 포함된 G-90 그룹이 있다. 이 외에도 아프리카, 카리브해, 태평양 지역의 77개 국가로 구성되어 EC와 특혜적 무역관계를 가지고 있는 ACP 그룹이 있다. 우리나라는 MF6와 G-10, G-33에 참여하고 있다.

홍콩 각료회의 결과, DDA 농업협상은 2006년 타결을 목표로 한다는 점을 재차 확인하고, 시장접근 분야(관세율 구간, 관세 감축률 및 상한, 민감 및 특별 품목 지정 등)에 대해 미국, EU, G20, G10 등에서 제안한 협상안을 토대로 논의가 진행되어 왔다. 만일 2006년 협상이 타결되었다면, 2008년부터 10년간 관세감축이 이루어졌을 것이다. 현재 미국, EU, G20이 제안한 관세 감축률과 민감품목의 개수 설정이 핵심 쟁점 사항이다.

지난 2005년 5월 2일에는 농산물 순수입국 그룹인 G-10 각료회의에서 협상과정의 투명성, 농업의 비교역적 관심사항(NTC: Non Tariff Concerns) 반영, 점진적인 관세 감축, 민감품목에 대한 신축성 등을 강조하는 각료선언문을 채택한 바 있다. 2006년 6월 12일에는 G-33 각료회의에서 개도국을 위한 특별품목(SP: Special Products), 긴급수입제한제도(SSM: Special Safeguard Measurement)의 중요성을 강조하는 각료선언문을 채택한 바 있으며, 12월에 있었던 홍콩각료회의에서는 이러한 점을 재차 확인하고, 이미 합의된 사항들이 효력을 발휘할 수 있도록 최선을 다한다는 점을 다시 한 번 강조하였다. 아울러 협상 마무리를 위한 모델리티를 2006년 4월 30일까지 마련하고, 각국이 이행계획서를 2006년 7월 31일까지 제출하기로 결의하였다. 그렇지만, 미국, EC, 인도, 브라질, 호주로 구성된 주요 5개국 위주로 협상이 진행되고 있는 것이 현실이어서, 이에 대한 강한 우려가 대두되고 있는 실정이다.

2. 한국의 FTA 추진 현황

FTA란 나라와 나라 간의 제반 무역장벽을 완화하거나 철폐하여 무역자유화를 실현하기 위해 양국간 또는 지역간에 체결하는 특혜무역협정이다. WTO가 여러 국가들이 모여서 무역에 대한 기준을 마련하는 다자주의 원칙을 존중하는 반면, FTA는 기본적으로 양자주의 무역체제이다.

WTO 체제에서 FTA는 크게 두 가지 형태가 있다. 하나는 유럽연합(EU: European Unions)처럼 모든 회원국이 자국의 고유한 관세 및 수출입제도를 완전히 철폐하고 역내의 단일관세 및 수출입제도를 공동으로 유지해 가는 방식이다. 다른 하나는 북미자유무역협정(NAFTA: North American Free Trade Agreement)처럼 FTA의 각 회원국이 역내의 단일관세 및 수출입제도를 공동으로 유지하지 않고, 자국의 고유 관세 및 수출입제도를 계속 유지하면서 무역장벽을 완화하거나 철폐해 가는 방식이다. 이제 FTA는 WTO/DDA 협상과 함께 개방화의 양축을 구성하여 진행될 것이다.

FTA 체결은 세계적인 조류이지만, 체결 상대가 누구냐에 따라 부문간 희비가 교차된다. 상대가 일본이라면 우리나라 농업 부문에 유리할 것으로 판단되지만, 제조업은 커다란 타격을 입을 것이고, 중국이라면 제조업 등에서 이익이 기대되는 반면 농업 부문은 피해가 클 것으로 예상된다.

우리나라가 처음 FTA에 대해 논의하기 시작한 것은 1998년 칠레부터이다. 2004년 4월 한・칠레 FTA의 발효 및 2004년 11월 한・싱가포르 FTA의 실질적인 타결에 이어, 현재 일본, 유럽자유무역연합(EFTA: European Free Trade Agreement), ASEAN과는 FTA 협상을 진행 중에 있다. 2005년 말까지 EFTA와 협상타결 및 ASEAN과는 상품 분야 협상의 타결을 목표로 하고 있었다. 일본과의 FTA 체결에 관해서는 현재 교착상태이지만, 양국 정상이 합의한 대로 "높은 수준의 포괄적인 FTA"를 타결한다는 원칙을 견지하고 있어 향후 진전이 예상된다.

캐나다와는 2005년 중 2차례 FTA 예비협의를 거친 후 공식협상 개시를 위한 국내절차가 진행 중에 있는데, 2005년 5월 6일에 있었던 공청회에 이어 내외경세장관회의에 상정된 바 있다.

인도나 미국과는 이미 FTA를 체결한다는 데는 원칙적으로 합의하고 적극 추진한다고 이미 언론에도 보도된 바 있다. 아직 사전협의 또는 공동연구를 진행 중인 나라들도 많다. 멕시코 등과는 2005년 내에 협상 개시에 합의하는 의견을 도출한다는 목표를 세워두고 있으며, 남미공동시장(mercosur)과는 2005년 5월 초부터 공동연구가 출범한 상태이다. 중국과는 2005년부터 2년간 민간공동연구를 실시하고 있는데, 지난 2005년 7월 국무총리가 중국 방문 시 원자바오(溫

家寶) 중국 총리로부터 FTA를 조속히 추진하자는 내용의 의견을 주고받은 바 있어 향후 빠른 진전이 예상된다.

3. 한·칠레 FTA 체결과 한국 축산업의 구조적 변화

1) 한·칠레 FTA 체결의 주요 내용

한·칠레 FTA 협상에서 농산물 시장개방에 관한 중요한 특징은 민감한 품목인 사과, 배, 쌀 등 21개 세부품목을 관세 철폐대상에서 제외한 것이다. 이외의 농업을 포함한 모든 산업을 관세 철폐대상에 포함시켰다. 그 대신, 점진적 철폐와 일부 극히 민감한 품목의 예외를 인정하였다. 칠레도 한국산 냉장고와 세탁기를 관세 대상에서 제외시켰다.

전체 품목의 94.5%에 해당하는 품목에 대해서는 10년 내에 관세를 철폐하기로 하였고, 민감한 농산물에 대해서는 관세할당량(TRQ) 제공과 DDA 이후 재협상, 16년 내 관세 철폐, 계절관세 부과 등 다양한 방법을 제안하였고, 칠레 측이 이를 수용함에 따라 협상이 타결된 것이다.

계절관세에 해당하는 품목은 포도 1개 품목이며, 10년간 11월에서 4월까지만 관세를 철폐한다. TRQ 품목에는 축산물 중 쇠고기와 닭고기, 유장이 포함되어 있는데, 각각 400톤, 2,000톤, 1,000톤의 할당량(quota)이 정해졌다. 양적으로 그리 크지 않아 시장에서 커다란 변화는 없을 것으로 판단된다.

대부분의 축산물은 10년 이내에 관세를 철폐하는 품목이라고 보아도 과언이 아니다. DDA 협상 이후 논의키로 한 품목 중 축산물은 돼지고기〔냉동도체, 설육(부스러기 고기)〕, 오리, 분유, 버터,

계란, 난황, 꿀, 치즈(신선, 커드 등), 밀크, 크림, 녹용 등이다. 16년 내에 관세를 철폐키로 한 축산물은 조제분유가 있으며, 7년 내 관세를 철폐키로 한 것에는 칠면조 고기(TRQ 600톤 제공)가 포함된다. 5년 내에 관세를 철폐키로 한 것에는 말, 양, 닭, 칠면조, 기타 동물, 식용 설육, 알, 로열젤리, 뿔, 발굽, 사향 등이 있다. 종우, 종돈, 종계, 비계, 정액, 수정란, 배합사료, 사료첨가제, 원피, 호밀 등 224개 품목은 협정 발효와 함께 곧바로 관세가 철폐되었다.

2) 한·칠레 FTA 체결이 축산업에 미친 영향

칠레의 축산물 생산비는 그리 낮지 않다. 돼지고기를 예로 들어보면, 지육기준으로 이웃 아르헨티나가 한화 환산으로 kg당 578원, 브라질이 603원 정도인데 비해, 칠레는 775원 정도인 것으로 보고되어 있다. 실제로 현재 우리나라에도 칠레산 돼지고기가 수입되고 있는데, 수입단가가 냉동 삼겹살 기준으로 kg당 2.56~2.98달러 정도되어, 미국산보다 다소 높다. DDA 협상결과에 따라 다르기는 하겠지만, 향후 10년 뒤에는 돼지고기 관세가 14% 정도로 낮아질 것으로 전망되는바, 무관세화된다 하더라도 대략 2달러 이상에서 수입될 것으로 판단된다. 어차피 우리나라에서는 연간 약 15만 톤 정도의 삼겹살과 목살 등을 수입하고 있는 만큼, 칠레산 돼지고기 가격이 다소 낮아진다 하더라도 미국 등에서 수입하고 있는 양의 극히 일부 정도가 대체되는 데 그칠 것으로 예상된다(표 1-3 참조). 쇠고기나 닭고기의 경우도 비슷할 것으로 보인다.

칠레의 축산업은 규모가 작아 칠레의 수출여력은 크지 않을 것으로 선망할 수 있으며, 육류의 소비 패턴이 냉장육으로 전환되고 있는 만큼, 수송기간(45일 정도)을 감안하면 칠레산 냉장육의 수입

[표 1-3] 칠레의 돼지고기 생산 및 수출 동향(1995~2005)

구 분		1995	2000	2002	2004	2005	2006	2007
사육두수	(천두)	1,489	2,465	3,100	-	-	-	-
생산량	(천톤)	172.4	261.5	350.7	-	-	-	-
수출량	(천톤)	2.1	13.0	45.6	103	128	124	135
한국수출량	(천톤)	-	-	3.5	17.4	25.4	22.3	31.9
일본수출량	(천톤)	-	7.6	22.6	-	-	-	-
수입량		0.8	1.9	0.6	-	-	-	-

자료: ODEPA, 2004년은 칠레산 돼지고기의 국내 수입량이며, 2005년은 농식품부 자료 인용, 2006년 이후는 지육기준.

확대 가능성은 낮다고 볼 수 있다.

쇠고기, 닭고기의 경우, TRQ 물량이 소량이어서 기존에 수입되고 있는 물량 내에서 수입선 전환효과가 발생할 것으로 예상된다. 유장의 경우 국내 생산실적은 거의 없고 수입에 의존하고 있으며, 분유는 TRQ 제공 없이 DDA 협상 이후에 논의키로 하여 현재로서는 직접적인 영향은 크지 않을 전망이다.

현재의 쇠고기 수입관세는 40% 정도이다. DDA 협상에서 쇠고기 수입관세가 얼마로 인하되게 될지는 아직 모르지만, 대략 20% 이하로 내려가지는 않을 것으로 예상하고 있다. 한・칠레 FTA에 의한 무관세와 WTO/DDA에 의한 관세의 차이가 20% 정도 있어, 이 차이에 대한 수입량 확대효과가 예상된다. 칠레는 쇠고기 분야에서 미국, 호주 등 경쟁국에 맞먹는 수준의 낮은 수출 가격을 유지하고 있지만, 아직까지는 품질 면에서 다소 떨어져 당분간 큰 수입의 증가는 없을 전망이다. 그러나 칠레가 위생문제와 품질문제를 해결하고 본격적으로 수출할 것을 결정한다면, 상황이 변화될 가능성은 충분히 있다. 한국농촌경제연구원(KREI: Korea Rural Economic

Institute)에서는 칠레가 품질문제와 위생문제를 해결하였다는 전제 하에서, 칠레산 쇠고기가 무관세로 수입될 경우, 수년 내 국내 시장의 32%를 점유하게 될 것으로 추정하였다.[2)]

실제로 한・칠레 간 FTA 체결 이후 1년간 포도주와 돼지고기 수입액이 각각 151%와 64% 증가하였다. 돼지고기 총소비량이 증가하였다 하더라도, 광우병 등으로 인해 수입쇠고기가 돼지고기로 상당부분 대체된 것을 감안하면, 국내 축산업 부문에 미친 영향은 예상보다 작다는 분석이다.[3)]

구체적으로 통계를 보면 다음과 같다. 2004년 돼지고기 소비량은 미국 광우병 발병에 따른 여파로 대체육류로서 돼지고기 수요가 증가하였고, 2004년 4월 1일부터 갹출된 양돈 자조금을 이용한 돼지고기 소비 촉진 활동이 활발히 이루어져, 2003년보다 증가하였다. 그러나 2005년 들어 소비자 가격 상승으로 소비는 전년에 비해 약간 감소한 수준이다.

2005년 돼지고기 수입량은 국내 성돈 산지가격이 높게 형성되어 2004년보다 59.6% 증가한 17만 3,600톤(검역기준)이었다. 칠레산 돼지고기 수입량은 2004년보다 46.0% 증가한 2만 5,357톤이었으며 수입국들 중에서 미국 다음가는 비중을 차지하였다.

2004년 돼지고기의 대 칠레 수입은 2003년에 비해 81% 증가하였으나 같은 기간에 우리나라의 돼지고기 수입 증가율이 79.9%에 달하고, 2005년의 경우에도 각각 46.0%, 59.6%로 나타나, 칠레로부터의 돼지고기 수입 증가가 FTA의 효과만으로 보기는 어렵다. 우리나

2) 최세균 외 4인, 『한・칠레 FTA에 대응한 농업부문 대책』, 한국농촌경제연구원 정책연구보고(P052), 2002. 10.
3) 최세균 외 1인, 『한・칠레 FTA 이행 1년의 농업부문 평가』, 한국농촌경제연구원 농정연구속보(PR00023), 2005. 4.

라 수입 돼지고기 시장에서 칠레가 차지하는 비중 또한 2005년 14.6%, 2004년 15.5%로 FTA 체결 이전인 2003년 19.8%보다 낮았다(표 1-4 참조). 2004년 기준으로 부위별 수입량을 보면, 2003년 동 기간 대비 증가율이 냉동 삼겹살 14.7%, 냉동 기타 돼지고기 127.3%로 나타났다. 소해면상뇌증(BSE) 등으로 인한 쇠고기 수입 및 소비 감소와 그에 따른 돼지고기 수입수요 증가가 칠레산 돼지고기 수입 증가의 원인으로 볼 수 있다.

[표 1-4] 한국의 돼지고기 대 칠레 수입 현황(2000~2007)

(단위: 톤, %)

구 분	2003	2004	2005	2006	2007
칠레산	12,074	17,366	25,357	22,348	31,898
총수입량	60,790	108,829	173,598	210,462	248,343
칠레산 비중	19.8	16.0	14.6	10.6	12.8

자료: 농수산물유통공사, 농수산물무역정보(www.kati.net)
한국무역협회, 종합무역정보(www.kita.net)

곧바로 관세가 철폐된 사료곡물 분야에 대한 파급영향은 단미사료 분야에서 나타날 것으로 보인다. 어차피 배합사료 원료의 대부분은 수입에 의존하고 있어 도입 대상국이 대체된다 하더라도 국제가격이나 국내 축산업에 큰 영향은 없을 것이다. 그렇지만, 단미사료 원료의 경우에는 비교적 많은 양이 칠레산으로 대체가 이루어질 전망이다.

3절 축산물 무역 관련 향후 과제

1. 축산업에 유리한 방향의 협상 전략 수립

DDA 협상 중 축산업의 입장에서 가장 중요한 분야는 시장접근 분야라 할 수 있다. 제1관세구간은 상대적으로 저율관세 품목의 구간인데, 쇠고기, 돼지고기, 닭고기 등 축산물의 대부분이 관세율 18~40%(일부 닭고기 18%, 돼지고기 25%, 닭고기 20%, 쇠고기 40%)의 제1관세구간에 위치한다. 이 외에도 계란이 20~30% 미만 구간, 일부 낙농품이 30~40% 구간, 유장이 쇠고기와 같이 40~50% 구간, 육류통조림이 50~60% 구간에 포함된다. 제2관세그룹에 포함되어 있는 축산물은 일부 육류통조림(72%)와 종우와 연유, 버터밀크(각 89%), 분유(176%), 꿀(243%) 등이 있다.

현재까지의 논의 동향으로 볼 때 특히 주요 축산물들이 해당 농가에게 상대적으로 유리하게 작용될 것으로 판단되는 민감품목으로 선정[4]되기는 어려울 것으로 판단되며, 쇠고기를 비롯한 축산물과 낙농품은 수입이 급증한다 하더라도 특별긴급관세(SSG: Special Safe Guard) 발동을 할 수 없는 품목이다. 따라서 우선적으로 축산물의 관세감축 폭을 낮추는 노력 이외에도, 협상에 있어서 수입 급증 시 구제조치가 매우 긴요하다는 점에 유의하여, 해당 축산물에 특별긴급수입제한제도(SSM)를 얻어내는 기초조건인 개도국 지위를 유지하는 데 총력을 기울여야 할 것이다. 그 이후

4) 주요 축산물처럼 관세율이 높지 않은 품목은 구간별 관세감축 방식에 따라 관세감축 폭이 크지 않을 것으로 보이기 때문에 민감품목으로 선정된다 하더라도 TRQ를 신설 또는 증량하여야 하기 때문에 오히려 관세를 적정수준으로 감축하는 것보다 불리해질 수도 있다.

SSM으로 선정될 수 있도록 노력해야 함은 두말할 나위도 없다.

2. 축산물의 안전성 확보

1) 생산 이력제의 확대 시행 및 각종 정보의 연계

광우병, 가금인플루엔자 등의 질병 발생으로 축산물 소비에 대한 소비자 불신이 팽배해 있다. 소비자의 신뢰를 얻기 위해 소비자에게 해당 축산물이 누가 생산하고 어떻게 생산되었는지를 직접 보여주는 방법이 바로 생산이력제이다.

생산이력체계 구축 시 방역과 연계하여 정보의 역추적체계가 구축되도록 하여야 할 것이다. 축산물 생산이력제와는 별도로 시행되고 있는 브랜드 활성화사업이나 사료 및 종축, 질병방역 관리와 관련된 사업들을 수행하는 과정에서 생산되고 모아진 각 가축 개체 또는 집단에 관한 정보가 모두 연계하여 실질적으로 축산물 생산 이전부터 생산・유통의 전 과정에서 추적시스템(traceability)이 구축될 수 있도록 하여야 한다. 현재 축산물 중에서도 국내산 쇠고기에 국한하여 생산이력제가 시범적으로 시행되고 있는데, 앞으로 이를 확대하여 수입쇠고기, 돼지, 양계산물 등 모든 축산물에 적용하여야 할 것이다.

2) 유통의 투명화와 위생적 처리에 의한 소비자 신뢰 구축

국제적으로도 축산물 유통은 안전성 위주로 전환되고 있다. 유통과정에서 위해요소중점관리제(HACCP)를 의무적으로 하도록 규정하고 있어 위생적인 문제에 대한 부담은 다소 덜었지만, 소비자에게 유통과정이 투명하고 위생적이라는 점을 믿게 하기에는 아직도 부족한 점이 많다. 축산물 유통구조의 혁신적 개선 없이는 소비자신뢰 구축은 물론이고 유통비용의 절감도 꾀하기 어렵다.

유통구조의 혁신을 위해서는 무엇보다도 산업 내 종사자의 인식전환과 정부의 유통개혁에 관한 확고한 의지가 뒤따라야 한다. 수입산 축산물이 국내산으로 둔갑하는 것을 방지하기 위해 축산물 원산지 표시 의무화와 생산이력제를 확대 시행하고 이를 철저히 단속해야 할 것이다. 아울러, 축산물 안전성에 대한 홍보도 강화해야 한다. 방역관리와 유통추적시스템을 확고히 한 후, 지속적인 광고를 통하여 국내 축산물의 안전성을 소비자에게 각인시켜야 한다.

3. 조사료 수입 대책

고급육을 만들기 위해서는 양질의 조사료를 충분히 급여하여야 한다. 그런데 현재 가축에 급여하는 조사료는 볏짚 위주여서 양질의 조사료 확보에 문제점을 나타내고 있으며, 축산농가가 필요로 하는 조사료의 양이 국내에서 생산되는 조사료의 양에 비해 훨씬 많아, 조사료의 수입확대가 불가피할 전망이다. 향후 조사료 수입의 확대에 대비하여 조사료 수입체계에도 변화가 있어야 할 것이다. 예를 들면, 축우용 섬유질 배합사료 제조용 근채류(풀사료)에 대한 쿼터량을 탄력적으로 운용하는 방식 등도 검토해 보아야 한다.

4. 전염병 방역 및 검역체계의 획기적 개선에 의한 외부적 수요 충격 최소화

농축산물 시장 개방에 따라 악성 전염병이 해외로부터 유입될 가능성이 커지고 있으므로 가축방역 및 검역조직을 강화하고 가축 전염병이 발생하기 전에 막을 수 있도록 예찰시스템을 구축하고 관련된 조사와 연구를 시급히 강화하여야 한다.

5. 자조금의 효율적 이용에 의한 축산물 소비의 확대와 신시장 개척

자조금이란 생산자가 자신의 산업을 육성하기 위하여 조금씩 돈을 모아 소비 촉진과 관련 연구활동에 사용하기 위한 자금이다. 자조금의 용도는 애초의 목적대로 소비홍보와 연구활동에 국한되어 사용되어야 한다.

제도적으로는 축산물 수입개방의 확대에 따라 수입물량이 점차 늘고 있는 점을 감안하여, 수입업자들도 축산물 소비홍보와 관련 연구의 수혜자가 될 수 있는 만큼, 수입업자를 자조금사업 대상자에 포함시켜야 한다. 아울러, 어렵게 조성된 자조금이 보다 투명하고 효율적이며 합리적으로 이용될 수 있는 운영체계를 갖추어야 한다.

6. 사료비 절감을 위한 대책과 사료원료 수입제도의 개선

국내 축산물 생산비 중 사료비의 비중은 매우 높다. 국내산 축산물의 경쟁력 향상 그리고 농가 소득의 안정이라는 관점에서도 사료비 절감의 중요성은 매우 크다. 사료비를 절감하는 방법으로는 규모의 확대 또는 일회 구입단위의 확대로 단위당 사료구입비를 절감하는 방법과 돼지의 사료효율을 높이는 방법 그리고 비용적으로 낭비되는 요소를 줄이는 방법이 있다.

한편, 배합사료 제조업체의 경영합리화를 통해서도 그리고 이들 업체의 사료생산 비용절감을 통해서도 비용절감이 가능하다. 따라서 관련제도의 개선이 요구된다. 사료원료의 수입의존도가 90%를 넘어 원료에 대한 관세 부과는 곧 축산물 생산비의 상승으로 이어지게 되고 이는 곧 경쟁력 약화를 의미하기 때문이다.

우리나라에서는 사료를 수입에 의존하고 수입된 사료에 각종 관세와 세금 등을 붙이지만, 우리와 경쟁하는 미국, 캐나다, 호주 등 축산물 수출국은 관세나 세금의 부담이 상대적으로 적다. 사료원료에 대한 관세제도 개선과 아울러 사료제조업체에 대한 부가가치세 의제매입 세액 공제율을 조정해 줌으로써 사료를 생산하는 기업들의 경영합리화를 꾀할 수 있도록 하여야 할 것이다. 사료의 안정적 공급을 위해 현재 원료별로 특정 국가로 한정되어 있는 원료 수입국을 다변화하여 원료 수급 및 도입가격에 적정화를 도모하여야 할 것이다.

참고문헌

국립수의과학검역원 홈페이지(www.nvrqs.go.kr).

농식품부, 『가축통계』, 각 연도.

농수산물유통공사, 농수산물무역정보(www.kati.net).

농협중앙회, 「축산물가격 및 수급자료」, 각 연도.

__________, 「축산물가격정보」, 각 연도.

정민국・허 덕 외 3인, 『쇠고기 유통과 소비행태 분석』, 한국농촌경제연구원 연구보고 R446, 2002. 12.

최세균 외 4인, 『한・칠레 FTA에 대응한 농업부문 대책』, 한국농촌경제연구원 정책연구보고 P052, 2002. 10.
최세균 외 1인, 『한 · 칠레 FTA 이행 1년의 농업부문 평가』, 한국농촌경제연구원 농정연구속보 PR00023, 2005. 4.
허 덕 · 신승열, '21세기 축산물 수급전망과 대응전략', 『한국축산경영학회 하계심포지움 자료집』, 2004. 8.
허 덕 외 3인, 『친환경 축산 직불제 시범사업 평가에 관한 연구』, 한국농촌 경제연구원 연구보고 C2005-01, 2005. 3.
허 덕 외 4인, 『가축 방역 시스템 강화방안』, 한국농촌경제연구원 연구보고 R424, 2001. 12.
허 덕 외 3인, 『가축개량의 경제분석과 발전방향』, 농림부, 2002. 6.
허 덕 외 4인, 『축산물 생산 유통의 Traceability System 구축방안 연구』, 농림부, 2005. 6.

2장

축산물 시장의 실태

최승철*

1절 도축·가공 산업

1. 도축장·가공장 가동 현황

우리나라 도축장은 1980년 179개소에서, 2000년과 2004년 동안 102개소이던 것이 2007년 말 현재 90개소로 감소추세를 보이고 있다(표 2-1). 업체 수는 단순 집계되어 있는 도축장이 아니라, 실제 도축실적이 있는 도축장만을 고려하여 계측한 수치로서 돼지와 소를 같이 도축하는 경우와 단일 축종만을 취급하는 경우가 혼재되어 있다.

*건국대학교 축산경영·유통경제학전공 부교수

[표 2-1] 도축장 작업두수 및 가동률

구 분		2004		2005		2006		2007	
		소	돼지	소	돼지	소	돼지	소	돼지
업체 수[1] (개소)		102		101		97		90	
소	돼지	94	102	91	100	86	96	81	90
작업능력(A) (업체/일)		50	1,000	50	1,000	50	1,000	50	1,000
총작업두수		576,574	14,620,246	612,472	13,464,995	536,740	10,972,634	683,808	13,674,849
일 평 균 총 작업두수		2,402	60,918	2,552	56,104	1,506	37,263	2,849	56,979
일 평 균 업 체 당 작업두수(B)		26	597	28	561	26	476	35	633
가동률(B/A) (%)		51.1	59.7	56.0	56.1	35.0	38.8	70.3	63.3

주1: 업체 수는 연간 도축실적에서 연도별 도축실적이 있는 업체만 고려, 계측한 수치임.
주2: 작업능력은 소 50마리, 돼지 1,000마리〔도축장 경영 유지를 위한 최소 물량, 한국소비자연맹의 '2007년도 도축장 HACCP 운용수준평가 결과(2007)' 기준〕를 각각 도축실적이 있는 도축장 수를 곱하여 산정
주3: 일평균 업체당 작업두수는 연간 도축실적에서 1년 240일 기준, 실적이 있는 업체수로 나누어 산정
주4: 가동률(%) = 작업두수/작업능력, 작업일수는 연간 240일 기준
자료: 농식품부, 2007 도축장 HACCP 운용수준 평가
수의과학검역원, 연간 도축실적, HACCP 적용 도축장 현황

2007년 현재 총 도축두수는 14,358천 마리로서 이는 2002년 이후 감소추세를 보이다가 당해연도에 약간 증가한 두수이다. 도축장의 1일 평균 가동률은 소의 경우 2004년도 51.1%에서 2005년 56.0%, 2006년도에는 35.0%로 감소하였다가 2007년도에는 70.3%로 증가하

1) 2008년 2월 도축장 구조조정을 위한 특별조치법안을 위한 국회 농림해양수산위원회 검토보고서에 의하면, 국내 도축장 수는 1981년 315개에서 1991년 171개, 2001년 113개, 2007년 110개소로 집계・제시되었다. 이러한 수치는 [표 2-1]과 상이한데, 이는 작업일수 기준 360일을 현실적으로 연간 240일로 조정하고, 도축물량을 기준으로 재계측한 결과이다. 이에 따라 작업능력이 축소 조정되고 가동률은 상대적으로 확대 조정되었다.

였다. 돼지의 경우는 2004년 59.7%에서 2005년 56.1%, 2006년 38.8%로 감소추세를 보이다가 2007년도 현재 63.3%로 증가하였다. 돼지 도축의 가동률은 소에 비해서 높은 편이다. 도축두수의 변화는 사육두수와 출하두수 변화와 밀접하고 수입량 변화와도 관련된다고 볼 수 있다.

그러나 돼지 도축장의 경우 대일 수출 위주의 정책으로 축산물 종합처리장 신축 등으로 개별 도축장의 작업능력은 증가하였으나, 기존업체와 신규 축산물 종합처리장과의 상호 경쟁관계 등으로 경영수지상 어려움을 겪고 있다. 또한 구조조정을 위해서 HACCP 적용의 일환으로 기존 도축장의 통합을 유도하고 있으나 업체별 사정으로 인하여 통폐합이 부진한 실정이다. 이들 도축장의 수익구조는 주로 도축수수료 수입으로 경영체를 운영함으로써 부가가치가 낮은 실정이다.2)

한편, 2007년도 도축규모 상위 20개 도축장별 도축두수 분포는 [표 2-2]와 같다. 제주축협공판장이 615.8천 마리로 가장 많고 이를 포함한 도축규모 상위 20개 도축장의 도축비중은 소와 돼지 모두 전체 도축물량의 50% 이상을 차지하고 있다. 젖소의 경우에는 70% 정도가 이들 규모의 도축장에서 도축되고 있다.

이상의 상위규모 도축장을 제외한 나머지 도축장에서 전체 도축물량의 절반 이하를 도축하고 있다. 도축세가 지방세에 포함됨에 따라 지방자치단체는 세금수입을 지속하려는 목적으로 영세한 규모의 도축장을 유지하고 있어 이들 규모의 도축장에 대한 구조조정

2) 2000년대 초에 있어 전국적인 도축장 평균 가동률을 기준으로 볼 때, 전남, 강원, 경남, 경북 지역은 평균 이하의 가동률을 보이고 있다. 특히 강원 지역의 소 도축 가동률은 크게 낮은 편으로 경영상의 어려움이 많은 것으로 나타났다.

[표 2-2] 2007년도 상위 20개 도축장별 도축두수 현황,

(단위: 두)

순위	도축장	돼지	소				
			계	한우	육우	젖소	수입소
1	제주축협공판장	613,458	2,392	1,336	36	1,020	0
2	한국냉장(주)	529,467	27,602	25,644	84	1,874	0
3	도드람 LPC	517,520	10,837	9,534	79	1,224	0
4	강원 LPC	470,440	12,997	7,897	2,532	2,568	0
5	축림	461,818	7,336	6,280	2	1,054	18
6	부경공판장	377,352	22,846	14,645	7,063	1,120	0
7	논산축협식육센터	396,021	0	0	0	0	0
8	김해축산물공판장	365,617	29,783	28,771	417	570	25
9	사조산업(주)	365,829	0	0	0	0	0
10	농협서울공판장	267,905	91,121	56,196	4,156	30,769	0
11	(주)영남 LPC	339,523	7,475	7,365	10	100	0
12	우진산업	339,429	6,618	5,552	18	1,048	0
13	협신식품	302,836	28,782	6,651	5,599	16,532	0
14	(주)대성실업	323,967	2,693	2,539	26	128	0
15	삼성식품	307,843	10,601	3,210	1,564	5,464	363
16	(주)신원	305,734	7,736	5,902	692	1,142	0
17	부천공판장	265,871	42,636	26,032	3,206	13,398	0
18	홍주미트	277,070	11,519	10,571	150	798	0
19	농협목우촌육가공	286,190	0	0	0	0	0
20	축협고령공판장	242,686	29,753	22,890	190	6,673	0
총 도축두수		13,674,849	683,808	493,831	67,811	121,487	679
상위 20개 도축장 작업 비율(%)		54	52	49	38	70	60

자료: http://livestock.nonghyup.com

은 지연되고 있는 실정이다. 한편 가공단계에서는 부분육이나 포장육 가공을 거치지 않고 지육상태로 유통됨에 따라 유통과정상 오염원 노출이나 품질저하 문제가 제기되고 있다.

2. HACCP 인증 도축장 실태

HACCP 인증 도축장은 2000년에 8개소를 시작으로 2001년 13개소가 신규로 추가되었고, 2003년부터는 정부에 의해 도축장에 대한 HACCP 적용이 의무화되었다. 2007년 3월 말 현재 HACCP 인증을 받은 도축장 중 휴업, 폐업, 영업정지 상태의 작업장을 제외한 소·돼지 도축장은 80개소, 닭 도축장(도계장)은 36개소에 이른다(한국소비자연맹).

2005년도 말 현재 인증대상 도축장 110개소 중 HACCP 인증 도축장은 총 93개소이고 이를 지역별로 보면, 서울·인천·경기 16개소, 강원 10개소, 충북 11개소, 충남 9개소, 전북 10개소, 광주·전남 11개소, 대구·경북 12개소, 부산·울산·경남 13개소, 제주 지역은 1개소로서 지역적으로 HACCP 인증률은 고루 분포하고 있는 것으로 나타났다.

2001년도 HACCP 인증업체의 전체 처리능력 비중은 소 22.0%, 돼지 35.9%, 도축실적 비중은 소 31.0%, 돼지 46.4%로 처리능력 비중에 비해 도축실적 비중이 높았다. 2004년도에 들어서는 HACCP 인증업체의 도축비중이 소 90%, 돼지 91%이고 가동률은 각각 57%, 67%이다(표 2-3).

2007년 말 현재 HACCP 인증업체의 도축비중은 소 97.6%, 돼지 97.8%로 차이가 없고, 가동률은 각각 73%, 68% 수준이다. 같은 해 HACCP 인증업체의 가동률은 전국 평균 가동률보다 소는 3%, 돼지는 5% 정도 높게 나타났다.

도축장의 위생수준 향상과 경영정상화를 위해서는 제도시행 과정에서 과학적인 점검과 개선·교육이 지속적으로 이루어져야 한

[표 2-3] 1일 평균 도축장 전체 처리능력 및 HACCP 인증업체 도축 비중

구 분		2004년		2005년		2006년		2007년	
		소	돼지	소	돼지	소	돼지	소	돼지
도축 능력 (두/일)	전체	4,700	102,000	4,550	100,000	4,300	96,000	4,050	90,000
	HACCP 인증업체	3,800	82,000	3,950	86,000	4,000	87,000	3,800	82,000
도축 실적 (두/일)	전체	2,402	60,918	2,552	56,104	1,506	37,263	2,849	56,979
	HACCP 인증업체	2,169	55,464	2,453	53,495	2,139	43,958	2,782	55,758
가동률(%)	전체	51.1	59.7	56.0	56.1	35.0	38.8	70.3	63.3
	HACCP 인증업체	57.0	67.6	62.1	62.2	53.4	50.5	73.2	67.9
HACCP 인증업체 도축비중		90.2	91.0	96.1	95.4	95.6	96.1	97.6	97.8

주: 표의 자료는 연간 도축실적 내에서 전체와 HACCP 인증 도축장의 연간 도축실적만을 추려 정리한 것임.

자료: 수의과학검역원, 연간 도축실적, HACCP 적용 도축장 현황

다. 현재 도축장 HACCP 준수과정에서의 개선대상으로는 HACCP 전담의 전문인력 확보, 종업원 및 관계자 대상의 HACCP 시행에 필요한 교육기회 확대 및 인식 제고, 도축물량 확보 및 경영효율성 제고, 공정한 도축검사, 시설현대화 및 감독기관의 관리감독 강화 등이 지적되고 있다.

3. 축산물 종합처리장

축산물 종합처리장(LPC: Livestock Packing Center)이란, 선진국 위생수준(미국 USDA 시설 기준)의 도축·가공시설(계류, 도축 및 부분육 가공 등) 및 보관시설(냉장 · 냉동)을 동일 장소에 갖추고 양축농가(전업농 · 협업체 · 단지 등)와 계약 또는 자체 생산된 소,

돼지를 부분육·냉장육으로 도축·가공하여, 등록된 상표(브랜드)를 부착, 자체판매망 등을 통해 소비자에게 판매 및 수출하는 일련의 축산물 종합유통시설을 말한다.

이러한 축산물 종합처리장에 대한 관심은 축산물 시장의 국제화와 수입자유화 등 수입장벽의 철폐과정에서 우리나라 한우의 경쟁력 제고 차원에서 시작되었고, 이를 위해 1994년부터 종합처리장 건설이 시작되었다. 이는 위생적인 축산물 공급을 위하여 가축의 생산단계 이후의 유통과정을 종합적으로 처리하는 도축·가공장으로서 현재 7개소가 운영 중이다.

축산물 종합처리장의 근본 취지는 축산물의 도축·가공·판매과정을 일괄처리하면서 지육이나 냉동육 중심의 유통체계를 부분육, 냉장육, 브랜드육 등으로의 유통체계로 전환하는 데 있다.

그러나 운영 중에 있는 종합처리장의 경험에 비추어 여러 가지 문제점이 제기되고 있다. 즉, 축산물 종합처리장이 축산물위생의 선도적 역할을 수행함에도 불구하고 높은 위생수준 유지를 위한 운영비의 과다 지출 및 운영자금 부족, 건설비에 대한 금융 부담, 돼지고기의 수출 중단, 도축장의 과다로 인한 도축물량 확보경쟁과 가동률 저하 등으로 인해 경영상에 많은 어려움 등이 지적되고 있다.

이에 따라 정부에서는 LPC 운영을 활성화하고 축산물 위생수준을 유지관리하기 위한 노력을 기울이고 있다. 먼저 도축장에 대한 HACCP(Hazard Analysis Critical Control Point) 운영수준과 경영평가를 통하여 우수한 LPC와 도축장에 대하여 무이자나 저금리 운영자금을 지원하여 상대적으로 위생수준과 경영수준이 떨어지는 도축장의 간접적인 구조조정을 유도하고자 한다. 또한 LPC가 소비자가 요구하는 수준으로까지 높은 수준의 위생설비를 운영하고 있는 점을 감안하여 정부지원 자금에 대한 상환기간 연장과 금리 인하 등의 조치로 지속적인 위생관리가 가능토록 할 계획이다.

아울러 유통단계의 축소와 부분육 거래 활성화를 통해 농가의 소득 향상을 도모할 목적으로 산지 LPC에 도매기능을 부여하여 부분육으로 상장 거래토록 하며 LPC의 경영안정과 함께 위생적인 축산물의 공급확대를 위하여 도축장의 구조조정을 지속적으로 실시한다는 방침을 수립하고 있다. 이러한 방침하에 도축장의 신설지원은 중지하는 한편, 구조조정을 가속화하기 위하여 도축장 2개소 이상을 통폐합하여 1개소를 신설하는 경우 시설자금 지원을 적극 추진한다.

이러한 대책시행에 따른 기대효과로는 먼저 소비자는 축산물 생산과 유통기반의 위생수준 향상으로 더욱 안전하고 위생적인 축산물을 제공받을 수 있게 되고, 다음으로 생산자인 축산농가의 경우 유통단계 단축과 부분육의 도매시장 거래확대로 농가소득이 증대할 것으로 기대된다.

2절 도매시장

1. 도매시장의 특징

우리나라 도매시장의 거래방법은 경매와 입찰 등의 방법이 있는데 전국 12개 축산물 도매시장 중에서 1곳을 제외한 11개 도매시장이 모두 전자식 경매(상향식)를 통해서 거래되고 있으며, 경매가격이 실시간으로 인터넷을 통해 중계되고 있다. 도매시장에서는 다수의 중도매인이 등급별 구입희망가격을 전산으로 입력하면 최고가격으로 낙찰되는 경매시스템으로 운영되고 있으며 중도매인 간의 경쟁심리 조장 및 낙찰가격대비 일정률로 책정되는 중개수수료 체계 등으로 가격담합이나 인위적인 가격조작을 예방하고 있다. 특히 축산물 도매시장·공판장은 도축업무 이외에 경매를 시행하는 도축장으로써 여기에서 국내 축산물 도매가격이 형성되고 있다.

우리나라의 가축 도체등급관련 자료는 축산물 등급 판정 소에서 제공되고 있다. 소 도체등급의 기준은 각국별 산업과 소비자 기호 등을 고려하여 정하지만 객관적인 평가를 위하여 등급기준은 도체의 특정부위에 나타나는 현상을 통계적 방법을 이용하여 설정하고 있다는 점에서 같다고 볼 수 있다.

일반적으로 육량등급(quantity grades)은 도체에서 생산되는 정육률을 지수화한 것으로 도체 중량, 피하지방 두께, 등심의 크기, 도체중량과 도체장비, 신장 지방량, 갈비살 두께, 엉덩이 살붙임 정도 등을 수치화하여 판정한다. 육질등급(quality grades)은 고기 내 지방침착 정도, 고기 및 지방의 색과 광택, 고기조직의 상태, 소의 연령 등을 토대로 판정한다. 우리나라의 도체 등급 기준은 햄·소시지 등의 가공제품들이 발달된 유럽보다는 신선고기 원래의 맛을 선호하는 미국, 일본 등과 유사하다.

도체 등급 판정을 위해 우리나라에서는 도체를 2등 분할하여 0℃ 내외에서 냉각시키고, 등심부위의 내부온도가 5℃ 이하가 되었을 때 도체의 마지막 등뼈와 제1허리뼈 사이를 절개한 13번째 흉추 끝을 보아 판싱한다. 등급은 육량등급과 육질등급을 종합하여 판정하고 소 도체 등급의 구분은 [표 2-4]와 같다.

[표 2-4] 소 도체등급 구분

구 분		육질등급				등외등급
		1+등급	1등급	2등급	3등급	
육량등급	A등급	A1+	A1	A2	A3	D
	B등급	B1+	B1	B2	B3	
	C등급	C1+	C1	C2	C3	
	등외등급					

돼지고기의 경우 몇 가지 특기할 만한 사항으로는 먼저 등급은 소와 마찬가지로 육량등급과 육질등급로 구성되어 있으나 실제로는 주로 육량 위주의 등급제도로서 소매점(retail shop)까지 육질의 좋고 나쁨이 전달되지 않는 것이 문제이다. 즉 경락단계(auction market)에서 육량등급만으로 판정되고 있다. 육량등급은 도체(carcass)의 중량(weight, kg) 범위와 등지방 두께(backfat thickness, mm)의 범위에 의하여 측정한다. 냉도체로 판정이 이루어지는데, 흉추 4~5번 또는 5~6번을 절개하여 삼겹과 목심의 마블링과 두께 등을 보고 판정한다. 도체등급은 4개 등급(A, B, C, D)으로 구성된다(표 2-5).

[표 2-5] 돼지 도체등급 구분

구 분		육질등급				
		1+등급	1등급	2등급	3등급	등외
규격등급	A등급	1+A	1A	2A	3A	
	B등급	1+B	1B	2B	3B	
	C등급	1+C	1C	2C	3C	
	D등급	1+D	1D	2D	3D	

둘째, 2차 예비등급 판정은 먼저 육량등급을 판정한 후에 육질의 좋고 나쁨을 간접적으로 판정하는 것으로서, 미국의 시스템과는 다르다. 즉 미국은 소 등급제에서와 같이 갈비 10마디를 절개하여 평가하지만, 우리나라는 절개하지 않고 도체의 외관적 판정에 의존하고 있다. 따라서 우리나라의 경우 시범사업이긴 하지만 산업체에서 요구하면 도체를 절개하여 품질을 평가하는 냉도체(cold carcass) 육질등급을 극히 일부의 돼지도체에 대하여 수행하고 있다.

도매시장에서의 정확한 가격결정을 위해서 시장 내 경매가격과 등급과의 신뢰도를 높일 수 있도록 등급제도의 개선이 필요하다. 현재 암돼지와 거세 수돼지의 성별로 16개 등급이 있는데 너무 세분화되어 혼란스럽고 등급과 가격 간의 신뢰성이 매우 의심스럽다. 즉 하위 등급이 상위 등급보다 가격이 높게 결정되는 가격 역전현상이 적지 않게 발견된다. 따라서 등급을 단순화하고 냉도체 판정을 확대하여 등급과 가격과의 신뢰도를 높이는 방향으로 개선할 필요성이 대두되고 있다.

소의 경우 등심이 가장 가격이 비싼 부위이기 때문에 정확한 판정이 될 수 있으나 돼지의 경우 비인기 부위인 등심의 등지방 두께 중심의 판정은 맞지 않다는 주장도 있다. 육류조리가 구이문화인 우리나라의 경우에는 소비자가 가장 선호하는 삼겹살과 목살의 마블링 수율 등으로 판정하는 것도 검토할 필요가 있다는 것이다.

한편 도매시장에서는 돈지육 단계에서 경매가 이루어지는데 돈지육이란 도축된 돼지에서 머리, 내장, 족을 잘라내고 아직 뼈를 발라내지 않은 돼지 몸통을 지칭한다. 평균 지육량은 생돈 체중의 68~69% 정도이다. 이후 소매단계에서는 돈지육 상태에서 지방이나 뼈 따위를 발라낸 살코기인 정육 상태로 판매되는데 정육량은

[표 2-6] 생돈 도축 시 정육 비율

(박피, 110kg 기준)

부 위		생 산 량(kg)	생산량 / 비율(%)
정 육	안심·갈매기	1.0	55kg / 50%
	사 태	7.0	
	등 심	6.5	
	목 심	4.5	
	전 지	8.5	
	삼 겹 살	8.8	
	갈 비	4.5	
	후 지	14.5	
2차 부산물	등뼈·잡뼈	2.0	20kg / 18.1%
	지 방	12.0	
	작업감량	6.0	
1차 부산물	두·내장	35	35kg / 31.9%
	돈 피		
	족		
총 계		110	110kg / 100%

자료: 농수산물유통공사, 품목별 유통실태정보, 2006.

출하 생돈체중 110kg을 기준으로 생돈의 50% 수준이다(표 2-6).

2. 축산물 도매시장 구조 및 현황

우리나라 농산물 도매시장의 구성은 공영 도매시장, 일반 법정 도매시장, 민영 도매시장으로 구분된다(표 2-7). 전체 도매시장은 2006년 현재 총 49개소로, 공영 도매시장이 32개, 일반 법정 도매시장이 14개, 민영 도매시장이 3개소 이른다. 법정 도매시장과 민영 도매시장을 통한 거래물량은 같은 해 법정 도매시장이 33만 톤,

[표 2-7] 전국 농산물 도매시장 구조 및 거래실적(2005, 2006)

(단위: 개소, 명, 톤, 억원)

구 분	시장수	도매법인수	시장도매인수	종사자			거래실적					
				도매법인임직원	중도매인	매매참가인	2005			2006		
							물량	금액	%	물량	금액	%
계	49	120	52	3,132	8,628	697	6,627,562	85,203	100	6,743,460	89,977	100
공영 도매시장	32	103	52	2,519	7,993	487	6,258,027	75,376	94.4	6,390,528	80,749	94.8
일반법정 도매시장	14	14		590	588	182	349,110	9,573	5.3	333,105	8,983	4.9
민영 도매시장	3	3		23	47	28	20,425	254	0.3	19,827	245	0.3

주1: 중앙도매시장은 서울가락, 부산엄궁, 대구북부, 인천구월, 인천삼산, 광주각화, 대전오정, 대전노은, 울산, 노량진수산 포함.

주2: 도매시장별 거래실적 비중은 거래물량 비율임.

주3: 민영시장은 2000년도부터 도입.

자료: 농식품부, 농수산물도매시장 통계연보, 2007.

민영이 2만 톤으로 총 35만 톤에 이르지만, 이는 전체 도매시장 거래량의 5%에 불과한 수준이고 전년도에 비해 약간 감소한 물량이다.

도매시장 참여자는 도매법인, 도매인으로 구분되고 종사자는 도매법인의 임직원, 중도매인, 매매참가인으로 구성된다. 2006년 현재 전체 농산물 도매시장 법인은 120개에 달하고 도매법인 대부분은 청과와 수산 분야에 분포되어 있으며 축산물 부문의 도매법인은 6개이다. 시장 도매인은 52명으로 모두 청과 분야에 해당된다(표 2-8).

한편 부류별 거래규모의 경우 전국 도매시장 거래량 중 대부분을 차지하는 청과물의 거래규모는 매년 증가하는 추세를 보이고 있지만 수산물과 축산물 거래규모는 감소하는 추세를 보이고 있다. 특히 축산물의 경우 서울특별시 가락동 축산물공판장을 통한 거래

[표 2-8] 부류별 종사자 및 거래실적(2005, 2006)

(단위: 개, 명, 톤, 억원)

구 분	도 매 법인수	시 장 도매인수	종사자			거 래 실 적			
			도매법인 임 직 원	중도매인	매 매 참가인	2005		2006	
						물 량	금 액	물 량	금 액
청 과	89	52	2,124	6,892	461	6,003,569	63,745	6,147,187	69,551
(공영)	81	52	2,047	6,706	424	5,924,183	62,901	6,067,206	68,606
(법정)	5	-	54	139	9	58,961	590	60,154	700
(민영)	3	-	23	47	28	20,425	254	19,827	245
수 산	23	-	434	1,436	64	356,761	10,187	353,642	10,168
축 산	6	-	552	184	47	190,428	9,373	176,841	8,999
화 훼	-	-	-	-	-	210	9	-	-
양 곡	1	-	2	86	125	76,094	1,850	65,309	1,221
양 용	1	-	20	30	-	500	39	481	38

자료: 농식품부, 농수산물도매시장 통계연보, 2007.

물량이 감소함에 따라, 경락가격의 정확성에 대한 문제가 제기되면서 전국 육류시장에서의 기준가격으로서의 역할에 대한 논란이 일고 있다.

축산물 도매시장별 거래실적은 거래물량과 금액 모든 면에서 매년 감소추세를 보이고 있다. 전체 농산물 거래는 상대적으로 증가하는 양상을 보이고 있지만, 축산물 거래물량은 공영과 법정도매시장 전체에서 지속적으로 감소하는 추세를 보이고 있다. 축산물의 거래비중은 전체 농산물 거래물량과 대비할 경우 2006년도 현재 2.6% 수준이고, 거래금액 측면에서는 전체 거래금액 대비 10% 수준이다(표 2-9).

축산물 도매시장에서의 거래규모 감소는 대형마트 점포 수와 협동조합의 종합유통센터 등 소매업체가 증가함에 따라 도매시장 외 유통이 증가하기 때문이다. 이들 소매업체들은 산지직거래를 통해 구입처를 다변화함으로써 도매시장 의존도를 축소하고 있다.

[표 2-9] 연도별 도매시장별 축산물 거래실적

(단위: 천톤, 억원)

구 분		총 계	축 산			축산물 비중(%)
			공 영	일반법정	소 계	
1995	물 량	5,427	103	224	327	6.0
	금 액	51,308	4,227	7,787	12,014	23.4
1996	물 량	5,474	108	216	324	5.9
	금 액	57,477	4,659	8,206	12,865	22.4
1997	물 량	5,732	100	207	307	5.4
	금 액	60,244	4,068	7,180	11,248	18.7
1998	물 량	5,605	92	189	281	5.0
	금 액	58,649	3,727	6,080	9,807	16.7
1999	물 량	5,799	88	180	268	4.6
	금 액	63,005	4,398	6,491	10,889	17.3
2000	물 량	6,130	87	164	251	4.1
	금 액	61,549	4,034	5,512	9,546	15.5
2001	물 량	6,379	82	162	244	3.8
	금 액	66,618	3,929	5,156	9,085	13.6
2002	물 량	6,411	84	144	228	3.6
	금 액	69,965	4,375	3,408	7,783	11.1
2003	물 량	6,256	86	138	224	3.6
	금 액	75,852	4,204	3,294	7,498	9.9
2004	물 량	6,484	90	112	202	3.1
	금 액	83,070	4,960	3,679	8,640	10.4
2005	물 량	6,628	80	110	190	2.9
	금 액	85,203	5,488	3,885	9,373	11.0
2006	물 량	6,743	73	104	177	2.6
	금 액	89,977	5,253	3,746	8,999	10.0

자료: 농식품부, 농수산물도매시장 통계연보, 2007.

연도별 축산물 출하선별 출하물량은 [표 2-10]과 같다. 1999년 이후 출하물량은 매년 감소추세를 보이고 출하선별 출하물량도 유사한 추세로 감소하고 있다. 도매시장에서의 축산물 유통은 일반법정 도매시장을 통한 유통물량이 상대적으로 크게 나타났는데, 이는 대부분 개별 생산자와 산지유통인이 이를 주로 이용하기 때문

[표 2-10] 축산물 출하선별 출하물량

(단위: 톤)

출하선 / 연도별	계	생산자 개인	생 산 자 공동출하	축 협 계통출하	산 지 유통인	기 타
1999	268,475	78,854	2,010	168,999	9,248	9,364
2000	250,557	45,156	3,137	90,947	98,536	12,781
2001	244,064	76,856	-	142,402	24,179	627
2002	228,039	76,599	2,358	126,374	16,002	6,706
2003	223,940	83,399	-	124,026	10,487	6,028
2004	201,935	67,851	-	114,732	11,917	7,435
2005	190,428	71,095	-	105,967	6,779	6,587
2006	176,841	67,667	-	94,407	5,960	8,807
도매시장별 출하량						
(공영도매시장)	72,808	0	-	72,808	0	0
(법정도매시장)	104,033	67,667		21,599	5,960	8,807

주: 2000년도의 경우 일반 법정도매시장(우성농역)은 세부자료 부재로 '기타'로 처리.
자료: 농식품부, 농수산물도매시장 통계연보, 2007.

[표 2-11] 연도별 출하처별 출하금액

(단위: 백만원)

출하처 / 연도별	계	생산자 개 인	생 산 자 공동출하	축 협 계통출하	산 지 유통인	기 타
1999	1,088,939	243,356	6,023	747,072	2,458	60,030
2000	954,599	139,740	10,484	320,710	438,917	44,748
2001	908,408	205,916	-	614,265	85,306	2,921
2002	778,249	147,889	6,381	578,010	43,612	2,357
2003	749,776	187,320	-	534,245	23,818	4,393
2004	863,956	235,629	-	589,276	38,946	105
2005	937,269	242,738	-	660,630	33,788	113
2006	899,935	243,234	-	624,651	30,272	1,778
2006년도 출하선별 출하비중(%)	100.0	27.0	-	69.4	3.4	0.2

주: 2000년도의 경우, 일반법정 도매시장(우성농역)은 세부자료 부재로 '기타'로 처리.
자료: 농식품부, 농수산물도매시장 통계연보, 2007.

이다. 축협을 통한 계통출하는 주로 공영 도매시장을 통해 거래되고, 물량의 일부는 일반 법정 도매시장을 경유하고 있는 실정이다.

연도별 출하금액은 1999년 이후 매년 감소하는 추세를 보이다가 2004년에 들어 증가하였고 2006년도에는 8,999억원으로 전년도에 비해 감소하였다. 가장 큰 비중을 차지하는 출하처는 축협을 통한 계통출하이고 생산자 개인과 산지유통인 순으로 이어진다(표 2-11).

한편 무역자유화에 따라 증가하고 있는 수입축산물의 도매시장 거래규모는 [표 2-12]와 같다. 2006년 현재의 농수축산물 전체의 수입물량은 약간 증가했으나 금액은 전년도에 비해 약간 감소하였다. 그러나 축산물의 거래량은 아직까지는 미미한 수준이다. 수입축산물의 국내 도매시장 거래는 그 자체만으로도 논란의 여지가 많다. 도매시장 본연의 기능과 증가가 예상되는 수입농축산물에 대한 감시기능 간의 갈등이라고도 볼 수 있다.

도매시장과 관련하여 전반적으로 제기되고 있는 문제점으로는 구매자(소매업체)는 산지와의 다양한 수직통합 방식으로 도매시장 외 유통이 증가하고 있어 도매시장 이용률이 저하되고 있다. 이러한 이용률 저하는 도매시장의 가격결정 기능에 의구심을 갖게 한다. 동시에 물류, 품질 유지, 소매상 지원 등과 같은 기능이 다소 미흡한

[표 2-12] 수입축산물 도매시장 거래실적

(단위: 톤, 백만원)

구 분		2005		2006	
		물 량	금 액	물 량	금 액
합 계(농수축산물)		396,225	716,278	421,656	677,242
축 산	소 계	24	163	10	66
	공 영	24	163	10	66
	일반법정	-	-	-	-

자료: 농식품부, 농수산물도매시장 통계연보, 2007.

것으로 평가되고 있다. 반면, 편리성, 상품의 다양성, 주문대응의 신속성, 저렴한 구매비용 등의 측면에서는 소매업체(대형마트, 중소 소매업체, 외식, 급식업체)가 도매시장 이용에 있어 높은 만족도를 보이고 있다.

한편, 주요 농산물 유통의 도매시장 점유비중은 산지공판장, 중간 도매상과 함께 매년 감소하고 있다. 반면, 저장·가공업체, 대형유통업체의 점유비중은 증가하고 있는데, 이는 특히 육류의 경우 거래구조가 수직적인 공급체인(supply chain)상에서 공급자와 수요자 간의 효율적인 수직통합(vertical coordination) 방식을 채택함으로써 나타난 현상이라고 볼 수 있다[3]. 원산지 표시, 품질과 안전성확보 차원에서 볼 때, 기존시장에서의 거래방식보다는 생산계약이나 유통계약, 부분적인 수직계열화(vertical integration) 방식이 유통단계에서의 조정과 통제가 훨씬 용이하기 때문이다. 한우브랜드사업은 브랜드 사업주체와 한우 사육농가 간의 계약 방식에 의해 사육관리와 판매가 이루어진다는 점에서 도매시장 외 유통을 증대시키는 주요 요인이라고 할 수 있다.

3절 소매시장

국내 소매시장이 짧은 기간 동안 급격한 성장을 이룩했는데, 이의 배경에는 기존의 백화점, 슈퍼마켓 중심에서 1993년부터 대형유통업체가 등장하고, 1996년 유통시장 개방, 정보기술 발전과 함께 기술집약적인 유통시스템으로의 발전 등과 같은 변화가 있었기

3) 최승철, 양돈산업의 전략적 통합(2001) 참조.

[표 2-13] 소매업태별 농식품 취급비중, 2006

(단위: 천억원, %)

소매업태	총 매출액(A)	농식품 취급	
		농식품 매출액(B)	농식품 비중(B/A)
대형 유통업체	254	132	52.0
백 화 점	182	18	10.0
슈퍼마켓	23	18	80.3
편 의 점	50	24	48.5
인터넷쇼핑	87	6	6.9
TV 홈쇼핑	46	7	15.9
계	641	206	32.2

자료: 이삼섭, 한국 농식품소매시장의 독점화와 문제점, 2008.

때문이다.

우리나라 전체 소매유통 규모는 2006년 현재 1,521천억원으로 이중 대형 유통업체, 인터넷 시장 등 특정 소매업태의 취급비중이 국내 전체 소매유통의 42%를 차지하고 있는데, 금액으로는 641천억원에 해당한다(표 2-13). 이들 소매업태의 농식품 취급규모는 206천억원 이상으로 이들 전체 매출액의 32% 정도에 해당한다. 이중 대형 유통업체의 농식품 매출액은 132천억원 규모로서 이 업체 총 매출액의 52%를 차지하는 한편, 열거된 소매업태 전체 농식품 매출액(206천억원)의 64%를 차지하고 있어 우리나라 농식품 소매 유통을 주도적으로 담당하고 있음을 알 수 있다.

식육소매점은 1981년부터 허가제에서 신고제로 전환되었다. 식육소매점의 업태별 비중은 매장 수 기준으로 일반식육점, 음식점, 백화점 및 대형할인점, 슈퍼마켓, 농협 및 전문판매점 순으로 나타난다.

우리나라 서울시내 식육 판매업체 현황은 [표 2-14]와 같다. 식육판매업은 신고제에 따라 크게 1980년부터 크게 증가하였는데, 주로 서울과 부산 등 대도시에 많은 수가 분포되어 있다. 산업세세분류에

[표 2-14] 서울 내 식육판매업 업체 수 현황

구 분		사업체 수(개)	종사자 수(명)	종사자 규모별(개소)			
산업세세분류				5명 미만	5~10명 미만	10~300명 미만	300명 이상
도매업	육류 도매업	2,214	6,650	1,926	284	4	0
	육류 가공식품 도 매 업	172	1,320	114	53	5	0
소매업 (대 형)	대형 종합소매업	91	21,586	0	8	62	21
	백 화 점	27	8,571	0	1	13	13
	기타 대형종합 소 매 업	64	13,015	0	7	49	8
소매업 (중 형)	슈퍼마켓	1,050	9,399	456	579	15	0
소매업	육류 소매업	3,984	7,389	3,914	70	0	0

자료: 2007년 서울시 통계 DB.

의하면, 서울시내의 경우, 육류 소매업체는 3,684개소로 7,000명 이상의 인원이 종사하고 있고 주로 5명 미만의 종사자 규모로 운영되고 있다. 그리고 식육 소매도 일부 담당하는 중대형 소매업체로 대형 종합소매업, 백화점, 슈퍼마켓 등의 판매업체가 1,232개소에 이른다.

한편 도축에서 축산물판매까지 축산물 공급체인 상의 모든 작업장 현황은 [표 2-15]와 같다. 축산물 작업장은 2004년 말 현재 총 5만 7천여 개소이던 것이 2007년 말 현재 총 65,321개소에 이른다. 여기서 축산물 작업장은 도축장, 축산물 가공장, 식육포장 처리장, 축산물 보관 및 운반, 우유류 및 식육부산물 등의 축산물 판매업소로 구성된다. 2007년도 말 축산물 작업장 중 축산물 판매업소는 5만 9친 개 이상으로, 전체 작업장의 90% 이상을 차지한다. 2004년에 비해 가금류 도축장과 유·알 가공장은 감소한 반면, 나머지 작업장

[표 2-15] 축산물 작업장 업종별 현황

구 분		연 도	
		2004	2007
총 계		57,406	65,321
도 축 업	소 계	166	164
	포유류	106	106
	가금류(오리)	60	58
집 유 장		58	58
축산물가공업	소 계	1,598	1,907
	식 육	1,273	1,593
	유	199	191
	알	126	123
식육포장 처리업		1,806	2,458
축산물 보관업		165	231
축산물 운반업		994	1,401
축산물 판매업	소 계	52,619	59,102
	식 육	44,012	48,540
	식육부산물전문	824	877
	축산물수입판매	1,752	2,677
	우유류	6,031	7,008

주: 특히 2007년도 말 축산물작업장 현황은 잠정집계한 것으로, 보다 정확한 현황을 위한 추가 집계과정을 통해 추후 조정이 필요할 수 있음.
자료 : 수의과학검역원

은 변함없거나(포유류도축장, 집유장) 증가하는 추세를 보이고 있다.

이러한 축산물작업장에 대한 위생검사를 위해 정부는 정부기관 및 민간기관을 지정하고 있다. 2008년 6월 현재 지정기관은, 국립수의과학검역원, 축산과학원, 식품의약품안전청과 같은 중앙정부기관 3개소, 서울시 보건환경연구원 등 지방자치단체 기관 17개소, 한국식품연구원 등 민간검사기관 28개소 등 총 48개소이다[4].

특히 도축장과 집유장 감독을 위한 검사관 및 검사보조원 현황은 [표 2-16]과 같다. 포유류 도축장에 상대적으로 더 많은 검사인원이

4) 각 지원, 지청, 출장소는 제외(수의과학검역원, 축산물위생검사기관현황, 2008. 6. 17).

[표 2-16] 검사관 및 보조원 현황

기 준	포유류 도축장		가금류 도축장		집유장	
	검사관	검 사 보조원	자 체 검사원	검 사 보조원	자 체 검사원	검 사 보조원
2003.12.31	133	273	71	77	61	613
2004.12.31	128	269	92	93	61	678

자료 : 수의과학검역원

배정되어 있고, 집유장 검사원은 변동이 없는 상황이다.

소매단계에서 지적되는 문제점으로는 먼저 등급이나 원산지에 대한 허위표시(둔갑판매, 부정유통)가 적지 않게 발생한다. 이는 소매경영 비용부담이나 일정 이상의 이윤을 확보하기 위한 경영체의 태도로부터 비롯된다고 볼 수 있다. 이에 더해 소매유통 종사자의 육류나 육류 취급에 대한 전문성과 유통개선에 대한 의지의 결여가 지적되고 있다.

참고문헌

김병률 외, "도매시장 제도・운영방식 및 구조개선에 관한 연구", 한국농촌경제연구원, 2006. 12.

김욱, "도매시장 돈육 거래가격 결정 시스템 및 등급제도에 관한 연구", 건국대학교 농축대학원 석사학위 청구논문, 2008.

농수산물유통공사, 품목별유통실태정보.

농식품부, 『축산물작업장 현황』.

이삼섭, "한국 농식품소매시장의 독점화와 문제점", 신유통국제심포지움 발표자료집, 2008: 55.

최승철, "양돈산업의 전략적 통합－협동통합을 통한 경쟁력강화 방안 모색”, 『농업경영 · 정책연구』, 2001, 28(1): 186-203.
통계청, 「도소매업 및 음식숙박업 통계」(http://www.nso.go.kr).
______, 「품목별 가구당 월평균 가계수지(도시)」.
한국소비자연맹, 「2007년도 도축장 HACCP 운용수준평가 결과」, 2007.

3장

축산물 브랜드의 실태 및 육성 방안

한 성 일*

1절 축산물 브랜드의 실태

1980년대 말 선도 축산농가가 자발적으로 시작한 브랜드사업이 이제는 축산물 브랜드만 해도 700여 개에 이를 정도로 왕성하게 전개되어 오고 있고, 사업주체도 다양화되었다. 이에 발맞추어 정부 또한 축산물 우수브랜드 육성의 기치를 걸고 농정의 핵심사업으로 브랜드 활성화에 힘써 온 지 여러 해가 지났다.

소득수준이 높아지면서 보다 안심하고 먹을 수 있는 축산물에 대한 소비자의 욕구 및 요구가 거세어지고 있는 요즈음 축산물 브랜드가 주목받는 것은 소비자의 욕구를 만족시킬 수 있음과 동시에 축산물의 부가가치를 한층 높일 수 있기 때문이다.

정부는 현재 축산업등록제를 실시하고 있고 또한 앞으로 이력추

*건국대학교 축산경영・유통경제학전공 교수

적시스템을 전면 도입함은 물론, 친환경 축산체제를 확립해 나갈 것으로 예상되고 있는데, 궁극적으로 이들 정책의 성과는 모두 브랜드로 나타날 것으로 여겨진다.

축산물 우수 브랜드의 경우 소비자의 호평을 받고 있는 것이 사실이지만, 다른 한편 축산물 브랜드는 아직까지도 많은 문제점을 안고 있다. 필자가 최근 조사한 바에 따르면, 축산물 브랜드는 다음과 같은 문제점을 안고 있다.

먼저 생산·경영 측면을 보면, 첫째, 아직까지 브랜드 개념이 명확히 확립되어 있지 않음은 물론, 브랜드 평가지침에 대하여 모르고 있는 경영체가 많다. 정부가 브랜드경영 지침서를 만들어 보급하고 있기는 하지만, 축산농가 및 브랜드경영체를 대상으로 한 조사를 보면 아직까지 브랜드의 개념은 물론, 사업의 필요성을 인식하고 있지 못한 곳이 많다.

둘째, 브랜드경영체의 규모가 영세하다. 돈육브랜드, 계육브랜드는 기업 및 조합이 주도한 대규모 업체가 많지만, 이와는 달리 한우브랜드의 경우에는 대다수 업체의 규모가 매우 영세한 편이다. 물론, 규모가 반드시 커야만 브랜드사업을 할 수 있는 것은 아니다. 작은 규모라도 고정 출하처를 확보하고 있으면 문제될 것은 없다. 그러나 브랜드사업의 목적 가운데 하나가 안정적인 출하처 확보인 만큼, 유통업체의 요구를 들어주기 위해서는 어느 정도의 규모를 가지는 것이 바람직하다.

다음으로 유통·소비 측면을 보면, 첫째 축산물 브랜드 표시 및 정보 제공이 미흡하다. 브랜드 가치는 소비자가 구매할 때 발휘된다. 즉 소비자가 구입하고자 하는 축산물이 어떤 것인가를 명확히 인지할 수 있을 때에 진가가 발휘되는 것이다. 이렇게 생각해 볼 때,

현재 브랜드제품의 디자인, 포장 등은 세련되지 못한 것이 사실이다.

또한 판매를 활성화하기 위해서는 브랜드에 대한 홍보 및 광고가 매우 중요한데, 지금까지는 이에 대한 관심 및 노력이 소홀했고, 이러한 이유로 말미암아 소비자들은 브랜드에 대하여 제대로 인식하고 있지 못한 것이다.

둘째, 도소매 단계 관리 및 감독이 미흡하다. 소매단계에서의 구분판매(등급별 · 부위별 · 품종별) 및 식당에서의 원산지표시에 대한 소비자의 요구는 강한 편이지만, 시행은 제대로 되고 있지 않다. 바로 여기에서 소비자불신이 생겨나고 있는 것이다.

위에서 지적한 대로 축산물 브랜드에 대한 소비자들의 신뢰는 결코 높다고 할 수 없고 판매 또한 부진한 편인데, 그렇다면 앞으로 소비자들의 신뢰도를 회복하고 판매량을 증대시키기 위해서 어떠한 노력을 기울여야 하는가? 정부의 축산물 우수브랜드 육성정책 및 생산자단체 등이 핵심사업으로 참여하고 있는 축산물 브랜드사업의 성공 여부가 궁극적으로 소비자들의 평가에 달려 있음을 감안할 때 축산물 브랜드 생산 및 유통(마케팅) 활성화 방안을 모색하는 일은 매우 중요한 일임에 틀림없다.

2절 축산물 브랜드에 관한 사실 인식

1. 축산물 유통·소비 시장 동향

침체되었던 경기가 되살아나면서 소비심리도 회복되어 축산물의 소비는 소폭 증가 경향을 보이고 있다. 고급재에 속하는 쇠고기의 경우 지난 2000년 1인당 평균 소비량이 8kg에 달하는 등 지속적으로 성장해 오다가 2003년 10월 미국에서 발생한 광우병 파동으로 인하여 6.1kg까지 감소하였지만, 이후 우리나라 경제가 안정적으로 성장해 오면서 한 쇠고기 소비량은 꾸준히 증가해오고 있다.

이와 때를 같이하여 돼지고기 및 닭고기의 소비량이 증대되었는데, 이는 미국에서 광우병이 발생하여 우리나라 쇠고기 소비량의 절반을 차지하고 있던 미국산 쇠고기의 수입이 전면 금지되면서 상대적으로 한우고기의 가격이 상승하게 되자 그동안 쇠고기를 소비해 오던 일부 계층이 가격부담이 적은 돼지고기 및 닭고기 등으로 소비를 대체한 것이 영향을 미친 것으로 여겨지고 있다.

쇠고기 소비량이 정체 상태를 보이고 있는 가운데 특이한 것은, 최근 소득 양극화 현상과 맞물려 1등급 이상(1, 1^{+}, 1^{++})의 고급 한우고기, 이 가운데서도 냉장상태의 등심, 갈비 등 선호 부위는 비싼 가격에 잘 팔리고 있지만, 2등급 이하 중등육, 비선호 부위 및 수입쇠고기의 소비는 정체되어 있다는 점이다. 이에 반해, 돼지고기, 닭고기는 매년 꾸준히 소비량이 증대되고 있고 수입량 또한 매년 큰 폭으로 증가하고 있다.

여기에 건강을 의식한 안전, 위생, 신선도, 영양 등이 중시되면서 친환경, 무항생제, 유기축산물이 비록 소량이기는 하지만, 비싼 가격에 팔리면서 소득 상위 계층으로부터 좋은 반응을 얻고 있다. 이제 소비자들은 품종, 원산지는 물론, 등급, 부위까지도 명확하게 표기하고 포장 또한 세련되면서도 위생적으로 해주기를 원하고 있다.

따라서 생산자들은 소비자들의 이와 같은 요구에 적극적으로 대응하지 않고서는 존립해 나가기가 어렵게 되었고, 그렇기에 생산자인 축산농가는 물론, 영농조합법인, 지역농·축협의 마케팅 담당자들은 고정 고객 확보 및 신뢰도를 제고하기 위하여 브랜드사업을 강화하고, 이력추적제를 시범적으로 도입하는 등 차별화 노력을 아끼지 않고 있다.

한편, 여성의 사회 진출이 늘어나고 주 5일 근무가 확대되면서 조리·가공 축산물의 소비시장이 지속적으로 확대되고 있는데, 이미 대도시에 위치한 백화점의 경우 소포장을 해주는 take-out 음식 코너를 설치·운영하고 있는바 고객들로부터 좋은 반응을 얻어 판매량이 증가하고 있다. 또한 핵가족화, 독신세대 증가에 영향을 받아 거래단위가 소량으로 세분화되는 경향에 맞추어 백화점, 할인점, 편의점 등도 과거 대단위 포장 중심에서 소단위 포장으로 점차 바꾸는 등 소비자의 소비성향 및 취향 변화에 부응하고자 노력하고 있다.

식생활이 서구화되면서 서구형 외식업소가 증가하고 있는 것도 두드러진 특징의 하나라고 볼 수 있다. 롯데리아, 맥도널드, KFC 등 과거 유행하던 패스트푸드업체는 감소하고 있는 반면, 정통을 표방한 베니건스, TGI 프라이데이스, 아웃백 스테이크하우스는 물론, 토종 외식업체인 빕스의 점포 수는 꾸준히 증가하고 있고, 이들 업체들은 가격은 물론 제품 차별화를 위하여 갖가지 신제품 개발에 노력을 아끼지 않고 있다.

이렇듯 외식시장에서도 차별화를 위한 고육지책이 종종 눈에 띄는 가운데, 이마트, 홈플러스, 롯데마트 등 대형유통업체의 영향력 또한 점차 강화되고 있는데, 이는 이들 업체의 구매력이 증대되면서 가격결정권을 갖기 때문인 것으로 여겨진다.

이와 동시에, 전자상거래, 홈쇼핑에서의 축산물 취급 물량이 증대되는 등 이른바 무점포 시장도 확대되고 있다. 우리나라를 대표하는 몇몇 한우브랜드 및 돈육브랜드는 이미 홈쇼핑에 진출하여 소비자들로부터 좋은 반응을 얻고 있고, 인터넷을 통하여 주문받는 물량이 점차 증가하고 있는 가운데 특히 설날, 추석 등에는 평소 취급물량의 5~10배가 넘고 있어 이들 브랜드경영체의 주요 거래수단으로 정착되어 가고 있다.

이와 같은 변화는 정보・물류 혁명으로 말미암아 이동거리, 저장기간, 가공처리 능력 등이 향상되었기 때문인데, 우리나라의 IT 산업이 계속해서 발전해 나갈 것으로 전망되고 있으므로 앞으로도 이 부문은 크게 성장해 나갈 것으로 기대된다.

2. 축산물 브랜드사업의 전개

앞에서 언급한 바와 같이 축산물 브랜드사업은 선도농가를 중심으로 자발적으로 시작되었다. 물론, 축종(품목)별 차이가 있기는 하다. 우유의 경우는 예전부터 유업회사가 중심이 되어 유가공사업을 전개해 오면서 회사 브랜드가 자연스럽게 소비자에게 알려졌다. 쇠고기의 경우는 주산지 한우연구회, 지역농・축협 등 생산자단체를 중심으로 1980년대 초부터 시작되었고, 돼지고기의 경우 1990년대 초 퓨리나코리아(린포크), 대상농장(하이포크), 닭고기의 경우 하림 등에 의해 시작되었다.

축산물 브랜드를 논할 경우 품목은 쇠고기, 돼지고기에 국한되는 경우가 많은데, 이는 사업주체가 주로 농가 및 생산자단체(영농조합법인, 지역농・축협)이고, 이 사업이 정부의 축산정책과 밀접하게 관련되어 있기 때문이다. 농가 및 생산자단체가 브랜드사업에 주목하기 시작한 이유는 축산물 시장 완전개방에 따른 경쟁력 제고방안 모색, 인센티브(무이자 정책자금) 획득에 있었다고 해도 과언이 아니다. 또한 정부가 브랜드사업에 주목하기 시작한 이유는 산지농축산물 유통활성화 정책의 일환, 즉 효율적인 정책자금을 지원하기 위한 방편이었다고 볼 수 있다.

브랜드사업의 주체는 크게 농가, 영농조합법인, 협동조합, 계열화기업체로 나뉘어지는데, 한우의 경우 농가, 협동조합, 돼지의 경우 영농조합법인, 협동조합, 계열화기업체, 닭의 경우 협동조합, 계열화기업체가 중심이 되고 있다.

현재 전개되고 있는 브랜드사업은 성장단계에 따라 도입기, 성장기, 성숙기의 3단계로 구분할 수 있다. 우수브랜드의 경우 성숙기에 접어든 곳이 있기는 하지만, 아직까지 대다수의 브랜드가 성장기에 머물러 있다고 볼 수 있고, 일부 브랜드들은 도입기에 머물러 있는 것이 현실이다. 이들 브랜드업체의 경우 성장단계별 4P(product, price, place, promotion) 전략 구사가 필요한 시점에 와 있지만, 대다수 업체의 경우 이에 관한 인식 및 대책마련은 매우 미흡한 실정이다.

선도 브랜드경영체의 경영실태 및 브랜드사업에 관한 의식 조사 결과를 보면, 브랜드사업의 핵심은 생산단계와 유통단계로 나누어 정리할 수 있다. 먼저 생산단계는 내부조직의 활성화, 즉 이 사업에 참여하는 농가들에게 사업에 대한 확신 및 믿음을 주어 조직이 잘 운영될 수 있도록 시스템을 만드는 것이 중요하다. 다음으로 유통단계는 고정유통채널을 확보하는 것이 중요하다. 특히 규모가 작고 대외 교섭력이 약한 농가 및 생산자단체의 경우 고정유통채널 확보는 무엇보다도 중요하다.

그러면 이들은 왜 브랜드사업에 참여하게 되었는가? 당연한 얘기지만, 차별화를 통한 부가가치 창출을 위하여 브랜드사업에 참여했다고 볼 수 있다.

3절 축산물 브랜드 및 주요 정책 추진 현황

1. 축산물 브랜드의 현황

2006년 12월 말 현재 우리나라 축산물 브랜드의 수는 총 793개이며, 그 중 돼지가 317개로 가장 많고, 그 다음으로 한우 228개, 계란 119개, 닭 60개, 기타 69개의 순으로 나타났다(표 3-1).

이는 전년대비 6.2% 감소한 것인데, 감소폭은 돼지가 가장 크다. 이와 같이 브랜드 수가 감소한 이유는 광역지자체를 중심으로 공동

[표 3-1] 축산물 브랜드의 현황

(단위: 개, % / 2006년 12월 현재)

구 분		계	한 우	돼 지	닭	계 란	기 타
축산물브랜드	2004년	788 (100.0)	209 (26.5)	290 (36.2)	55 (7.0)	185 (23.5)	49 (6.2)
	2005년	845 (100.0)	232 (27.5)	365 (43.2)	59 (7.0)	128 (15.1)	61 (7.2)
	2006년	793 (100.0)	228 (28.7)	317 (39.9)	60 (7.5)	119 (15.0)	69 (8.9)

주: 기타-육우, 오리, 양봉, 사슴, 양, 칠면조 등임.

자료: 농식품부, 「2006년도 축산물 브랜드 현황 조사결과」, 2007. 1.

브랜드(광역브랜드) 사업이 활발히 추진되고 있고, 기초지자체 내에 다수 존재하던 소규모 브랜드가 통폐합되고 있으며, 상대적으로 사업이익을 내고 있지 못하여 유명무실하던 브랜드들이 점차 퇴출되고 있기 때문인 것으로 여겨진다.

이들 축산물 브랜드를 사업주체별로 나누어 살펴보면, 생산브랜드는 592개(74.6%)이고, 유통브랜드는 201개(25.4%)로 나타났다(표 3-2). 이를 품목별로 보면, 한우의 경우 다른 품목에 비하여 상대적으로 생산브랜드의 비중이 높으며(81.6%), 돼지의 경우 생산브랜드의 비중이 가장 낮다(64.0%). 이는 앞에서 언급한 바와 같이 한우의 경우 사업주체가 아직까지 영농조합법인, 지역농・축협 등 생산자 단체인 반면, 돼지는 도축시설은 물론, 고정유통채널을 갖고 있는 계열화 업체의 비중이 높기 때문인 것으로 여겨진다.

[표 3-2] 사업주체별 축산물 브랜드 구분

(단위: 개, % / 2006년 12월 현재)

구 분	계	한 우	돼 지	닭	계 란	기 타
생 산	592 (74.6)	186 (81.6)	203 (64.0)	41 (68.3)	106 (89.0)	56 (81.2)
유 통	201 (25.4)	42 (18.4)	114 (36.0)	19 (31.7)	13 (11.0)	13 (18.8)
합 계	793 (100)	228 (100)	317 (100)	60 (100)	119 (100)	69 (100)

주: 생산브랜드－자가 및 계약 생산 등 생산기반을 가지고 있는 브랜드.
유통브랜드－생산기반 없이 매입하여 가공・판매하는 브랜드.
자료: 농식품부, 「2006년도 축산물 브랜드 현황 조사결과」, 2007. 1.

2. 주요 정책 추진 현황

1) 우수 브랜드 육성기반 조성

첫째, 2004년 2월 '축산물 브랜드육성 추진계획' 및 '브랜드 장기 발전계획'을 마련하여 우수 브랜드 육성방안을 구체적으로 제시하고, 사업 활성화를 위하여 심포지엄, 전국순회세미나, 사업설명회를 개최해 오고 있다.

둘째, 농·축협, 영농조합법인 등 우수 브랜드로 발전할 가능성이 높은 브랜드경영체에 정책자금을 지원해 오고 있다. 즉 2004~2006년까지 3년간 73개 경영체(한우 44, 돼지 29)에 2,556억원을 지원하였고(융자), 사업추진 실적이 우수한 경영체에는 무이자 인센티브 자금 605억원(2004년 120억원, 2005년 185억원, 2006년 300억원)을 지원한 바 있다.

셋째, 전문화된 브랜드컨설팅 지원을 통하여 우수 브랜드로 발전할 수 있는 기반을 마련하는 데 도움을 주고 있다. 즉 2005~2006년 2년간 22개 브랜드경영체를 대상으로 경영계획 수립, 경영관리 수행, 경영성적 평가 등에 대하여 전문컨설팅을 받도록 하는 등 브랜드경영체의 인식 전환 및 경영마인드 개선에 힘써 오고 있다. 이를 위하여 브랜드컨설팅 업체를 지정·운영함으로써 장기적으로는 브랜드축산물 전문컨설팅업체 육성기반을 마련하였다.

2) 우수 브랜드에 대한 판매확대 유도

첫째, 유통업체의 우수 축산물 브랜드에 대한 인식 향상 및 판매 증대에 힘써 오고 있다. 이 결과 대형 유통업체를 중심으로 우수 브랜드로 선정된 업체와 판매계약이 활발하게 진행되고 있다. 또한 유통업체 바이어초청 간담회를 통하여 식육시장의 변화, 최근 소비패턴에 관하여 정보를 교류하는 등 브랜드 인지도 향상을 위하여 노력하고 있다.

둘째, 축산물 브랜드에 대한 소비자 인지도 고양에 힘쓰고 있다. 즉 한국갤럽으로 하여금 축산물 브랜드에 관한 소비자 인지도를 조사하여 정책효과를 분석하는 등 이들 브랜드경영체들이 소비자가 원하는 상품개발이 가능하도록 간접 지원하고 있다.

3) 각종 정책사업을 통한 우수 브랜드 확대

첫째, 지난 3년간의 경험을 바탕으로 규모화된 광역브랜드의 확산을 위한 분위기 조성에 힘쓰고 있다. 이와 같은 노력에 힘입어도, 광역지자체별 1개소 이상 광역(공동)브랜드가 조성되어 현재 15개소에 이르고 있다.

둘째, 우수 브랜드로 발전하기 위하여 각종 정책사업에 대한 호응도 증진에 힘쓰고 있다. 즉 소비자 신뢰도를 제고하기 위하여 쇠고기이력추적시스템 시범사업을 실시하고 있는데 이들 브랜드경영체의 참여율이 높을 뿐만 아니라, 축산업등록제, 친환경축산, HACCP 인증 도축·가공장 및 사료공장 이용, 브루셀라 예방 등 정책사업에 참여하는 경영체가 늘어나고 있다. 또한 품질 균일성 확보를 위해 혈통등록 비율도 지속적으로 증가하고 있다.

4) 우수 브랜드 홍보 강화

첫째, '브랜드경진대회' 및 '우수 브랜드 인증사업'을 도입하여 고품질, 위생·안전성을 제고해 나감은 물론, 소비자 신뢰 확보에 힘쓰고 있다. 이를 위하여 분야별 전문가로 평가위원회를 구성하여 우수 브랜드 평가기준을 마련하였다. 또 인증 브랜드를 소비자에게 알리기 위하여 홍보책자 및 포스터제작, 라디오·잡지 광고 등 다양한 방법으로 홍보를 전개하고 있다.

둘째, 브랜드전시회 및 경진대회를 개최하여 우수 브랜드를 홍보하고 있다. 특히 전시회 관람객 유치를 위한 다양한 이벤트 행사를 개최하여 관람객들의 호응을 얻고 있으며, 매년 관람객이 증가하고 있다.

셋째, 소비자와 축산농가에 우수 브랜드에 관한 정보를 제공하고 있다. 2004년 12월 축산물 브랜드 종합정보서비스 홈페이지를 구축하여 운영하고 있고, 2005년 6월 브랜드경영체 및 회원농가가 준수해야 할 경영지침서를 제작·보급한 바 있다(표 3-3).

[표 3-3] 축산물 브랜드 육성사업의 주요 실행내용

기본방향	세부추진 계획 및 내용
우수 브랜드 육성기반 조성	브랜드 정책 방향 제시
	정책자금 지원(융자)
	브랜드 컨설팅 지원
우수 브랜드 판매확대 유도	유통업계 연계체제 구축
	소비자인지도 고양
정책사업을 통한 우수 브랜드 확대	광역브랜드 확대
	축산물이력 추적시스템 지원
우수 브랜드 홍보 강화	브랜드 경진대회 개최
	우리축산물 브랜드전시회 개최
	브랜드 종합정보서비스 홈페이지 구축
	브랜드 경영지침서 제작 보급

4절 축산물 브랜드정책의 평가

정부가 축산업 경쟁력 제고를 위하여 본격적으로 우수 축산물 브랜드 육성사업에 나선 지 불과 3년여 시간이 경과한 지금, 브랜드 정책의 성과를 평가하기란 쉽지 않다. 하지만, 정부가 축산정책의 핵심화두로 브랜드를 설정한 것은 현명한 선택이었다고 생각한다.

그 이유는 첫째, 앞에서 언급한 바와 같이 축산농가에게 권장되고 있는 친환경 축산, 점차 의무화되어 가고 있는 쇠고기 및 돼지고기 이력추적시스템, 축산업등록제 등이 궁극적으로는 브랜드제품으로서 그 가치가 발현되기 때문이다.

둘째, 품질 및 안전성 차별화가 되지 않은 상태에서 단순히 이름만을 붙여 가격을 올려 받는 브랜드제품으로 말미암아 소비자들의 불신풍조가 생겨나고 있는바, 브랜드 육성정책을 시행함으로써 소비자들에게 축산물 브랜드에 관한 올바른 정보를 제공하여 신뢰를 회복하기 시작했다고 판단되기 때문이다.

지금까지의 축산물 브랜드사업에 대한 평가를 내리면 다음과 같다. 먼저 긍정적인 측면을 들자면, 첫째, 축산업의 경쟁력 제고라는 화두와 맞물려 농가 및 생산자단체에게 자극을 주어 명품 생산 및 유통활성화 사업에 적극적으로 참여하도록 유도한 것은 의의가 매우 크다.

사육규모가 작아 사업성과를 기대할 수 없었던 브랜드경영체들이 농가를 규합하여 사육규모를 늘리고 조직을 활성화하여 고품질 제품 생산을 독려하면서 특히 한우의 경우 1등급 이상 출현율이 대폭 상승하였는바, 이는 브랜드사업에 힘입은 바 크다.

또한 앞으로 생산과 유통이 연관된 안정적인 생산・출하 시스템을 구축하지 않고서는 명품 생산의 가치가 반감되는 만큼 유통에 대해서도 많은 배려를 해야 한다는 사실을 농가에게 심어준 것도 이 사업의 성과라고 할 수 있다.

둘째, 정부가 적절한 지원대책을 마련하여 축산물 브랜드사업에 참여하는 브랜드경영체를 과감하게 지원해 줌으로써 비교적 단기간에 유수한 브랜드경영체가 육성된 점은 높게 평가할 수 있다.

일반 기업과 달리 축산물의 경우 개별농가가 브랜드사업을 하기란 매우 어렵다. 따라서 생산자단체를 중심으로 조직화를 통하여 브랜드사업을 하는 것이 일반적이고, 이 경우 사업초기에는 제반비용이 많이 들 수밖에 없는데, 조직운영은 물론 유통활성화를 위해 적절한 자금 및 인센티브를 제공한 것이 브랜드사업 활성화에 크게 기여했다고 여겨진다.

셋째, 축산물 브랜드 제품에 대한 객관적인 평가기준을 마련하고 공정한 심사를 통하여 우수 브랜드제품을 선발함으로써 브랜드경영체에게 고부가가치 창출을 위한 동기를 부여하고, 소비자들에게 축산물 브랜드 제품에 대한 좋은 인상을 심어주고자 노력한 것은 높게 평가된다.

일부 브랜드경영체에서 평가기준에 대한 불만을 지적하고 있기는 하지만, 초기 단계에서 비교적 객관적이면서 엄정한 기준을 설정하고 전문가 및 소비자단체로 하여금 공정하게 평가하도록 한 것이 브랜드사업 정착에 크게 기여하였다고 생각한다. 향후 점진적으로 기준을 개선해 나간다면 브랜드경영체의 호응을 얻을 수 있을 것이다.

반면 아쉬운 점을 꼽자면, 첫째, 브랜드사업을 통하여 궁극적으로 농가 및 생산자단체가 수익을 창출할 수 있어야 함에도 불구하고 아직까지 가시적인 수익창출 단계까지 이르지 못한 곳이 많다.

브랜드사업의 매력은 사업에 참여하는 농가 및 사업을 주도하는 생산자단체에게 이익을 가져다준다는 데 있다. 다시 말해서 농가에게는 기존의 수취가격 이상을 받게 해 줌으로써 플러스 알파의 이익을 가져다주고, 사업을 주도하는 생산자단체에게는 사료판매, 계통출하 등 경제사업 활성화를 통하여 조합이익 증대에 기여한다.

그런데 이와 같은 사업성과가 단시일 내에 나타나지 않다보니, 조직을 운영해 나가기가 쉽지 않아 고민을 토로하는 곳이 많다. 주지하는 바와 같이 브랜드사업은 최소 10년 이상 지속해야 비로소 그 성과가 나타나기 시작한다. 이렇게 생각해 볼 때 현재 브랜드경영체가 겪고 있는 어려움을 해결하기 위해서는 정부가 계속해서 브랜드경영체 지원에 힘써야 한다.

둘째, 브랜드경영체로서 가능하면 다양한 생산주체가 육성되고 이들 생산주체가 다양한 마케팅채널을 확보하여 소비자에게 다가가는 것이 중요한데, 정부가 브랜드사업을 장려해 나가는 과정에서 지역 농·축협 등 생산자단체가 중심이 되고 대규모 사업체 육성에 초점이 맞추어진 경향이 강하고, 마케팅채널 또한 대규모 유통업체가 중심이 되고 있다.

사실 사육규모가 제법 큰 농가라면 혼자는 물론, 두세 농가를 규합하여 브랜드사업을 할 수도 있다. 특산물을 보유하는 등 지역여건이 좋은 지자체 및 생산자단체는 커다란 규모가 아니더라도 얼마든지 내실을 기하면서 브랜드사업을 알차게 해 나갈 수도 있다. 뿐만 아니라, 직접 생산에 참여하지는 않더라도 안정적인 판매가 가능한 유통업체들도 이 사업에 나설 수가 있다.

그런데 실제로 정책의 수혜자는 대부분 지역축협이고 향후 사업운영방안을 보면 광역지자체가 참여하는 광역(공동)브랜드 육성에 초점이 맞추어져 있다. 물론, 별다른 제품의 특성도 없이 난립하고 있는 무수한 브랜드를 정리하여 소비자들에게 선택받을 수 있는 제대로 된 축산물 브랜드를 육성해 나가고자 하는 정부의 의지에 이의를 달 수는 없다.

하지만, 사육규모는 크지 않아도 시장을 확보하고 있고 조직을 원만하게 운영하여 이 사업에 참여하는 농가와 사업주체 모두가 만족하고 있는 경영체조차 대규모 생산의 이익을 추구한다는 명분 아래 브랜드 광역화에 참여토록 하는 것은 재고해야 한다.

셋째, 축산물 브랜드사업이 왕성하게 전개되면서 많은 농가 및 생산자단체를 이 사업에 참여하도록 한 것까지는 좋았는데, 이를 유통업자 및 소비자들에게 적절히 알릴 수 있는 기회가 많지 않아 아직까지도 대다수 소비자가 축산물 브랜드에 대하여 모르고 있는 경우가 많은 점 등은 다소 아쉬움으로 남는다.

물론, 유통업체 바이어들을 초청하여 축산물 브랜드의 우수성을 알리고자 노력하고 있고, 소비자를 대상으로 한 축산물 브랜드전을 개최하는 등 우수 브랜드 홍보활동에도 적극적으로 지원하고 있기는 하지만, 이와 같은 1회성 행사를 통하여 이들에게 다가가기란 쉽지가 않다. 따라서 이들 제품의 우수성을 알려나가도록 지속적으로 지원해 줄 필요가 있다.

5절 브랜드사업의 중장기 발전과제

브랜드사업이 성공하기 위해서는 생산주체의 자발적인 노력이 무엇보다 중요하다. 정부가 브랜드경영체를 적극적으로 지원하는 등 여러 가지 혜택을 부여하고 있는 것이 사실이지만, 브랜드경영체들은 이와 같은 혜택을 받지 않고도 독자적으로 생존해 나가기 위하여 각고의 노력을 경주해야 한다.

브랜드사업은 생산과 유통 양 측면을 동시에 고려하여 지역별·품목별 특성을 강화해 나가야만 성공할 수 있다. 즉 생산 측면에서는 이 사업에 참여하는 구성원의 적극적인 참여를 유도할 수 있는 조직결성 및 유지관리가 중요하다. 유통 측면에서는 브랜드제품을 안정적으로 출하할 수 있는 출하물량 및 고정 출하처 확보가 무엇보다도 중요하다.

그러나 굳이 우선순위를 따지자면 축산물 브랜드사업의 출발점은 생산이다. 소비자의 기호 및 요구에 부응한 우수한 제품을 생산하지 않고서 브랜드사업을 논할 수는 없다. 따라서 브랜드사업은 생산에서 출발해서 점차 유통으로 비중을 옮겨가는 것이 바람직하다.

그렇기에 정부는 브랜드사업 초창기에 축산물 브랜드의 전제조건으로서 이른바 3통, 즉 혈통통일, 사료통일, 사양관리통일을 강하게 주문해 왔고, 이제 우리나라를 대표하는 축산물 브랜드 제품은 어느 정도 3통에 근접하고 있는 것으로 파악되고 있다. 그러나 3통에 만족해서는 안 되고, 앞으로는 환경적인 요인까지도 고려하여 4통이 되도록 노력할 필요가 있다.

한편, 앞에서 지적한 바와 같이 축산물 브랜드사업이 과연 축산농가 및 브랜드사업의 핵심주체인 영농조합법인, 지역 농·축협 등 생산자단체에게 실익을 가져다주었는가에 대해 의문을 제기하는 전문가 및 관계자들도 적지 않다. 왜냐하면 브랜드사업을 시작하면서 애당초 기대한 만큼의 수익이 발생하지 않았고, 앞으로도 발생할 가능성이 높지 않기에 이 사업을 계속해서 해 나가야 할지 고민하는 브랜드경영체가 적지 않기 때문이다.

현실적으로 축산물 브랜드사업을 개별농가가 수행하기에는 어려움이 많이 따른다. 어느 정도의 경제사업을 수행하고 있는 생산자단체들도 주변 여건을 감안할 때 쉽게 확대해 나갈 수 있는 사업이 아니다. 이렇게 생각해 볼 때 지역 농·축협을 중심으로 하는 브랜드사업이 가장 일반적이라고 할 수 있는데, 이 경우 중요한 것은 사업주체인 지역 농·축협에게 어떠한 형태로든지 간에 수익이 발생해야 한다는 점이다. 가시적인 효과가 발현되지 않는 한 지역 농·축협들은 이 사업에 적극적으로 참여하지 않을 것이다.

앞에서도 언급한 바와 같이 축산물 브랜드사업이 본격적으로 시행된 지 얼마 지나지 않은 지금 이 사업의 성과를 판단하기는 어렵다. 따라서 중요한 것은 정부의 의지 및 향후 사업전개 방향인데, 필자의 개인적인 견해로는 향후 브랜드사업의 비중은 생산보다는 유통에 두어야 한다.

이는 브랜드사업에 대한 축산농가 및 현장 관계자의 의식이 높아지면서 조직화에 대한 열기가 고조되었고 조직관리에 대한 노하우가 축적되었다. 그렇기에 앞으로 제품으로서의 경쟁력 제고 및 부가가치를 높이기 위해서는 그동안 소홀히 취급해 왔던 유통에 비중을 두는 것이 중요하기 때문이다.

그렇다고 해서 브랜드경영체들이 생산측면에서 지켜야 할 의무, 즉 고품질 제품을 생산하고 위생·안전성 기준을 준수하는 등의 노력을 소홀히 해서는 안 된다. 선발주자는 물론, 후발주자들도 브랜드사업의 출발점이 생산이라는 점을 인식하여 고품질, 위생·안전성이 보장되는 명품생산에 최선을 다해야 한다.

다행히도 최근 유통을 중시하는 움직임이 선도 브랜드경영체를 중심으로 감지되고 있는데, 이들 경영체의 경우 기존에 중시되었던 기술 및 생산 전반에 관한 컨설팅보다는 주로 마케팅에 관한 컨설팅을 받고, 마케팅전문가를 영입하여 새로운 판매전략을 수립하는 등 시장을 개척하기 위한 노력에 최선을 다하고 있다.

이와 동시에 또 하나 지적하고 싶은 것은 대다수의 경우 지역 농·축협이 브랜드사업을 주도하고 있는데 막상 직원들의 브랜드 사업에 대한 인식은 예상 외로 미흡하다는 점이다. 조합원인 농가를 브랜드사업에 적극적으로 참여시켜 조합사업을 활성화시켜 나가야 하는 것이 직원들의 사명임에도 불구하고, 적지 않은 조합의 경우 직원들이 브랜드사업에 대하여 제대로 이해하고 있지 못할 뿐만 아니라, 브랜드 관련 업무를 기피하는 경우가 있는데 이는 결코 바람직하지 않다.

따라서 앞으로는 브랜드사업에 참여하는 조합원 농가뿐만이 아니라 조합 임직원의 의식전환을 위한 교육이 병행되어야 할 필요가 있는데, 이들을 교육시킬 수 있는 프로그램을 개발하고 교육비를 지원해 주는 것도 좋은 방법이라고 여겨진다.

마지막으로, 최근 정부는 안정적인 물량 확보가 브랜드사업 성패에 중요한 요인이라고 판단하여 광역(공동)브랜드 활성화를 위해 노력하고 있다. 물량 확보를 위하여 사육규모를 확대해 나가는 노력도 중요하지만 그렇다고 해서 비록 작은 규모지만 자생적으로 출발해서 현재 잘 운영되고 있는 소규모 브랜드경영체의 존재를 소홀하게 취급해서는 안 된다.

다시 말해서 소규모 브랜드사업체 가운데 물량부족으로 고전하고 있어 광역브랜드로 가야겠다고 생각해서 자발적으로 광역브랜드사업을 추진하는 경영체에 대해서 지원해 주는 것은 무방하다.

그러나 현재의 규모로 지역적 · 품목적 특성을 살려나가고자 노력하고 있는 경영체에 대해서는 그들 나름대로의 자생전략을 바탕으로 성장해 나가도록 지켜보는 것도 좋다고 여겨진다.

물론, 강한 의지를 가지고 브랜드사업의 활성화를 위해 노력하는 정책 담당자 입장에서는 가능하면 이른 시일 내에 가시적인 효과가 나타날 수 있도록 기대하고 최선을 다하는 것이 당연한 일이다. 그러나 브랜드사업이라는 것이 단기간에 효과를 나타내기가 어렵고 또한 장기간에 걸쳐 안정적으로 브랜드 제품을 판매하는 것이 중요한 만큼 여유를 가지고 관망하는 것도 중요하다고 생각한다.

참고문헌

이면희, 『명품경영학』, 청년정신, 2007. 2.

한성일, 「축산물 브랜드 마케팅 활성화 방안」, 농식품신유통연구원 주관 월례세미나 자료집, 2007. 2.

_____, 「브랜드사업의 추진현황 및 중장기 발전과제」, 농림부 · 농협중앙회 주관 브랜드사업 연찬회 자료집, 2006. 12.

한성일 · 최승철, 「한우 광역브랜드 사업전략」, 『농업경영 · 정책연구』 제30권 제3호, 2003. 9.

한성일 · 고복남 · 곽영태, 「한우브랜드사업의 성장단계별 발전전략」, 『농업경여 · 정책연구』 제34권 제2호, 2007. 6.

한성일 · 정규성 · 최승철 · 김종민, 『쇠고기 소비형태 및 소비자 의식구조 변화에 대한 연구』, 건국대학교 동물자원연구센터, 2004. 9.

한성일 · 김종민 · 박근규 · 최승철, 『의성마늘소의 고급육 생산과 사양관리 프로그램 개발에 관한 연구』, 건국대학교 동물자원연구센터, 2004. 6.

한성일 · 최승철 · 김종민 · 연규영, 『순한한우 광역브랜드사업 컨설팅 보고서』, 건국대학교 동물자원연구센터, 2003. 11.

4장

축산식품 안전성 확보 방안

-안전에 관한 제도 및 정책-

양 병 우*

1절 식품안전관리제도의 현황과 문제점

1. 식품안전관리제도의 특징

식품안전관리체계는 '다원화된 분산관리'로 요약된다. 정부조직이 개편되기 이전 식품의 안전관리는 농림부(축산물, 비가공농산물), 해양수산부(수산물), 환경부(음용수), 재경부・국세청(주류), 산업자원부(소금), 교육인적자원부(학교급식), 보건복지부, 식품의약품안전청(기타 모든 식품) 등으로 다원화되어 있었다.

식품관리 업무는 기준설정 업무와 검사 업무로 대별된다. 기준설정 업무는 식품안전성을 확보하기 위해 농약, 미생물, 유해물질 등의 허용 기준 및 농약사용 기준 등을 설정하는 것이며, 농식품부와

*전북대학교 농업경제학과 교수

[표 4-1] 농축수산물 및 식품의 안전관리제도

구 분			관리기관	근거법령
농산식품 및 농산물	농산식품	국산식품 (유통농산물 포함) 수입식품 (농산물 포함) 안전성 관리	보건복지부 (식약청)	식품위생법
	농 산 물	수입식물 검역	농림부(식물검역소)	식물방역법
		국산농산물 (생산 · 저장 · 출하단계) 수입사료 안전성 조사	농림부 (농산물품질관리원) 농림부	농수산물품질관리법 사료관리법
축산식품 및 축산물	축산식품	최종소매 축산가공품	보건복지부(식약청)	식품위생법
	축 산 물	국산 · 수입산 가축 · 축산물 · 가공품 안전관리 기타축산물	농림부 (수의과학검역원) 보건복지부(식약청)	축산물가공처리법 식품위생법
		가축 · 축산물 검역	농림부 (수의과학검역원)	가축전염병예방법
수산식품 및 수산물	수산식품	수산가공품, 수입수산물	농림부 (수의과학검역원)	식품위생법
	수 산 물	국산 수산물 (생산 · 저장 · 출하단계) 안전성 검사	해양수산부 (수산물검사소)	수산물품질관리법 수산물검사법

자료 : 정영일 · 양병우 · 황수철 외, 『환경보전 및 안전성 제고를 위한 축산시스템 구축방안』, 2001, p.101.

보건복지부가 분담하고 있다. 검사 업무는 생산단계(저장 및 출하전 단계 포함)와 수입 · 유통단계로 나뉘어 식품안전 여부를 조사하며, 품목별 · 단계별로 농식품부, 보건복지부 등 여러 부처에서 분담하고 있다.

농축산물의 경우에는 품목별 혹은 단계별로 업무가 분산되어 있다. 가령 농산물의 경우, 출하단계까지는 농식품부(농산물품질관리원), 그 이후는 식약청 소관이다. 축산물의 경우 가축사육부터 도축 및 식육점 등을 통한 유통단계까지는 농식품부, 그 이후의 안전관리는 식약청과 지자체에서 담당하고 있다(표 4-1 참조).

2. 식품안전관리체계의 문제점

1) 제도상의 문제점

안전관리의 다원화로 인해 체계적인 관리가 이루어지지 못하고 있다. 대상 식품 및 공급단계별로 담당부처가 나뉘어져 있어 ① 위해요인 모니터링 및 식중독 발생원인 규명이 효과적으로 이루어지지 못하고, ② 안전관리정책이 체계적으로 수립·운영되지 못하며, ③ 위해식품의 효과적인 리콜 및 관련정보의 교류가 원활하게 이루어지지 못하고 있다.

또한 대상 식품별 정책의 차이가 발생할 뿐 아니라 정부 차원의 체계적인 중장기 발전방안이 수립되지 못하고 있다. 그리고 대상 식품별로 유사한 정책이 각 부처별로 수립되어 정부 차원의 정책 일관성이 유지되지 못하고 있다. 물론 부처간 업무조정을 위해 국무총리실 국무조정실 산하에 식품안전관리대책협의회를 두고 있다. 그러나 이 기구는 관련부처의 계획 및 실적을 취합하는 정도의 역할만 할 뿐, 부처별 소관업무를 합리적으로 조정하고 협조체제를 공고히 하는 본연의 기능은 전혀 수행하지 못하고 있다. 결국 정부 차원의 기본정책이 수립되지 않은 상태에서 사안별로 임기응변적 대응이 이루어지고 있다.

농축산물을 중심으로 다원적 분산관리체계가 갖는 문제점을 좀 더 구체적으로 살펴보자. 첫째, 안전성 관리가 품목별, 생산 및 유통단계별로 각 부처에 분산되어 있어 안전관리의 일관성과 효율성이 떨어지고 있다. 농산물의 경우 도매시장 출하단계까지는 농식품부 소관이고, 유통단계는 식약청 소관이므로 위해요인이 발견되었을 때 생산지의 역추적 및 원인분석이 신속하게 이루어지기 어렵다.

축산물의 경우 가축의 사육부터 도축 및 식육점 등을 통한 유통단계까지는 축산물가공처리법에 따라 농식품부에서 담당하고 있지만, 음식점 및 슈퍼마켓 등 소매점을 통한 유통과정 이후의 안전관리는 식약청과 지자체에서 각각 지도・감독[1]하는 등 축산물 안전관리 업무 역시 분산되어 추진되고 있다. 그 결과 식품위해요인 발견 시 발생경로 추적을 통한 안전성 해소에 애로가 있으며, 유사업무를 부처별로 중복하여 추진함에 따라 인력, 시설 및 장비, 예산집행에 있어 낭비와 비효율이 초래되고 있다.

둘째, 동일업체가 축산물가공품(식육가공품)과 일반식품을 동시에 생산할 경우 농식품부와 식약청 2개 부처에서 행정지도 및 감독을 받아야 하는 등 중복 규제 및 검사로 인한 인적・물적 낭비 및 생산활동에 지장이 초래되고 있다.

셋째, 식육가공품의 경우 1998년도부터 관리업무가 일원화되었다고 하지만, 식육비율 50% 이상의 축산물가공품 관리 업무만 보건복지부에서 농식품부로 이관되어 축산물과 축산가공품 전반의 실질적인 안전관리 일원화가 이루어졌다고 보기가 어렵다. 현행법상 식육함량 50% 이상인 식육가공품은 농식품부, 50% 미만의 식육가공품과 기타식품은 보건복지부가 업무를 담당하도록 되어 있지만, 실제로는 업무 영역을 둘러싼 문제가 발생할 소지가 있으며 부처간 시책의 조정 및 상호업무 협조는 매우 미흡한 실정이다.

넷째, 농축산물 안전성과 관련된 정보의 신속한 수집과 수집된 정보를 신속히 분석하고 평가를 통해 배분하는 기능이 매우 취약하며, 정보화 관련 DB가 있다 하더라도 각 기관별로 독자적으로 구축

1) 정육판매 이후의 포장육 유통관리 및 잔류물질 기준제정은 식품위생법에 따라 식약청에서 담당하고 있다.

[표 4-2] 농축산물 및 식품의 단계별 위험평가체계

<table>
<tr><th colspan="2" rowspan="2">구 분</th><th colspan="3">안전성 평가</th></tr>
<tr><th>생산단계</th><th>수입단계</th><th>유통단계</th></tr>
<tr><td rowspan="2">농산식품</td><td>국 산
가공품</td><td>식약청
(식품위생법)</td><td>-</td><td>식 약 청
(식품위생법)</td></tr>
<tr><td>수 입
가공품</td><td>-</td><td>식 약 청
(식품위생법)</td><td>식 약 청
(식품위생법)</td></tr>
<tr><td rowspan="2">농산물</td><td>국 산
신선품</td><td>농산물품질관리원
(농약관리법)
(농수산물품질관리법)</td><td>-</td><td>식 약 청
(식품위생법)</td></tr>
<tr><td>수 입
신선품</td><td>-</td><td>식 약 청
(식품위생법)</td><td>식 약 청
(식품위생법)</td></tr>
<tr><td rowspan="2">축산식품</td><td>국 산
가공품</td><td>수의과학검역원
(축산물가공처리법)</td><td>-</td><td>수의과학검역원
(축산물가공처리법)</td></tr>
<tr><td>수 입
가공품</td><td>-</td><td>수의과학검역원
(축산물가공처리법)</td><td>수의과학검역원
(축산물가공처리법)</td></tr>
<tr><td rowspan="2">축산물</td><td>국 산
신선품</td><td>수의과학검역원
(축산물가공처리법)</td><td>-</td><td>수의과학검역원
(축산물가공처리법)</td></tr>
<tr><td>수 입
신선품</td><td>-</td><td>수의과학검역원
(축산물가공처리법)</td><td>수의과학검역원
(축산물가공처리법)</td></tr>
<tr><th colspan="2">구 분</th><th>검 역</th><th>원산지 표시</th><th>비 고</th></tr>
<tr><td colspan="2">내 용</td><td>식물검역소・수의과학검역원(식물방역법)
(가축전염병예방법)</td><td>농산물품질관리원
(농수산물품질관리법)</td><td>축산물 리콜
수의과학검역원
(축산물가공처리법)</td></tr>
</table>

자료: 정영일・양병우・황수철・이병오 외, 환경보전 및 안전성 제고를 위한 축산시스템 구축방안, 2001, p.111.

되어 있어 정보의 신속한 공유가 이루어지지 못하고 있다.

다섯째, 위험평가기관이 분산됨으로써 위험평가정보의 수집 및 배분기능도 원활하지 못하며, 기관상호간 유기적 연계가 이루어지지 못해 평가정보의 공개와 의사결정의 투명성 확보가 어려운 상황에 있다(표 4-2).

2) 위험평가 기능의 취약성

현재 우리나라의 위험평가기관은 농식품부의 국립농산물품질관리원과 국립수의과학검역원, 그리고 보건복지부의 식약청과 국립독성연구원 등 4개 기관이다.

국립농산물품질관리원에서는 농산물의 전반적인 관리에 대한 업무를 담당하고 있다. 농산물 원산지 표시를 비롯하여 농산물의 품질 향상 및 유통에 관한 제도를 지원하고 있다. 또한 작물생산 및 농업 경영에 대한 조사 및 통계 업무를 수행하고 있다. 이 기관의 안전관련 업무는 품질인증, 원산지, 농산물 검사 및 안전성 검사 등이다.

국립수의과학검역원에서는 축산식품 위생관리, 가축검역 및 검사, 가축질병 방역, 수의과학기술 개발 및 동물용 의약품 관리 등에 관한 업무를 수행하고 있다.

한편, 농산물 및 축산물을 제외한 기타 모든 식품행정에 관한 사항은 보건복지부 산하 식품의약품안전청에서 관리하고 있다. 식품안전국에서는 식품안전에 관한 제도 등의 종합적인 관리가 행해진다. 여기에 더하여 식품규격평가부에서는 규격 및 영양평가 업무를 식품안전평가부에서는 미생물학적 안전성 평가와 화학적 안전성 평가를 수행하고 있다.

식약청 산하의 국립독성연구원에서는 2002년 독성물질 국가관리사업(KNTP: Korea-National Toxicology Program)을 통해 인체에 유해한 영향을 미칠 수 있는 물질로부터 국민건강을 보호하기 위해 위험평가를 수행하고 있다. 국가 차원의 독성물질 관리 프로그램을 운영하고, 지속적인 위험평가와 모니터링 등 국내 현실에서 우선적으로 요구되는 독성정보 생산에 중점을 두고 사업을 추진하고 있다.

이상을 종합하면, 현행 우리의 검사체계조차도 상당히 문제가 있기도 하지만, 무엇보다도 엄격한 의미의 국가적 위험평가 기관은 거의 존재하지 않다. 90년대 초부터 위험평가의 필요성이 인식되면서 위험평가체계를 구축하는 노력이 시작되었지만, 아직도 독자적 평가결과를 생산하지 못하고 있는 것이 엄연한 현실이다. 그리고 그 대상도 화학물질에 국한되고 있을 뿐 식품유래 질병의 주 요인으로 등장하고 있는 미생물에 대한 위험평가는 사실상 전무한 실정이다.

다만, 식육생산과정의 미생물 오염을 방지하기 위해 검역원에서는 수입 및 국내산 식육에 대해, 그리고 시 · 도 축산물 위생검사기관에서는 관내 도축장에서 생산되는 오염지표세균(일반세균수, 대장균수)과 병원성 세균(대장균 O-157: H7, 살모넬라균, 리스테리아균, 캠필로박터균)에 대해 각각 모니터링 검사를 실시하고 있다.

검역원은 시 · 도 축산물위생 검사기관의 잔류물질에 대한 검사의 정확성 · 동등성 유지를 위해 연 1회 이상 정도관리(blind test)를 실시하고 있다.

특히 수입농축산물에 대해서는 수입상대국의 농축산업 실태, 사양관리, 사료(원료사료 포함)의 유해물질 관리, 동물약품 사용, 축산물의 잔류허용 한계설정 현황과 전국적인 잔류실태 조사결과 등 관련 정보가 사전에 충분히 수집되지 못함으로써 철저한 규제검사가 수행되지 못하고 있는 실정이다.

3) 축산식품 안전관리의 문제점

1980년대 이후 식품사고의 원인물질은 일반 농산물에서 축산식품으로 전환되고 있다. 식중독 사고의 연도별 · 원인식품별 비율을

[표 4-3] 식중독 발생의 원인균별 및 원인식품별 현황(2000년)

구	분	환자수(명)	비중(%)
원인균별	살모렐라	2,591	35.6
	포도상구균	824	11.3
	장염비브리오	235	3.2
	불검출	2,677	37.0
	기 타	942	13.0
	합 계	7,269	100.0
원인식품별	육류 및 가공	3,571	49.1
	어패류 및 가공	896	12.3
	김밥, 도시락	968	13.3
	기 타	1,834	25.2
	합 계	7,269	100.0

자료: 식약청

보면, 육류 및 그 가공식품이 30~70%로 가장 높은 비중을 차지하고 있다. 이는 원인균 및 원인식품별 식중독 발생현황을 보여주는 [표 4-3]에서 분명히 드러나고 있다. 표에 따르면, 축산식품에서 주로 검출되는 포도상구균과 식육제품에서 주로 검출되는 살모넬라(Salmonella) 균속이 식중독 발생의 주류(46.9%)를 이루고 있다. 또한 육류 및 육류가공품에 기인한 식중독 발생건수가 49.1%나 되는 것으로 나타났다.

이처럼 한국의 식품안전문제의 고찰에 있어 축산식품 안전관리는 매우 중요한 위치를 차지한다. 따라서 이하에서는 축산식품의 안전관리 현황과 문제점을 단계별 살펴보기로 하자.

가축의 사육에서 최종소비에 이르는 축산식품의 공급과정 각 단계에서 나타나는 안전관리상의 문제점은 [표 4-4]와 같이 요약될 수 있는바, 이를 중심으로 각 단계별 문제점을 간략히 정리해 보자.

[표 4-4] 축산식품 안전관리의 문제점

단 계 별	문 제 점
가축사육	- 종축의 개체 및 혈통 관리체계 미흡 - 양질의 조사료 급여체계가 구비되어 있지 않음 - 전근대적 출하관리 - 생산자의 방역, 위생관리 및 안전한 축산물 생산의식 미흡 - 위생 및 안전성 관리를 위한 농장자체의 검사체제 미비 - 사료오염 및 동물약품 남용 등으로 인한 유해물질 잔류문제 유발
처리・가공	- 도축장, 도계장 시설의 영세성 및 위생상태 불량 - 경영자 및 종업원의 직업의식과 위생관념 부족 - 도축시설 및 도축단계의 비과학적이고 비위생적인 관리 - 유해미생물 오염문제 유발
유통・판매	- 소규모 영세 유통・판매업체의 난립 - Cold chain 판매시스템의 미비 - 유통・판매종사자의 위생관리지침 미준수 - 유해미생물 오염・증식문제 유발
소 비	- 비열처리식품에 대한 위생관리관련 지식 부족 - 식품원인질병(식중독) 피해 유발 우려

자료: 정영일・양병우・황수철 외(2001)

먼저 사육단계에서는 쾌적한 사육환경과 동물복지(animal welfare)에 입각한 청정사육관리에 초점을 맞춰온 선진각국에 비해 한국의 경우에는 위생적으로 취약한 생축의 생산성 향상에만 전념해 왔다. 그렇지만 여전히 영세・수입의존형 종축관리체계와 후진형 사육관리를 면치 못하고 있는 것이 현실이다.

도축 및 처리・가공 단계의 문제점으로는 무엇보다 영세한 도축・도계장의 난립과 전근대적 위생관리 수준을 지적할 수 있다. 한국의 도축장은 매우 영세하고 시설이 낙후되어 있으며 업체수가 난립하여 있어 가동률 부진 등으로 HACCP제의 도입에 어려움이 많다. 또한 생산성 위주의 작업으로 안전한 축산물 생산을 위한 위생관리가 미흡하고, 특히 도축장 영업자 및 종업원의 위생관념이

희박하다.

또한 도축 및 HACCP 기술지원 등을 위한 검사전문인력이 매우 부족하다. 특히, 도축검사인원은 작업장별 한 명 정도에 불과하여 사실상 체계적 검사업무 수행이 불가능하다. 도축단계에서 생체·해체·잔류·미생물 검사가 단계별로 실시되어야 하지만 이런 상황에서는 도축수를 확인하는 정도에 머물 수밖에 없는 것이 현실이다.

판매 및 유통이 매우 복잡하게 이루어지고 있어 축산물 취급과정에서 위해요인이 상존하고 있다.[2] 정육점 등을 통한 전근대적 판매의 비율이 높고, 보관장소 등의 시설이 협소하며 시설·장비 등의 위생관리도 철저하지 못한 상태이다. 콜드체인시스템은 엄두도 내지 못하고 있는 것이 현실이다.

2절 식품안전제도 개혁의 배경 및 주요 내용

1. 식품안전제도의 개혁 배경

1990년대 중반 이래로 식품안전 관련 법률의 지속적인 개정과 제도 개선(특히 1998년 식약청 설립) 등의 노력으로 우리의 식품안전 수준이 상당히 개선된 것도 사실이다. 하지만 식품업체의 불량 식재료의 사용(미군부대 음식찌꺼기 사용, 불량만두소 사건 등), 위해첨가물 사용행위(떡가루에 공업용 색소 사용)가 근절되지 않고, 식품안전 기준도 미흡(김치에서 기생충 알 발견, 민물고기에서

2) 도축장 반출 시 상차시설을 이용하지 않고 현수하지 않는 경우, 운송차량의 냉장·냉동 미준수 및 청결유지 미흡 등이 대표적인 예이다.

말라카이트 그린 검출)하다는 점이 지속적으로 제기되었다. 이러한 주요 식품안전 사고는 사업자들의 안전의식 부재, 미흡한 처벌기준과 함께 비효율적인 식품안전관리 행정체계 등이 복합적으로 결합된 형태였다.

또한 최근의 식품안전문제는 사고의 범위가 어떤 특정 공간에 국한되지 않고 지역적 및 범지구적으로 광역화되는 양상을 보이고 있다. 또한 과거에는 크게 문제시되지 않던 오염물질(O-157: H7, 리테리아균, 다이옥신 등)과 광우병 및 조류독감 등과 인수공통 전염병의 등장으로 피해 규모와 전파속도가 예측 불가능한 상황에 이르고 있다.

식품안전 행정체계에 대한 근본적인 개혁 논의는 주로 국무총리실을 중심으로 이루어져 왔다. 지난 3년 동안에 걸쳐서 국무총리실 내의 식품안전 T/F와 식품안전대책협의회를 통해 다양한 사회적 공감대를 형성하고, 마침내 2006년 3월에 식품안전기본법(안)을 바탕으로 한 식품안전처(차관급) 설립과 식품안전관련 3개 법률(식품위생법, 축산물가공처리법과 건강기능식품법)을 대폭 정비하는 정부 안을 확정한 바 있다. 식품안전기본법(안)은 식품안전정책의 기본 규범으로서 제정되었지만 현재 국회에 계류 중에 있다.

2. 식품안전기본법(안)의 목적과 주요 특징

식품안전기본법(안)의 개요는 [표 4-5]에 정리된 바와 같다. 이 법의 목적은 식품안전관련 이해당사자의 책무, 식품안전분쟁의 조정, 종합적 식품안전정책의 수립 등에 있고, 이 법의 주요한 특징을 요약하면 다음과 같다.

첫째, 식품체인에 관련된 모든 이해당사자들의 역할과 책임이 법률적으로 명확히 명시되어 있다는 점이다. 여기서 말하는 이해당사자란 국가 및 지방자치단체, 사업자(식품업체 관련), 소비자 등을 지칭한다. 이들의 책임과 역할은 다음과 같다.

먼저 국가의 책임은 매 3년마다 식품안전관리 기본계획을 수립하며, 지자체는 매년 식품안전관리 시행계획을 수립하여 식품안전관리에 노력한다.

사업자는 식품원료, 식품첨가물, 최종생산물 등의 안전성 확보에 대한 책무와 식품회수 및 추적관리 자료의 기록보관을 의무화하고 있다.

소비자의 역할은 식품안전 정책결정 과정에 참여와 더불어 식품안전정보에 대한 요구권 즉 정보에 입각한 식품선택(informed choice) 권리를 찾는 권한이 법적으로 보장되어 있다.

[표 4-5] 식품안전기본법(안)의 개요

목적(제1조) ▪ 식품안전과 관련하여 국가・지방자치단체 및 사업자의 책무를 명확히 하고, 분쟁조정제도를 도입하여 소비자의 피해구제를 강화하며, 식품안전정책의 수립・조정 등에 관한 기본적인 사항을 규정함으로써 국민들의 건강하고 안전한 식생활을 보장하기 위한 것임. 국가 및 지방자치단체의 책무(제5~12조) ■ 정부의 임무 ▪ 정부는 매 3년마다 식품안전기본계획을 수립하고, 이를 추진하기 위해 인력과 재원을 우선적으로 확보하도록 노력해야 함. ▪ 정부는 국민건강에 중대한 피해발생이 우려되는 경우에는 이에 대한 긴급대응체계를 구축・운영하여야 함.

[표 4-5] 식품안전기본법(안)의 개요(계속)

■ 식품안전관련 행정기관장의 임무 ▪ 식품안전정책을 수립하고 집행함에 있어서 상호 긴밀히 협력하여야 함. ■ 관계행정기관장의 임무 ▪ 소비자의 식품안전활동을 지원·육성하고, 식품안전성 확보를 위한 사업자의 시설투자, 연구개발 등을 지원할 수 있음. ▪ 식품, 식품첨가물 등의 생산·제조·가공·수입·유통·조리·판매 이력을 추적하기 위한 시책을 수립·추진·시행하여야 함. 사업자의 책무(제13~15조) ▪ 사업자는 식품원료, 식품첨가물, 최종생산물, 기구 또는 용기, 포장 등의 안전성이 확보되도록 하여야 함. ▪ 사업자는 식품 등의 생산·유통 등 각 단계별로 추적관리에 필요한 사항을 기록·보관하여야 함. 식품안전관리의 과학화(제16~20조) ■ 위험평가 ▪ 관계행정기관의 장은 식품 등의 안전관련 기준·규격을 제정하거나 개정하는 경우에 사전에 위험에 대한 과학적인 평가를 실시하여야 함. ▪ 현재 활용가능한 과학적 근거에 기초하여 독립적이고 객관적이며 투명하게 실시하여야 함. ■ 정보공개 ▪ 관계행정기관의 장은 「공공기관의 정보공개에 관한 법률」 제9조 제1항 제5호 및 제6호의 규정에 불구하고 식품 등에 대하여 객관적으로 검증된 위해정보 및 당해 식품 등을 취급하는 사업자에 대한 정보를 공개할 수 있음. 소비자의 감시(제21~23조) ▪ 소비자가 식품 등에 대하여 시료채취 및 시험분석을 서면으로 요청하는 경우에 관계행정기관의 장은 특별한 사유가 없는 한 이에 응하여야 함. ▪ 정부는 신고로 인하여 과징금 등이 직접적으로 관계행정기관에 귀속된 경우에 신고자에게 해당 수입의 일정률의 범위 내에서 포상금을 지급할 수 있음. 식품분쟁조정(제24~32조) ▪ 유해식품의 섭취로 인한 신체 및 재산상 피해에 대한 분쟁을 조정하기 위하여 중앙 및 시·도에 식품안전분쟁조정위원회를 설치·운영함. 식품안전정책위원회(제33~43조) ▪ 정부의 식품안전정책을 종합·조정하고 위험평가와 관련된 사항을 심의하기 위하여 국무총리 소속하에 식품안전정책위원회를 설치·운영함. 벌칙(제44~45조) ▪ 정부의 긴급대응 등에 따른 금지명령이나 검사명령에 위반한 사업자에 대해 벌금 및 과태료 등을 부과함.

둘째, 식품안전 행정에 최초로 과학적 위험평가 절차의 도입을 의무화하고 있다. 특히 위험평가는 독립성·객관성·투명성의 원칙에 입각하도록 하고, 정부는 종합적 식품안전정보(공개) 관리체제를 구축하도록 규정하고 있다.

셋째, 식품행정당국은 생산에서 소비까지(농장에서 식탁까지)의 식품체인 전체를 포괄하여 정보의 축적 및 제공을 관장하는 추적관리시책을 수립하도록 의무화하고 있다. 추적관리시스템은 식품안전관리의 연속성과 연계성을 유지하는 수단으로서 식품, 사료 동물 혹은 동물관련 물질을 가공한 식품의 생산·가공·유통 단계를 통해 식별하고 추적하여 소급 조사할 수 있도록 정보의 연속적인 흐름을 보증하여 유통경로의 투명성의 제고 및 표시의 신뢰성을 확보하는 목적이다.

넷째, 중앙 및 시·도에 식품안전분쟁 조정위원회를 설치·운영하고, 정부의 식품안전정책을 종합·조정하고 위험평가와 관련된 사항을 심의하는 식품안전정책위원회를 설치·운영하며, 식품위해와 식품유래위험에 대비한 긴급대응 및 경보체제를 구축하도록 규정하고 있다.

식품안전기본법(안)의 의의를 평가한다면, 모름지기 정부가 식품안전관리가 국가의 최우선 과제임을 인식하고, 우리나라 최초의 식품안전 포괄법을 제정하였다는 점에서 역사적 의의가 매우 크다고 하겠다. 본 법은 식품안전정책의 기본방향을 제시하는 이념적인 선언법에 머무르고 있고, 아쉬운 점이 많다.

이들을 열거하면, 식품안전성 개념규정의 모호성, 식품안전관리에 대한 기본원칙의 결여, 농축산물 생산자재업체와 농업인의 안전관리에 대한 1차적 책임규정 결여, 불확실한 식품위험에 대한 예방

주의원칙에 대한 불명확성, 식품관련 이해당사자 상호간의 정보교환 및 의사소통 규정의 미흡, 위험관리와 위험평가체제의 연계성 미흡 등이라고 할 수 있다.

3. 식품안전기본법(안)의 정책적 의의

무엇보다도 식품안전기본법(안)의 중요한 정책적 의미는 식품안전종합대책을 수립하는 근거를 마련하고 식품안전처 설치방안을 제안하는 데 있다. 무엇보다도 괄목할 만한 대책은 다원화된 분산관리의 식품안전관리 기능을 집중하고 일원화하고자 하는 목적에서 식품안전처를 설립하는 계획이다(그림 4-1 참조).

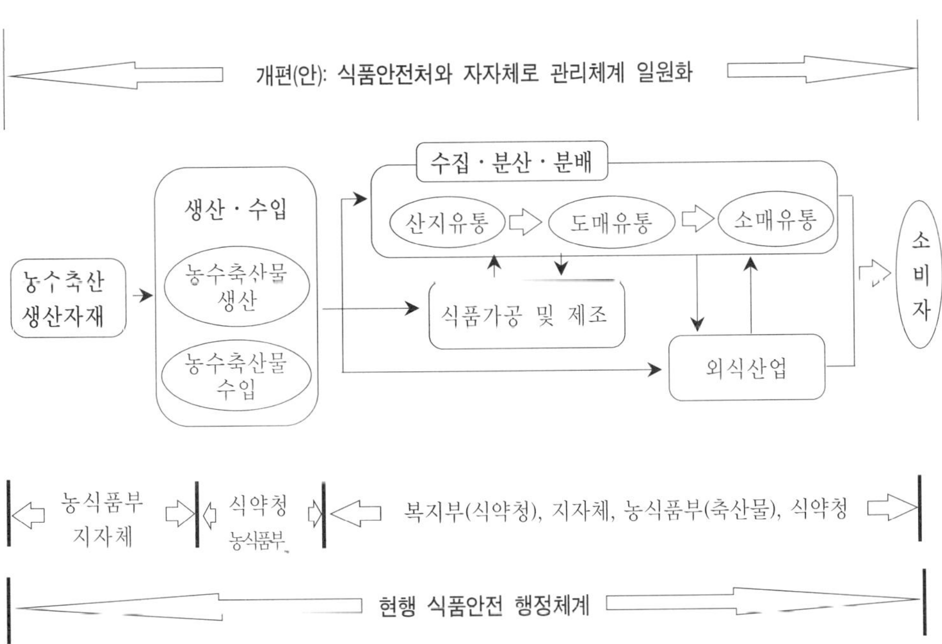

[그림 4-1] 식품체인(Food chain)상의 안전관리 신·현행정체계 구조비교

그 형태는 정부의 주장에 의하면, 통합체계형(integrated system) 식품안전관리체계를 따르고 있다. 법령 제정, 안전관리 집행업무 조정 등은 단일기관(신설예정 식품안전처)에서 산업진흥과 현장의 안전관리 집행, 산업체 종사자의 교육훈련 등은 농식품부와 복지부에서 각각 수행하는 방식이다.

보다 구체적으로 최근의 식품안전정책의 개혁 내용을 살펴보면, 우선 2004년 6월에 식품안전 T/F는 식품안전제도 개선, 위반자에 대한 적발 및 처벌 강화, 시민참여 확대 및 피해자구제 강화, 식품관리체계 정비 등 4개 주요 대책을 골자로 한 식품안전 종합대책을

[표 4-6] 최근 식품안전정책 개혁(안)의 주요 내용(2004~2006)

구　분	식품안전종합대책(2004. 6)	식품행정조직개편(2006. 8)
정책개혁 방　향	식품안전기본법(안) 제정	식품안전처 설립
주요정책 수단 및 전략	① 식품안전제도개선 - 생산·제조·유통과정 안전관리 개선 - 수입식품의 검사 및 사후관리 강화 - 기준·규격의 정비 ② 감시·적발·처벌의 강화 - 취약식품에 대한 감시 집중 - 위반처벌에 대한 제도 개선 - 안전의식개혁 및 홍보 강화 ③ 시민참여 확대 및 피해자구제 강화 - 정책결정에 시민참여 확대, 정보공개 강화 - 신고활성화 및 피해구제제도 강화 ④ 식품안전관리체계 정비 - 식품안전정책(조정)위원회 설치 - 안전관리·기본규범 제정 : 식품안전기본법 - 지방시험분석의 전문성 제고 - 식품관련 정부부처 네트워크 강화	① 생산 → 소비의 모든 단계별 안전관리 통합 - 복지부, 식약청, 농림부, 해수부에 산재한 안전관리 기능통합 - 각 부처별 식품안전관련 인력 (약 980명) 조직의 통합 ② 식품안전정책위원회 (위원장: 국무총리) 설치 - 식품안전정책의 종합·조정의 역할수행 - 사무국(식품안전처)은 안전관리정책 집행 ③ 식품관련 주요법률의 정비 - 정부조직법 개정 - 식품안전기본법안(국회계류중) 수정제출 - 식품위생법, 축산물 가공처리법, 건강기능식품법 등의 정비

마련하게 된다. 그리고 다시 2006년 8월에 식품안전처 설립과 식품안전관련 주요 법률(식품위생법, 축산물가공처리법, 건강기능식품법)의 정비를 포함한 식품행정조직의 재편을 시도하였으나, 이해당사자의 저항에 의해 국회통과에 어려움을 겪고 있다. 이를 요약하면, 위의 [표 4-6]과 같다.

3절 축산식품 안전성 확보를 위한 정책 방향

1. 농장에서 식탁까지 원칙

식품안전성은 원칙적으로 생산부터 소비까지의 일관관리를 통해 확보되어야 한다는 것이 세계적인 공통인식이다. 농장에서 식탁까지 식품체인 전체를 포괄하지 않으면 식품의 안전성이 보증될 수 없다는 인식을 분명히 하고 대책이 강구되고 있는 것이다. 이전에는 최종생산물의 검사만으로 안전 확보가 가능하다는 인식이 지배적이었다. 그러나 이제는 생산・가공・제조・유통・소비 각 단계의 오염 차단이 중시되며, 나아가 전체 과정의 정보를 축적・제공하는 추적관리시스템이 강조되고 있다.

농장에서 식탁까지의 안전성을 확보하기 위한 구체적 수단 역시 나라마다 다르다. 미국과 호주 등에서는 적정농업관행(GAP: Good Agricultural Practices), HACCP 등을 강조하고 있는 반면, 유럽에서는 그것만으로는 부족하다는 인식에서 추적가능성 확보에 역점을 두고 있다. 일본에서도 최근 추적관리제도를 법제화하였다. 추적가능성에 대해서는 아직 국제적인 공통적 기준이 없고 실제 도입에 많은 난관이 있지만, 효과적인 위험관리 수단의 하나로서 주목받고 있는 것은 분명하다.

그러나 선진국에 비하면 아직도 우리는 식품안전성에 대한 개념조차도 정립되어 있지 않고 더욱이 위험분석의 정확한 정의조차도 이해되지 않는 실정에서 추적관리시스템만으로 식품안전성이 확보될 수 있을지는 의문이 남는다. 추적관리시스템은 축산물의 안전성을 높이는 수단이라기보다는 추락된 소비자의 신뢰를 회복하는 수단이라는 점을 인식할 필요가 있다.

EU 각국, 뉴질랜드, 호주, 일본 등의 선진국에서 농장에서 식탁까지라는 정책 구호 아래서 추적관리시스템을 도입하게 된 근본적 원인은 사회적으로 파장이 지대한 식품사고가 발생했을 시에 신속하고 유연하게 대처(회수제도와 책임규명)할 수 있는 위기관리 시스템의 하나로서 도입되었다는 점을 이해할 필요가 있다. 추적관리시스템의 도입은 사회적 안전 관리 시스템의 투명성을 확보한다는 점에서 소비자의 신뢰를 높일 수 있는 유용한 수단이다. 이런 점에 착안하여 대개의 선진 각국이 추적관리시스템을 도입하게 된 계기는 BSE 발생으로 땅에 떨어진 소비자의 정부 식품안전정책에 대한 불신을 회복하기 위함이었다.

이 원칙은 최근의 범세계적인 식품사고가 원료생산 및 1차 가공단계에서의 오염으로 인해 발생하여 제기된 원칙이기도 하다. 즉 새로운 독소형 유해 미생물(병원성 대장균 O-157, 포도상구균, 캄프로벡타, BSE-인수공통전염병 등)과 새로운 유독 중독물질(잔류농약, 다이옥신, 가축용 약품, 항생제, 홀몬제 등) 등이 수의학적 가축위생 영역에서의 위험관리가 미흡했다는 것으로 주요 선진국은 인식하고 있다. 여기에 다이옥신은 사료에 의한 오염으로 밝혀짐에 따라 농장단계의 식품안전성 확보가 중시되면서 대두되는 원칙이기도 하다.

2. 위험평가에 근거한 정책 결정

식품으로부터 유래되는 위험요인은 유해 미생물에 의해 감염되는 생물학적 요인과 유해 물질에 의해 중독되는 화학적 요인으로 구분된다. 세균이나 병원체와 같은 생물학적 요인은 보통 식중독을 일으키는 위험이고, 식품첨가제, 잔류농약, 가축용 약품 등과 같은 화학적 요인은 암을 유발하거나 기형아 출산 등을 유발한다.

식품으로부터 유래되는 위험요인과 그에 따른 건강 위해를 구분

[표 4-7] 위험요소와 그에 따른 건강 위해

구 분	위 험 요 인		건 강 위 해
생물학적 요 인 - 유해생물 (감염증)	식중독 세균	감염형: 살모넬라균, 장염 비브리오균, 병원성 대장균 등 독소형: 포도상구균, 보틀리누스균, 병원성대장균(E-coli O-157) 등	급성질환: 고열, 구토, 두통, 설사, 위장장애, 장염 등을 동반하는 식중독,
	인수공통 선 염 병	소해면상뇌증(광우병), 결핵, 탄저	만성질환: 야곱병, 결핵
화 학 적 요 인 - 유독성분 (중독증)	자연독성	식물성: 버섯, 감자 등 식물 동물성: 복어 및 어패류 등 곰팡이 독	주로 만성질환: 각종 암, 신경계질환, 기형아출산 등
	화학첨가물	식품첨가제, 식품용기·재료, 변조제, GMO 농축산물 및 식품	
	환경오염 물 질	중금속 오염 잔류농약에 노출 다이옥신 가축용 항생제 및 호르몬제 가축용 의약품	

하면 위의 [표 4-7]과 같다. 그런데 이 표에서 식중독세균, 자연독성 등과 같은 위험요인은 노출된 직후에 바로 발병하는 급성질환에 해당한다. 급성질환은 질병증상으로 원인을 쉽게 파악할 수 있다. 또한 이들 식중독세균과 자연독성에 대해서는 오랜 동안 연구가 이루어졌다. 따라서 안전 대책을 위한 원인이나, 예방에 대한 과학적 지식과 규제 조치들이 충분히 축적되어 왔다.

하지만 인수공통전염병, 화학첨가물, 환경오염물질 등과 같은 위험요인은 오랜 잠복기를 거쳐 발병하는 만성질환이며, 무엇이 질병을 유발했는지 알아내기가 어렵다. 왜냐하면 이러한 형태의 위험요인은 주로 화학적 유해 중독물질이라서 노출이 인체에 미치는 영향이 장기간에 걸쳐 서서히 나타나기 때문이다.

주요 선진국에서 문제가 되었던 위험요인들은 모두가 만성질환을 유발하는 것들이다. 즉 인수공통전염병인 BSE와 중독성 환경오염 물질(잔류농약, 다이옥신, 가축용 약품, 항생제, 홀몬제 등) 등이다. 중독물질에 의한 만성질환이 인체에 미치는 위험평가는 고도의 첨단 과학적 방법론이 필요하다. 위험평가에 대한 정량적 방법론의 개발, 과학적 분석과 데이터베이스의 구축 등과 같은 과학주의에 근거하여 만성질환이 갖는 예측 불확실성을 축소하는 노력을 하고 있다. 주요 선진국들은 현재 이 새로운 형태의 위험요인의 특성을 과학적이고 정량적으로 평가하는 데 많은 연구개발 투자와 국제적 정보공유 체제를 형성하고 있다.

3. 소비자가 수용가능한 위험수준의 결정

생물체에 대한 생화학물질의 독성 피해는 그 자체의 독성과 복용

량, 섭취빈도와 기간, 노출경로, 식사내용과 같은 외생적 요인, 그리고 유해 물질과 체내 성분의 결합, 대사작용, 배설작용 등과 같은 내생적 요인의 결합에 의해 좌우된다. 따라서 어떠한 조건에서 인체에 건강장애와 같은 부작용이 일어날 수 있는지 그 확률을 수리 통계학적으로 계측할 수 있다면, 우리가 축산식품안전 정책목표를 세우는 데 매우 유용할 것이다.

이러한 관점에 입각하여 선진국에서 새롭게 설정하고 있는 정책목표는 다음과 같다. 첫째, 축산식품에 들어 있는 유해성분에 의한 위험률을 보다 과학적으로 측정하는 것이고, 둘째, 사회경제적 측면에서 그러한 위험을 받아들일 것인가를 정책적으로 투명하게 결정하는 것이다.

그러나 이러한 결정에는 불확실성이 따르며 축산식품 중에 유해요소가 어느 정도의 위험이 있는지 측정하는 데는 첨단 과학의 도움이 필요하다. 또한 어떤 정책적 결정이 축산업자 및 축산식품산업에 경제적 이익을 도모하면서 동시에 소비자들에게 안전성을 보장할 것인지 정확하게 예측하기는 상당히 어렵다.

각기 다른 개별적인 경제주체들은 그들이 안고 있는 위험요인에 대해 각기 다른 견해를 가지고 있기 마련이다. 예를 들면, 축산물 생산자에 대한 보다 강력한 안전 규제와 새로운 식품첨가물의 사용에 대한 보다 광범위한 실험 의무는 각각 생산자와 식품제조업자들에게 경제적인 비용 부담이 요구되지만, 소비자들에 대한 건강장애에 대한 노출 정도는 그만큼 감소된다.

이런 점에서 선진국들은 생산자, 식품산업 종사자, 소비자 대표, 정책당국 등을 포함한 이해당사자들 모두로 구성된 투명하고 민주적인 형태의 의사결정 기구를 설정하는 것에 정책 목표를 두고 있다. 이 기구를 통하여 식품위험을 추정하는 절차와 이에 따른 책임 부담을 부과하는 방법의 합리성을 유지하면서 사회적으로 수락 가능한 위험수준을 설정하는 것을 선진국에서는 최우선 목표로 삼고 있다. 결국 위험수준 결정에 대한 정책적 균형점은 위험하지만 그 위험이 무시될 수 있거나 또는 사회경제적 이익이 더 크기 때문에 받아들일 수 있는 위험이 된다.

식품안전관리의 측면에서는 식품의 안전을 지나치게 강조하여 식품위험을 최소 수준에 가깝게 설정할 경우 식품 건강장애로 인한 사회적 비용을 줄일 수 있다. 하지만 관련 식품산업의 생산 감소 등으로 인한 경제적 손실과 관리비용의 증가 등을 초래할 수 있다. 반면에 식품안전을 소홀히 할 경우 식품관련 건강장애로 인한 국민의 건강상 · 재산상의 손실을 포함하는 유형, 무형의 사회적 비용을 감당해야 한다. 그러므로 식품안전정책은 사회적 비용과 편익을 고려하는 경제적 효율성을 고려해야 할 것이다.

현실적으로 볼 때 식품관련 건강위험은 알려져 있기보다는 그 자체가 불확실성하다. 이러한 불확실성을 정책입안에 명시적으로 통합하려는 접근법으로 관련된 건강위험이 주어진 안전의 여유분 안에 있어야 한다는 제약하에서 비용을 최소화하는 정책도구를 선택하려는 시도를 하고 있다. 이 접근법에 의하면 건강위험(예를 들어 암에 걸릴 확률)이 100만 명 중에 1명과 같이 주어진 안전기준을 초과할 확률이 어떤 정해진 한계치(threshold, 예를 들어 5%) 이내라고 말할 수 있다. 이 접근법은 선진국의 정책입안자들로 하여금 규제대안을 선정할 때 비용과 안전기준뿐만 아니라 안전의 여유분과의 상호교환(trade-offs)을 허용하므로 좀 더 신축적인 수단이다.

참고문헌

양병우, "농식품 안전관리체계의 개편과 농산물 생산단계의 대응방향", 2006년도 동계학술대회 발표대회, 한국농업경제학회, 2006.

______, "식품안전성의 위기: 미국산 쇠고기 파동의 본질", GS & J 인스티튜트 특별강좌 7, www.gsnj.re.kr, 2008, 5.

양병우 · 엄영숙, 『식품안전성 관리제도와 정책과제』, 월례세미나시리즈 No.101, 농정연구포럼, 2001. 11.

양병우 · 황수철 외, 『축산식품 안전전략 개발에 관한 연구』, 농정연구센터, 2003.

양병우 · 황수철 · 엄영숙, 『식품안전정책의 개선방향』, 전북대학교, 바이오식품 소재개발 및 산업화 연구센터, 2004.

엄영숙, "환경위험의 다면성과 일반인들의 주관적 위험인지: 쓰레기 소각시설로부터의 건강위험을 사례로", 『환경정책』, 제12권 2호, 2004.

엄영숙 · 이소영, "식품안전의 개념과 실태", 『위협받는 식탁 어떻게 할 것인가』, 심포지엄 시리즈 XI, 농정연구센터, 2004.

황수철, "새로운 식품안전관리시스템의 모색을 위해", 『위협받는 식탁 어떻게 할 것인가』, 심포지엄 시리즈 XI, 농정연구센터, 2004.

황수철 · 양병우, "한국 푸드시스템의 과제: 식품안전문제를 중심으로", 2003년도 하계학술발표대회, 한국농업경제학회, 2003. 8.

5장

가축 분뇨의 이활용 촉진을 위한 정책 방향

신 용 광*

1절 가축 분뇨와 환경

전통적인 농업은 생태계의 원활한 자원순환을 기초로 자연과 조화를 이루는 생명산업이며 축산업은 경종농업에 양분을 공급하여 지력 유지 및 증진이라는 자원순환의 한 축을 담당하여 왔다.

최근 국내 축산업은 경제성장과 축산물 소비증가에 대응하기 위해 대규모화, 전업화, 집약화로 대변되는 현대적인 축산으로 탈바꿈하였지만 수입사료에 의존하고 농경지와 유리된 경영형태로 발전하였다. 그 결과 자원순환의 한 축이 붕괴되면서 축산에서 발생하는 가축 분뇨의 순환이 어렵게 되었다. 이러한 경향은 축산업 가운데 경영규모가 급격하게 확대된 양돈업에서 더욱 심각하며, 가축 분뇨의 대량배출과 이용 및 관리 부족으로 가축 분뇨에 의한 환경오염

*한국농촌경제연구원 부연구위원

문제가 높아지고 있는 실정이다.

가축 분뇨에는 질소, 인, 칼륨 등의 양분이 함유되어 적절한 처리를 거치면 작물이 필요로 하는 영양분을 충족시킬 수 있는 유익한 자원이다. 그러나 가축 분뇨 자체로는 혐오감과 악취, 유해병원균 등의 문제로 인하여 직접적인 이용에 장애가 있는 폐기물로서의 측면이 동시에 존재한다.

가축 분뇨로부터 기인하는 환경문제를 해결하기 위해서는 가축 분뇨를 자원화하여 이를 적절하게 이용하는 방안이 필요하다. 이는 가축 분뇨의 처리 차원을 넘어서 축산업의 존폐를 좌우하는 중요한 문제이다.

지금까지의 가축 분뇨 정책은 가축 분뇨를 농경지에 환원시키는 자원화정책과 과잉 생산량을 정화·처리하는 방법 등을 통하여 환경오염을 최소화하는 정책이 실시되어 왔다. 이러한 정책들은 우리나라처럼 경지면적이 협소하고 환경보호에 대한 요구가 높아지는 현실 속에서 소기의 성과를 달성하였다. 그러나 궁극적인 순환농업을 구축하기에는 미흡한 실정이다.

또한 최근에는 국제적인 에너지 문제와 더불어 가축 분뇨를 이용한 바이오에너지 개발에 관한 국제적인 관심이 증가하고 있다. 이는 가축 분뇨를 유기질 비료뿐만 아니라 에너지 공급원이라는 새로운 관점에서도 재조명할 수 있는 기회라고 사료된다.

2절 축산업의 구조 변화와 환경 부하

1. 축산업의 구조 변화

가축 사육두수의 변화 추이를 축종별로 살펴보면 [표 5-1]과 같다. 1970년대까지 한우는 경종농업에서 노동력 확보를 위한 보조수단으로 사육되었으며 닭·돼지는 농가의 부업형태로 사육되었다. 1970년대 들어서 축산진흥정책과 국민소득 증가로 인하여 육류 및 유제품에 대한 소비가 꾸준히 증가하면서 1990년부터 가축 사육두수가 급격히 증가하였으며 사육규모도 전업화·대규모화되었다. 2000년 이후에는 대부분의 가축 사육두수가 정체 또는 감소 추세에 있지만 돼지와 말의 사육두수는 증가하고 있다.

사육두수 증가와 더불어 전업화·규모화로의 구조 변화가 급속하게 이루어지고 있다. [표 5-2]에서와 같이 한·육우의 경우 50마리 이상을 사육하는 전업농가 비중은 1980년에 아주 미미한 수준이었

[표 5-1] 가축 사육두수 변화 추이

(단위: 천두, 천수)

연 도	한 우	젖 소	돼 지	닭	사슴·양	말
1975	155.8	85.5	1,247.2	23,633	9.5	5.8
1980	1,427.2	206.9	1,783.5	40,130	15.0	3.9
1990	1,621.7	503.9	4,528.0	74,463	56.6	4.9
1995	2,594.0	553.5	6,461.2	85,800	101.8	8.3
2000	1,590.0	543.7	8,214.4	102,547	151.3	10.6
2005	1,818.5	478.8	8,961.5	109,627.6	166.5	20.4
2006	2,019.5	464.0	9,382.0	119,180.6	144.9	22.9
2007	2,200.5	453.4	9,605.8	119,365.1	-	-

주1: 사육가구수는 한우·육우 복합사육농가가 포함됨.

주2: 닭의 경우 2006년부터 3,000마리 이상 사육가구를 대상으로 전수 조사한 자료임.

자료: 농식품부, 통계청.

[표 5-2] 가축 사육두수 및 전업화 변화 추이

(단위: 천두, 천수, %)

구 분			1980	1990	1995	2000	2006
사육두수		한·육우	1,361	1,622	2,594	1,590	2,020
		젖 소	180	504	553	544	464
		돼 지	1,784	4,528	6,461	8,214	9,382
		닭	40,130	74,463	85,800	102,547	119,181
전업 규모 비율	사육 가구수	한·육우	0.02	0.1	0.5	1.4	3.8
		젖 소	1.60	2.0	5.6	27.8	53.0
		돼 지	0.01	0.3	2.4	9.8	27.3
		닭	0.09	1.4	1.3	1.3	2.0
	사육 두수	한·육우	2.1	5.5	7.9	25.0	34.5
		젖 소	16.1	15.9	29.1	50.4	73.9
		돼 지	13.6	23.3	36.5	60.2	80.0
		닭	31.0	68.7	82.2	91.2	96.4

주: 전업규모는 한육우·젖소 50마리 이상, 돼지 1,000마리 이상, 닭 10,000마리 이상의 사육규모를 기준.

자료: 농식품부, 2006.

으나, 2006년에는 전체 농가의 3.8%를 차지하고 있으며 이들 전업농가의 사육두수가 전체 사육두수의 34.5%를 차지하고 있다. 젖소는 50마리 이상을 사육하는 전업농가가 1980년에는 1.6%로 사육두수의 16.1%를 차지하였지만 2006년에는 전업농가 비율이 전체 사육농가의 53.0%를 점하고 있으며 사육두수도 73.9%이다.

특히 양돈 1,000마리 이상을 사육하는 전업농가 비중이 큰 폭으로 증가하여 2006년도에 전체 양돈 농가의 27.3%를 차지하고 전체 양돈두수의 80.0%로 급증하였다. 양계는 10,000마리 이상을 사육하는 양계 전업농이 2006년 2.0%에 불과하지만 전체 닭 사육수수의 96.4%를 사육하고 있다.

[표 5-3] 가축사료 공급구조의 변화 추이

구 분	1980	1990	2000	2006
초지(천ha)	48	90	52	43
사료작물(천ha)	78	181	73	103
초지 · 사료작물 면적(천ha)	126	271	125	146
배합사료 사용량(천톤)	3,464	10,529	15,105	15,639
-수입량(천톤)	2,054	7,650	11,068	11,675
-수입의존률(%)	59.3	72.6	73.2	74.7
사료곡물 사용량(천톤)	2,077	5,634	8,425	8,443
-수입량(천톤)	2,008	5,480	8,166	8,241
-자급률(%)	3.3	2.7	3.1	2.4

자료: 농식품부, 2007.

우리나라 축산은 경지면적의 제약으로 규모 확대에 따른 초지와 사료작물 재배포의 확보가 병행되지 않아 가축사료를 수입에 의존하고 있다. [표 5-3]에서와 같이 초지 및 사료작물 재배면적은 1980년의 126천ha에서 2006년에는 146천ha로 약간 증가한 수준이다. 국내 사료공급기반의 취약으로 수입사료가 급증하였으며, 1980년의 2,054천 톤에서 2006년에는 5.7배 증가한 11,675천 톤을 수입하여 수입의존률이 74.7%를 차지하고 있다. 특히 사료곡물의 경우 1980년 수입량은 2,008천 톤에서 2006년에는 8,241천 톤으로 증가하여 약 98%를 수입에 의존하고 있는 실정이다. 따라서 개별경영 내에서는 자급사료에 의한 가축사양과 가축 분뇨의 순환이용이 어렵게 되었다. 이와 같이 수입사료 의존형 축산은 물질균형 측면에서 환경부하를 가중시키는 요인으로 작용하고 있다.

2. 축산에 의한 환경 부하

1) 가축 분뇨 발생량

축종별 가축 분뇨의 배출원단위는 축산과학원(2000)에서 1997년부터 3년간 축종별 분뇨 및 세정수 발생량을 조사하고, 환경부에서 고시 제99-109호(1999년 7월)로 제정하였다. 축산기술연구소에 따르면 가축 마리당 1일 가축 분뇨 배출량은 한우가 14.6kg, 젖소가 45.6kg, 돼지가 8.6kg, 닭이 0.12kg이다.

[표 5-4] 축종별 가축 분뇨 발생원단위

(단위: kg/일/두(수))

구 분		축산분뇨 배출원단위				비 고
		배설량	분뇨계	세정수	배출원단위	
한우	분	10.1	14.6	0.0	14.6	환경부고시 제1999-109호
	뇨	4.5				
젖소	분	24.6	35.6	10.0	45.6	
	뇨	11.0				
돼지	분	1.6	4.2	4.4	8.6	
	뇨	2.6				
닭	분	0.12	0.12	-	0.12	축산연구소(2000)

자료: 축산과학원, 2000.

가축 분뇨의 총발생량은 축종별 사육두수에 축종별 발생원단위를 곱하여 계산할 수 있다. 우리나라에서 발생하는 가축 분뇨의 총량은 하루에 14만 톤이 발생하고 있으며, 이는 연간 약 5,100만 톤에 상당한다. 축종별로는 돼지에 의한 가축 분뇨 발생량이 가장 많은 것으로 조사되었으며 전체 발생량의 50% 이상을 차지하고 있다.

[표 5-5] 가축 분뇨 발생량 현황

(단위: 톤/일)

구 분	계	허가대상	신고대상	신고미만
계	141,930	63,496	51,915	26,519
소·말	21,850	4,567	8,915	8,368
젖 소	23,650	7,568	11,257	4,825
돼 지	79,384	51,361	22,863	5,160
닭·오리	12,964	-	8,880	4,084
사슴, 양 등 기타 가축	4,082	-	-	4,082

자료: 농식품부, 2003.

2) 가축 분뇨 이용실태

주요 가축에서 배설되는 1일 가축 분뇨량은 약 14만 톤이다. 이를 법적 규제수준으로 구분하여 살펴보면, 미규제 및 신고미만의 농가에서 발생하는 1일 가축 분뇨량은 약 27천 톤으로 19%를 차지한다. 허가 및 신고 농가에서 발생하는 1일 가축 분뇨량은 약 115천 톤으로 81%를 차지하고 있다.

1일 가축 분뇨 발생량을 처리 유형별로 살펴보면, 미규제 및 허가대상 농가에서는 공공처리가 0.5천 톤이며 자체 자원화처리가 26.5천 톤이다. 허가 및 신고 농가에서는 공공처리가 5.8천 톤, 해양배출이 5.5천 톤, 퇴비공장의 공동처리가 9천 톤이며, 나머지는 대부분의 농가에서 94.7천 톤을 자체처리(퇴비·액비·정화)하고 있다.

따라서 국내에서 발생하는 가축 분뇨는 자원화(위탁 포함) 비율이 88.7%, 정화처리 비율이 7.3%, 해양배출 비율이 4%로 비료자원화의 비율이 높은 편이다. 메탄가스와 같은 에너지 자원으로는 이용하지 못하고 있으며, 현재 대학이나 연구소, 농가 등에서 실험단계에 있는 실정이다.

지역별로 설치된 가축 분뇨처리시설 설치현황과 위탁처리 현황 등을 살펴보면 지역별로 약간씩 차이가 있으나 전체적으로 퇴비화 시설 설치농가가 83.1%를 차지하고 있다. 또한 가축 분뇨 처리시설 설치농가 가운데 약 1,795호가 위탁처리를 하고 있다. 위탁처리 농가 가운데 공공처리시설에 의존하고 있는 농가는 허가농가가 478호이고 신고대상이 1,317호이다. 해양배출에 의존하는 농가는 총 60호이며 바다와 인접한 경기도, 충청남도, 전라남북도, 경상남북도의 농가들이 주로 이용하고 있다.

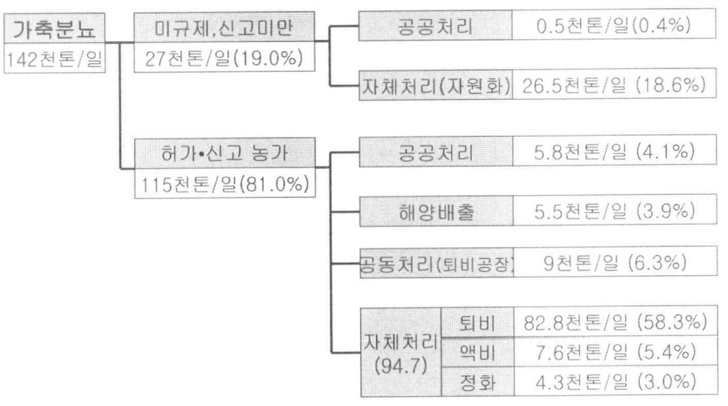

[그림 5-1] 가축 분뇨 이용실태

주: 가축 분뇨 발생량은 돼지, 소, 말, 양, 사슴, 닭, 오리를 대상으로 계측.
자료: 농식품부·환경부, 2004.

[표 5-6] 지역별 축산폐수 처리시설 설치 농가수 및 처리 현황

구 분	사육규모	설 치 농가수	시 설 설 치				위 탁 처 리			미설치
			계	정 화	퇴비화	저장액비	공공처리	재활용업 자	해양배출	
경기도	허가	2,073	1,877	148	1,657	72	149	34	13	0
	신고	9,014	8,264	807	6,831	625	426	218	83	23
	계	11,087	10,141	955	8,488	697	575	252	96	23
강원도	허가	742	653	10	577	66	77	4	8	0
	신고	3,993	3,173	16	2,919	238	66	12	0	0
	계	4,735	3,826	26	3,496	304	143	16	8	0
충청북도	허가	665	645	17	592	36	18	0	2	0
	신고	2,446	2,347	91	2,121	135	42	37	0	0
	계	3,111	2,992	108	2,713	171	60	37	2	0
충청남도	허가	1,286	1,253	223	921	108	23	6	4	0
	신고	5,498	5,284	441	4,309	534	170	44	0	0
	계	6,784	6,537	664	5,230	642	193	50	4	0
전라북도	허가	1,115	968	18	908	42	29	57	61	0
	신고	4,773	4,336	260	3,946	130	338	66	33	0
	계	4,888	5,304	278	4,854	172	367	123	94	0
전라남도	허가	808	782	10	732	40	13	10	3	0
	신고	4,913	4,848	5	4,607	236	21	21	0	23
	계	5,721	5,630	15	5,339	276	34	31	3	23
경상북도	허가	1,323	1,272	26	1,171	75	0	7	44	0
	신고	6,082	5,833	23	5,439	368	51	81	55	0
	계	7,343	7,105	49	6,610	443	51	88	99	0
경상남도	허가	1,511	1,319	35	1,251	29	169	1	22	0
	신고	4,487	4,235	246	3,659	330	203	15	31	3
	계	5,998	5,554	281	4,910	359	372	16	53	3
제주도	허가	340	338	6	159	173	0	1	1	0
	신고	343	343	12	240	91	-	-	-	-
	계	683	681	18	399	264	0	1	1	0
총 계	허가	9,863	9,107	493	7,968	641	478	120	158	0
	신고	40,725	38,663	1,901	34,071	2,687	1,317	494	202	49
	계	50,588	47,770	2,394	42,039	3,328	1,795	614	360	49

자료: 환경부, 2004.

3) 가축 분뇨를 이용한 대체에너지 생산 현황

우리나라는 1970년대 새마을 운동의 일환으로 양돈분뇨를 이용한 메탄가스의 발생연구와 기술개발이 이루어졌지만 메탄가스 발생의 기술적인 문제점과 경제성 문제 때문에 연구가 거의 중단된 실정이다. 최근에는 산업자원부(2006)에서 국제원유 가격상승에 따른 대체에너지 개발의 일환으로 축산폐수를 적용한 대체에너지 생산을 지원하고 있으며 다음과 같은 시범사업을 실시하고 있다.

첫째, 이상혐기성 축산폐수 적용을 통한 바이오가스 생산 및 에너지 이용기술에 대한 실증연구이다. 현재 경기도 이천 모전영농단지에 대우건설과 공동으로 바이오가스 생산 및 에너지 이용기술의 실증을 실시하고 있다. 사업기간은 2004년부터 2006년까지 3년간이며 가축 분뇨 10톤/일(돼지 800마리)을 처리하여 시간당 5kW 발전이 가능한 바이오가스 플랜트를 개발 완료하였으며 현재 시범보급 중에 있다. 총 23억원이 소요되는 연구와 실증사업에 산업자원부가 6억원, 시범보급에 8억원을 지원하였으며 바이오가스 플랜트에 대한 실증사업 완료 및 시범보급사업이 성공적으로 마무리되면 축산농가에 시범보급사업을 확대 추진할 예정에 있다.

둘째, 농가형 축산분뇨 처리를 통한 바이오가스화 처리공정에 대한 실증연구이다. 충청남도 청양군 여양농장에서 유니슨과 공동으로 바이오가스화 처리공정 실증을 실시하고 있다. 사업기간은 2005년부터 2008년까지 4년간이며 총사업비 14억원 가운데 정부가 10억원을 투자하고 있다. 양돈 4,000마리를 사육할 때 발생하는 20m^3/일의 돈분을 처리할 수 있으며 인근 우유공장의 폐우유와 돈분을 같이 발효시켜 바이오가스 생산의 효율성 향상을 기대하고 있다.

이와 같이 국내에서 가축 분뇨를 이용한 대체에너지 개발은 낮은 경제성과 정부투자 및 지원의 부족으로 아직 걸음마 단계에 있는 수준이다.

4) 농경지의 양분수지 분석

2003년도 한국의 농경지 재배면적은 1,844천ha이며 이 가운데 논이 1,122천ha, 밭이 722천ha로 조사되었다. 농경지 이용면적은 이모작 등을 고려하여 재배면적의 111%인 2,047천ha 수준이었다.

이들 농경지의 양분소요량은 농업과학기술원의 작물별 시비처방 기준(1999년)을 활용하여 시산할 경우 질소가 441천 톤, 인산이 215천 톤이 필요한 것으로 추정된다. 한편 화학비료와 가축 분뇨에 의한 양분공급량은 질소 490천 톤, 인산 268천 톤으로 조사되어 2003년의 농경지 양분수지는 질소와 인산이 각각 11%와 25%를 초과하는 것으로 조사되었다. 이는 가축증가에 따른 가축 분뇨의 과잉생산과 더불어 경종농업에서 화학비료를 대량으로 이용하기 때문이기도 하다.

[표 5-7] 농경지 양분수급 현황

(단위: 천톤)

구 분	양분 소요량(A)	비료 공급량(B)			소요량 대비 공급량(B/A)		
		계	화학비료	가축 분뇨	계	화학비료	가축 분뇨
질 소	441	490	331	159	111	75	36
인 산	215	268	128	140	125	60	65

주1: 양분소요량은 표준시비량 및 작물이용 면적으로 환산하여 적용.

주2: 2003년 화학비료 공급량은 2002년 화학비료 판매량에 화학비료 감축률을 적용하여 추정.

자료: 농식품부 · 환경부 합동, 「가축 분뇨 관리 · 이용대책」, 2004.

더욱이 가축 분뇨를 비료자원으로 이용할 경우에는 다음과 같은 2가지의 문제점을 고려하여야 한다. 첫째, 가축 분뇨를 각 지역 경지에 균일하게 이용할 경우 농경지의 질소부하는 지역별로 차이가 있으며, 더욱이 급경사 및 민가 근처 등과 같이 균일한 이용이 곤란한 농경지가 많다는 점이다. 둘째는 가축 분뇨 발생량은 전체적으로 증가추세에 있지만 농경지의 가축 분뇨 수용가능량은 감소추세에 있다. 따라서 경종과 축산을 연계한 자원순환형 농업을 구축함으로써 양분수지 불균형을 개선할 필요가 있다.

3절 축산을 둘러싼 내외 여건 변화

이 절에서는 SWOT(Strengths, Weaknesses, Opportunities, Threats) 분석을 이용하여 축산을 둘러싼 내외부적 환경 변화를 분석하였다. SWOT분석은 내외부적 환경 변화를 분석하기 위하여 사용하는 방법으로 내부 및 외부적 여건을 동시에 판단할 수 있고 강점・약점・기회・위협요인 등을 간단명료하게 정리할 수 있다.

축산은 환경문제에 대한 강점과 약점을 동시에 지니고 있다. 강점으로는 가축 분뇨를 자원으로 이용할 수 있다는 측면이다. 가축 분뇨는 토지 개량을 위한 유기질비료 자원으로 이용할 수 있으며, 가축 분뇨 발효과정에서 발생하는 메탄은 대체에너지로 이용할 수도 있다. 약점으로는 반추가축의 트림에서 발생하는 메탄가스는 이산화탄소보다도 21배나 높은 지구 온난화 요인이다. 특히 국내에서는 가축사육 밀도가 급격히 증가하면서 대량으로 발생하는 가축배설물을 적절히 처리하지 못해 약점이 더욱 부각되고 있는 실정이다.

[표 5-8] 가축 분뇨 자원 이용의 SWOT 분석

기 회(opportunity)	위 협(threat)
• 대체에너지에 관한 관심 증가	• 기후 변화협약에 의한 환경규제 강화 • 화석연료 의존도 상존 • 해양배출금지에 따른 처리 곤란
강 점(strength)	**약 점(weakness)**
• 자원(비료와 에너지)으로 활용 가능	• 비료 자원화 시장의 불균형 • 자원화시설의 노후화 및 수익성 악화 • 대체에너지이용기술의 부족 • 관련 부처의 이원화

1. 기회 및 강점

바이오에너지는 목재나 가축 분뇨, 농축산 부산물 등을 직접 사용하여 연소나 생화학적 공정을 통해 얻는 재생 가능한 에너지이다. 2005년 이후 국제 유가가 급등하고 지구 온난화 방지를 위한 기후변화 협정이 체결되면서 바이오에너지가 세계 경제의 키워드로 부상하고 있다.

가축 분뇨는 온도, 유기물 농도 등의 조건을 최적화하여 메탄 발효시키면 메탄가스가 발생한다. 메탄가스는 수분, 부식성 가스(H_2S)를 제거한 다음에 보일러나 발전기의 연료로 이용되며 온수, 증기 또는 전기로 전환하여 필요시설에 공급할 수 있다. 만약 국내에서 발생하는 가축 분뇨의 메탄가스를 이용하여 에너지를 생산할 경우, 연간 36만toe를 생산할 수 있다. 이러한 메탄가스에 의한 에너지를 원유로 환산하면 2,667,600배럴의 원유수입 대체효과를 거둘 수 있는 것으로 추정된다.

■ 가축 분뇨의 메탄가스를 에너지로 환산하는 방법(산업자원부, 2006).
- BOD 발생량 = 가축 분뇨 발생량 × BOD 발생원단위
= 5,100만 톤 × 30kgBOD/kℓ = 153,000만kgBOD/년
- 메탄가스 발생량 = BOD발생량 × 메탄가스 발생원단위 × 메탄반응률
= 153,000만kgBOD/년 × 0.35㎥/kgBOD × 0.80 = 41,840만㎥/년
- 에너지 발생량 = 메탄가스 발생량 × 메탄 발열량원단위
= 41,840만㎥/년 × 8,500kcal/㎥ = 3.6조kcal/년 = 36만toe/년
■ 메탄가스 에너지의 원유대체 효과
메탄가스에 의한 에너지 1toe는 원유 7.41bbl과 동일한 발열량을 지니므로 전국의 가축 분뇨에서 발생하는 메탄가스 36만toe는 2,667,600bbl의 원유대체효과가 있다. 만약 수입되는 원유가격이 $70/bbl이고 환율이 980원/$라고 가정할 경우 원유 2,667,600bbl를 금액으로 환산하면 연간 약 1,830억원의 원유 대체효과가 있는 것으로 추정된다.

2. 위협 및 약점

1) 축분비료 수요와 공급의 불균형

축분비료에 대한 수요와 공급의 불균형은 네 가지 측면에 기인하고 있다.

첫째, 경종농가의 노동력 부족과 축분비료에 대한 신뢰도 부족으로 인하여 유기질비료에 대한 경종농가의 수요가 줄어들고 있다. 현행 비료관리법상 부산물 퇴비업체는 등록제를 채택하고 있기 때문에 일정한 요건을 갖출 경우 누구나 등록할 수 있어 관련시설을 적절히 관리하기 어렵다. 또한 부산물 비료의 경우에는 기준미달 건수가 1998년 50점(13.0%)에서 2003년 46점(7.3%)으로 점점 감소하고 있지만 경종농가의 불신이 완전히 사라지지 않고 있다.

둘째, 친환경농업육성법에서 공장형 축분비료에 대한 사용을 제한함에 따라 친환경농가에서 축분비료의 사용을 기피하고 있으

며 축분비료는 유기농업 자재에도 포함되지 않아 정부지원도 없는 실정이다.

셋째, 가축 분뇨는 연중 발생하는 데 비하여 수요는 봄이나 가을 등에 편중되는 계절적 수요가 존재한다. 계절적 수요에 대처하기 위해서는 연중 발생하는 축분비료의 저장이나 유통체계를 구축할 필요가 있다.

넷째, 농경지가 수용할 수 있는 비료 수요량을 초과하여 가축 분뇨가 대량으로 발생하고 있다. 국내에서는 가축 분뇨를 단순히 비료성분으로만 이용하기 때문에 가축 분뇨의 수급 불균형을 초래하고 있다. 따라서 과잉으로 생산되는 가축 분뇨를 자원으로 활용하기 위해서는 비료와 더불어 바이오에너지 자원으로 이용을 확대할 필요가 있다.

2) 가축 분뇨자원화 관련 부처의 이원화

가축 분뇨의 처리 및 이용과 관련해서는 농식품부와 환경부 그리고 지식경제부가 관여하고 있다. 농식품부는 주로 가축 분뇨의 자원화(퇴비와, 액비화, 퇴 · 액비유통센터)와 관련한 제도 지원을 실시하고 있으며 환경부는 축산폐수 공공처리시설과 같은 정화처리에 대한 지원을 실시하고 있다. 또한 지식경제부는 최근에 재생가능에너지와 관련한 시범사업을 실시하고 있다. 따라서 가축 분뇨 자원화와 관련한 관련 부처가 농식품부, 환경부, 지식경제부로 분리되어 있어 관련법의 입법체계와 운용 면에서 중복되거나 회피하는 문제가 발생하고 있다.

3) 가축 분뇨 처리시설의 부족과 노후화

가축 분뇨에 의한 환경오염은 직접 농가소득으로 연계되지 않는 전형적인 외부 불경제의 문제이기 때문에 가축 분뇨 처리에 많은 자금을 투자하기 어렵다. 또한 독성이 강하기 때문에 시설의 내구연수가 현저하게 낮다는 단점이 있다.

현실적으로 농가단계에서는 가축 분뇨 처리시설이 부족하여 노천야적, 무단방류 등의 방법을 이용하고 있지만, 발생・처리 과정에서의 악취 발생으로 인해 민원이 빈번하게 발생하고 있다. 또한 공공처리시설과 퇴・액비유통센터에서는 고농도의 혼합분뇨가 유입되어 시설이 조기 부식됨으로써 시설가동률이 낮다는 문제점이 있다.

4) 국제적인 환경규제의 강화

가축 분뇨 처리시설은 대부분이 현재 유기물 제거가 목적으로 퇴비화와 액비화 처리가 주를 이루어지고 있기 때문에 처리과정에서 메탄 등이 대기 중으로 배출되고 있다. 그러나 지구 온난화 방지를 위한 기후변화 협약으로 인하여 메탄가스 등의 규제가 우리나라에서도 강화될 것으로 판단된다. 또한 2012년 이후에는 해양배출이 금지되면서 가축 분뇨 처리의 약 4%에 해당하는 200만 6천㎥의 축산폐수 처리가 더욱더 심각해질 수도 있다.

5) 대체에너지 이용기술의 부족

국내에서도 1980년 초에 가축 분뇨를 이용한 대체에너지 개발이 연구되었지만 높은 시설 투자비와 낮은 발열량으로 인하여 경제성이 낮아 중단된 실정이다. 최근 시범사업을 다시 재개함으로써 정책적인 의지를 보이고 있지만 경제성은 여전히 낮은 실정이다. 바이오에너지를 더욱 더 광범위하게 확산시키기 위해서는 보다 저렴한 가격에 안정적인 고품질의 대체에너지를 제공할 수 있는 기술개발이 필요하다.

4절 가축 분뇨 자원 이용을 위한 정책과제

1. 가축 분뇨 관련 부처의 일원화

가축 분뇨 관련 부처의 중복에 따른 비효율성을 개선하기 위하여 2005년 6월에는 「가축 분뇨 관리 및 이용에 관한 법률」을 입법 예고하였다. 이 법률에서는 기존의 오분법 가운데 오수·분뇨에 관한 사항은 하수도법으로 통합하고 축산폐수에 관한 사항은 가축 분뇨의 관리 및 이용에 관한 법률을 제정함으로써 가축 분뇨를 보다 체계적으로 관리할 예정이다. 또한 농식품부와 환경부가 공동으로 입법함으로써 가축 분뇨 관리정책의 연계성을 강화하고자 의도하고 있다. 따라서 「가축 분뇨 관리 및 이용에 관한 법률」이 조기에 실행되고 정착될 수 있도록 노력할 필요가 있다.

또한 가축 분뇨 문제는 지역별·계절별 축분비료의 수요와 공급의 불균형이 존재하기 때문에 비료자원으로서의 문제 해결에는 한계가 있다. 따라서 대체에너지 개발을 담당하고 있는 지식경제부와의 업무일원화도 차후에 진행될 필요가 있으며 궁극적으로는 농식품부, 환경부, 지식경제부의 공동 노력이 필요하다.

2. 노후화된 가축 분뇨 처리시설의 개선

가축 분뇨 처리시설의 노후화 문제를 개선하기 위해서는 첫째, 축산농가가 가축 분뇨 처리에 비용을 투자할 수 있는 동기부여가 필요하다. 충남 홍성의 사례에서와 같이 경영내부에서의 범위의 경제(양돈생산과 자가 배합사료)를 유도하거나 지역 내에서 축산과 시설농가 등을 연결시킴으로써 가축 분뇨에 의한 에너지 자원생산을 유도하여 축산농가가 가축 분뇨를 처리함으로써 수익을 창출할 수 있는 방안을 모색할 필요가 있다.

둘째, 현행 가축 분뇨 처리시설 보조금의 국고 누진제를 개선하거나 폐지함으로써 개별이나 공동처리시설 등의 노후시설에 대한 개보수 자금 지원을 확대할 필요가 있다.

3. 축분비료의 수요 확대

축분비료의 수요를 확대하기 위해서는 경종농가의 불신을 해소하고 해당 축분비료의 정확한 정보를 경종농가에게 제공하는 것이 우선적으로 필요하다.

이를 위해서는 첫째, 이해 당사자(축산농가, 경종농가, 유통업체 등)의 의견을 수렴할 수 있는 시스템을 구축할 필요가 있다. 지자체 또는 농업기술센터 등이 중심이 되어 축분비료에 대한 정보를 인터넷으로 관리하고 축분비료에 대한 신뢰성 있는 정보를 공개하여 축분비료에 대한 경종농가의 신뢰도를 높인 사례도 있다.

둘째, 부산물 퇴비업체를 등록제에서 허가제로 변경하거나 불량 축분비료 유통근절에 대한 정부 차원의 관리방안을 마련하여 경종농가의 불신을 해소할 필요가 있다.

셋째, 금후 친환경농업육성법 개정 시 일정한 인증과정을 거친 축분비료의 사용을 인정함으로써 축분비료의 수요를 확대할 필요가 있다. 또한 이를 위해서는 우선적으로 축분비료의 부숙도 판단기준을 조기에 마련할 필요가 있다.

다음으로 품질에 대한 신뢰도 제고와 더불어 새로운 축분비료의 수요를 창출할 필요가 있다. 특히 조사료 기반이 취약한 국내실정을 감안할 때 조사료 확대와 더불어 축분비료의 사용을 우선적으로 검토할 필요가 있다. 농식품부는 곡물수요 증가에 대한 대응책 가운데 하나로 2012년까지 청보리 등의 조사료 재배면적을 418천ha로 확대하여 조사료 자급률을 제고할 예정이다. 이를 위하여 생산성 향상, 생산기반 구축, 조사료 품질 개발, 유통활성화, 교육·홍보강화 정책을 실시하지만, 토지 개량효과가 우수한 축분비료를 활용하는 계획은 아직 수립되어 있지 않다. 따라서 조사료 생산과 연계한 축분비료의 활용방안을 강구함으로써 자연순환형 축산의 발전을 도모할 필요가 있다.

4. 바이오에너지 개발을 위한 동기 부여

국제적으로 환경 규제가 강화됨으로써 가축 분뇨문제는 축산에 있어서 선택이 아닌 선결과제가 되었다. 국제적인 환경규제 강화로 인하여 가축 분뇨 처리가 더욱 심각해질 것으로 예상됨에 따라 이에 대응하기 위해서는 가축 분뇨의 자원화뿐만 아니라 대체에너지 개발에 필요한 경제적·제도적인 지원이 필요하다.

해외의 바이오매스 선진국에서는 바이오매스를 체계적으로 추진하기 위하여 기본방침이 존재할 뿐만 아니라 보조금, 세제우선조치, 특별조치법 등 다양하고 구체적인 지원정책이 마련되어 있다. EU에서는 농업정책과 환경정책을 연계하여 직접지불제도 등의 방법으로 장려하고 있으며 세제우선조치 등의 구체적인 지원정책이 이루어지고 있다.

일본은 전기사업자에 의한 신에너지 등의 이용에 관한 특별조치법을 제정하여 전기사업자는 판매전력량의 일정 비율 이상을 신재생에너지로 구입할 의무가 있다. 또한 전력 판매금액은 전기사업자와 공급자가 협의에 의해 결정하게 함으로써 바이오에너지로 발전된 전기사용에 대한 동기 부여를 제공하고 있다.

우리나라도 초기 단계의 바이오에너지 산업이 조속히 정착되기 위해서는 바이오에너지 개발을 위한 동기 부여가 되는 제도적 · 경제적 지원정책을 조속히 마련할 필요가 있다.

5절 가축 분뇨 이활용 촉진 방안

현재 축산에 요구되는 가장 큰 문제는 환경과의 조화 문제이다. 그러나 축산에서 생산성과 경제성 추구라는 경영목표를 무시할 수는 없기 때문에 경제성에 도움이 되지 않는 축산환경 대책에는 현실적으로 모든 역량을 집중하기 어렵다. 그 결과 축산환경이 환경오염의 원인으로 지목받고 있으며 이를 해결하지 않고는 축산경영의 존속자체가 위태로운 실정에 이르렀다.

축산환경 문제를 해결하기 위해시는 경제성과 환경보전이라는 두 가지 측면을 동시에 달성하여야 하며 이를 위해서는 축산환경

문제의 근원인 가축 분뇨를 자원으로 유효하게 이용함으로써 최소 비용으로 최대 효과를 얻을 수 있는 자원순환형 축산시스템을 검토할 필요가 있다.

농식품부는 2007년 축산자원순환과를 신설하여 경종과 축산이 함께 생태계를 보전하는 자연순환농업 구현에 노력하고 있다. 자연순환농업의 기본 방향은 안전성이 확보된 양질의 퇴·액비 생산기반 구축과 퇴·액비 유통 및 이용체계 구축을 통하여 순환농업활성화, 경종·축산농가가 균형 발전하는 환경 조성을 목적으로 하고 있다. 이는 가축 분뇨문제를 농가 내 물질순환만으로 해결할 수 없기 때문에 지역 내 또는 지역 간에 순환시킴으로써 화학비료와 농약과다에 따른 자연생태계의 악화를 가축 분뇨의 유효활용으로 극복하고자 하는 노력의 발로이다.

2005년도 양분의 농경지 수용가능량(질소 119.2kg/ha, 인산 58.9kg/ha)에 대한 공급은 화학비료공급량(질소 184.2kg/ha, 인산 84.4kg/ha)이 가축 분뇨 공급량(질소 57.5kg/ha, 인산 33.0kg/ha)보다 훨씬 많다는 점을 고려할 때 가축 분뇨를 최대한 이용함으로써 양분수지개선과 토양보전을 동시에 추구할 수 있는 대안 가운데 하나이다. 그러나 현실적으로 볼 때 화학비료를 가축 분뇨로 대체하기에는 노동력, 기계 및 시설, 유통 등의 측면에서 한계가 있다.

이러한 측면에서 볼 때 축산의 자원순환을 고려할 때에는 가축 분뇨를 비료자원으로 이용하는 노력과 더불어 대체에너지로 활용하는 방안을 강구할 필요가 있다.

대체에너지의 개발은 지구 온난화 문제에 대응하고, 지역경제 활성화에 이바지할 수 있으며 에너지안보를 확보할 수 있는 방안이기도 하다.

특히 무엇보다도 축산의 경우 환경오염의 주범으로 지적받고 있는 가축 분뇨를 자원으로 재인식할 수 있는 계기가 될 수도 있다.

참고문헌

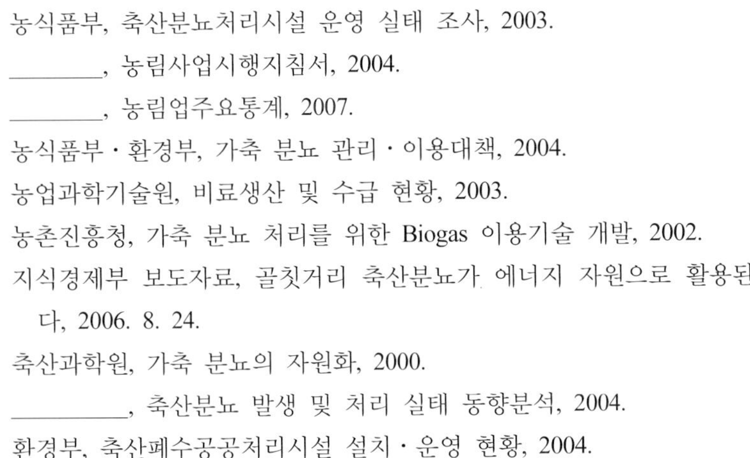

농식품부, 축산분뇨처리시설 운영 실태 조사, 2003.

________, 농림사업시행지침서, 2004.

________, 농림업주요통계, 2007.

농식품부 · 환경부, 가축 분뇨 관리 · 이용대책, 2004.

농업과학기술원, 비료생산 및 수급 현황, 2003.

농촌진흥청, 가축 분뇨 처리를 위한 Biogas 이용기술 개발, 2002.

지식경제부 보도자료, 골칫거리 축산분뇨가 에너지 자원으로 활용된다, 2006. 8. 24.

축산과학원, 가축 분뇨의 자원화, 2000.

__________, 축산분뇨 발생 및 처리 실태 동향분석, 2004.

환경부, 축산폐수공공처리시설 설치 · 운영 현황, 2004.

6장

축산업의 환경 변화와 바람직한 발전 방향

이 병 오*

1절 축산업의 환경 변화

우리나라의 축산업은 지난 30여 년 간 놀랄 만한 성장을 이루어 왔다. 그 배경에는 소비, 생산, 무역환경 측면의 다음 3가지가 크게 작용하였다. 첫째, 경제성장과 소득수준 향상에 따라 축산물의 소비가 큰 폭으로 증가하였다. 소비가 생산을 리드하였다고 해도 과언이 아니다. 둘째, 그동안 부업 형태의 축산이 상업적 축산으로 변모하고, 규모 확대와 기술수준 향상이 꾸준히 이어졌다. 여기에는 축산인들의 도전정신과 생산성 제고를 위한 노력이 큰 역할을 하였다. 셋째, UR 이전까지만 해도 국내 축산물 시장은 수급조절용 이외에는 수입통제가 가능하여 국내시장을 보호할 수 있었다.

그러나 1995년 WTO 출범 이후 축산업을 둘러싼 국내외 환경은

*강원대학교 농업자원경제학과 교수

크게 변모하였다. 소비 측면에서 보면 우선 1990년대 들어와 축산물의 소비증가세가 크게 둔화되었다. 아직 포화수준에 이르지는 않았지만, 우리와 비슷한 식문화권인 일본의 소비량과 비교할 때 1인당 소비량이 상당한 수준에 이르고 있다. 인구증가율도 낮아졌기 때문에 총소비량이 크게 증가할 가능성은 적다. 생산 측면에서도 질적인 면에서는 계속 발전하겠지만 양적인 면에서는 어느 정도 궤도에 올라 있다고 하겠다. 무역환경 측면에서는 엄청난 변화가 있었다. 1995년 유제품시장 개방을 필두로 1996년 돼지고기와 닭고기시장이 개방되었고, 2001년에는 쇠고기시장도 개방되었다. 더욱이 DDA 농산물협상이나 FTA(한・칠레, 한・미 등)의 진전으로 시장개방의 폭은 더욱 확대될 전망이다.

이러한 환경변화는 우리에게 무엇을 시사하는가? 국내시장이 더 넓어질 가능성이 적은 상황에서 중저가의 외국 축산물이 대량으로 수입되면 구조적 공급과잉에 빠질 가능성이 크다. 이는 국내 축산물가격의 하락과 축산농가의 경영악화로 이어질 수 있다.

이미 우리나라의 축산정책은 예전의 성장 일변도 기조가 아니며, 환경과 조화를 이루고 안전성을 강화하여 소비자 신뢰를 확보하는 방향으로 나아가고 있다. 이제 축산농가도 좁은 영역에서 각축하는 레드오션(red ocean) 환경을 탈피하여, 새로운 분야로 활동영역을 넓혀 블루오션(blue ocean) 분야를 개척해 나가야 한다. 그러한 측면에서 기존의 주요 가축 중심의 축산업 시각에서, 동물자원산업으로 범위를 확대하는 시각은 시의적절하고 바람직하다고 생각한다.

특히 소비자 중심의 시장환경에서 소비자에게 생산이나 마케팅의 눈높이를 맞추는 것은 매우 중요하다. 시장차별화나 브랜드화, 안전성 확보를 위한 이력추적시스템 등은 모두 이러한 관점에서

접근해야 한다.

최근 국내외에서 큰 문제가 되고 있는 가축질병, 예를 들어 구제역, BSE(광우병), 가금 인플루엔자(조류독감), 돼지콜레라, 브루셀라 등은 축산물 안전성에 대한 소비자들의 경각심을 크게 고조시켰다. 이제 소비자들이 축산물 구매 시 가장 크게 고려하는 요인은 식품의 안전성이 되었다.

우리는 이제 이러한 환경변화를 냉철하게 직시하고, 21세기의 한국축산이 지속적으로 부가가치를 창출하면서 발전해 나갈 수 있는 새로운 목표를 설정한 후, 이 목표에 효율적으로 도달하기 위한 세부계획(action program)을 하나하나 실천해 나가야 할 것이다.

2절 축산경영의 영역 확대

1. 동물자원의 개념

동물자원이란 주어진 기술과 경제적·사회적 조건 아래서 인간이 유용하게 이용할 수 있는 동물 또는 그 생산물로 정의할 수 있다. 동물자원의 내용은 지역에 따라서 또 시대에 따라서 달라질 수 있다. 한국에서의 개고기는 쇠고기, 돼지고기, 닭고기 다음 가는 주요 육자원이나, 다른 많은 나라에서는 육자원이 아니다. 인도에서의 소는 동물자원으로서의 가치보다는 문화적 자원으로서의 가치가 더 크다. 녹용은 한방(韓房) 의존도가 높은 동양권에서 더욱 중요한 동물자원이 된다. 밍크나 여우는 소득수준의 향상과 모피가공 기술의 발달로 값비싼 동물자원이 되었으나, 최근 동물애호가들로부터 비난의 대상이 되고 있다. 예전 축력(畜力)을 제공하던 한우의 가치는 기계화에 의해 거의 소멸되고, 대신 쇠고기 생산의 가치로 대체되었다.

동물자원의 개념은 지금까지 우리가 사용해 오던 축산 개념과 대동소이하나 몇 가지 점에서 차이가 있다.

첫째, 축산의 개념이 가축의 사육과 축산물의 생산 가공으로 정의된다고 할 때, 가축과 동물자원이 갖는 의미의 차이이다. 가축이란 축(畜)이라는 한자가 의미하듯이 밭(田)을 거름지게(玄)한다는 농법(農法)적인 철학을 내포하고 있다. 동서양을 막론하고 농업의 역사를 살펴볼 때 가축 내지 축산은 경종농업의 지력보강 수단으로 도입되었다. 오늘날의 가공형 축산이나 전업축산 또는 특수가축의 사육 등은 경종농업과의 연계성이 약하다는 측면에서 축산보다는 동물자원의 생산이라고 표현하는 것이 적절하다. 우리는 앞으로 축산이라는 용어를 쓸 때 환경친화적이고 경종농업과의 보완관계가 잘 유지되고 있는지를 되새겨 보아야 할 것이다.

둘째, 동물자원은 주요 가축을 대상으로 하는 축산보다 넓은 개념으로 규정지을 수 있다. 경마 및 승마용 육성마 생산, 동물원이나 사파리랜드, 실험동물 생산, 야생동물 보호나 동물복지, 동물행동, 동물을 통한 생리활성화 물질 개발 및 인간의 질병 치유 등 다양한 분야가 이미 개척되고 있다. 유럽이나 이스라엘에서는 축산학과에서 내수면어업도 연구하고 있다.

셋째, 동물자원이라고 표현할 때는 자원이라고 하는 개념이 추가된다는 점이다. 자원의 중요한 특징 중의 하나는 그것이 지니는 공공성(公共性)에 있다. 자원은 유한하기 때문에 그 이용 관리에 세심한 배려가 필요하다. 또 자원의 이용 또는 생산은 그 정도가

지나칠 때 소멸되어 버리거나, 자연의 자정능력(自淨能力)을 초과하여 환경문제를 야기시키기도 한다. 사실 지금까지 축산의 개념 속에서는 어떻게 하면 축산물을 보다 많이 생산하여 이용할 수 있을까에만 초점이 맞추어져 왔다고 해도 과언이 아니다. 규모 확대를 통한 생산비 절감과 대량생산만 생각하고 축산폐수에 의한 환경오염 문제나 동물 복지는 등한시 했다. 동물자원의 개념은 축산물의 효율적인 생산과 아울러 동물자원의 보존, 생태계와의 조화까지도 포함한다고 볼 수 있다. 관상용 다람쥐가 값이 좋다고 하여 멸종시키면서까지 포획하여 수출한다든지, 주변의 수질오염과 타 작물에의 피해를 유발시키는 축산 형태가 있다면, 이는 참다운 동물자원의 생산·이용 방법이 아니다.

2. 동물자원의 이용과 효율적 관리

인간이 동물자원을 이용함은 궁극적으로 거기에서 식량과 에너지 및 필요한 물건을 얻고, 이로써 인간의 생존을 유지하며 또 삶의 질을 향상시키는 데 목적이 있다. 동물자원은 생물자원의 일부이며 생물자원은 자연환경과 함께 생태계를 형성한다. 인간의 생존은 기본적으로 건전한 생태계 속에서만 가능하다. [그림 6-1]에서 보듯이 인간은 각종 자원에 기술을 가미하여 필요한 물질과 에너지를 얻어왔으며 이로써 오늘날의 물질문명과 문화가 형성되었다고 볼 수 있다.

그러나 인구의 증가와 지역적 편중, 인간의 이기심은 자원의 과다한 이용을 유발시켜 자원고갈과 환경문제를 야기시키기에 이르렀다. 이와 같은 시장경제적 생산력 위주의 발전방식은 동물자원

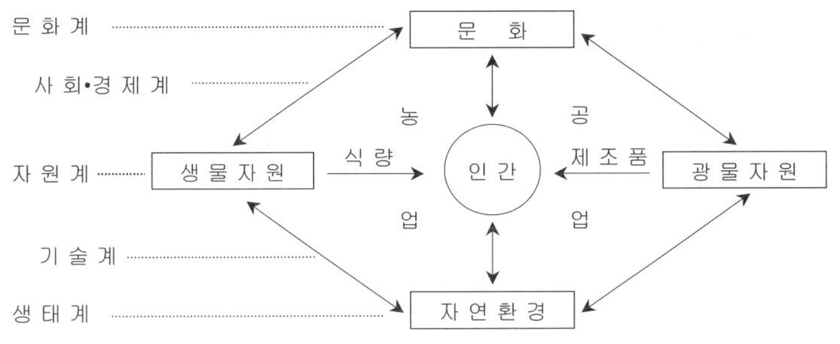

[그림 6-1] 인간의 생존과 자원이용 모식도

자료: 坂本慶一(1989), p.15.

산업에서도 눈부신 성장을 이룩하였으나, 반면 심각한 생태계의 파괴를 수반하였다. 환경문제나 생태계 파괴는 비용을 증대시켜 축산업 성장의 발목을 잡는 정도의 수준을 넘어, 지구와 인류의 지속적 존립을 위태롭게 하고 있다.

인류의 복지와 번영을 오래오래 지속시킬 수 있는 형태의 이른바 지속적 농업(sustainable agriculture)이 이제 범세계적으로 공감대를 형성하고 있다. 공간적으로는 인간, 동물자원, 생태계가 조화를 이루고, 시간적으로는 현재세대와 미래세대가 동물자원을 공유할 수 있도록 동물자원 산업이 육성되고 발전해 나가야 할 것이다. 이를 위해 동물자원이 잘 보전되고 합리적으로 이용되어야 하며 효율적으로 관리되어야 한다.

3절 미래형 축산경영의 지향목표

이제 우리나라의 축산업 생산액은 쌀 생산액을 능가하고 있으며, 상위 10개 농산물 중 축산 부문이 절반을 차지할 정도로 비중이

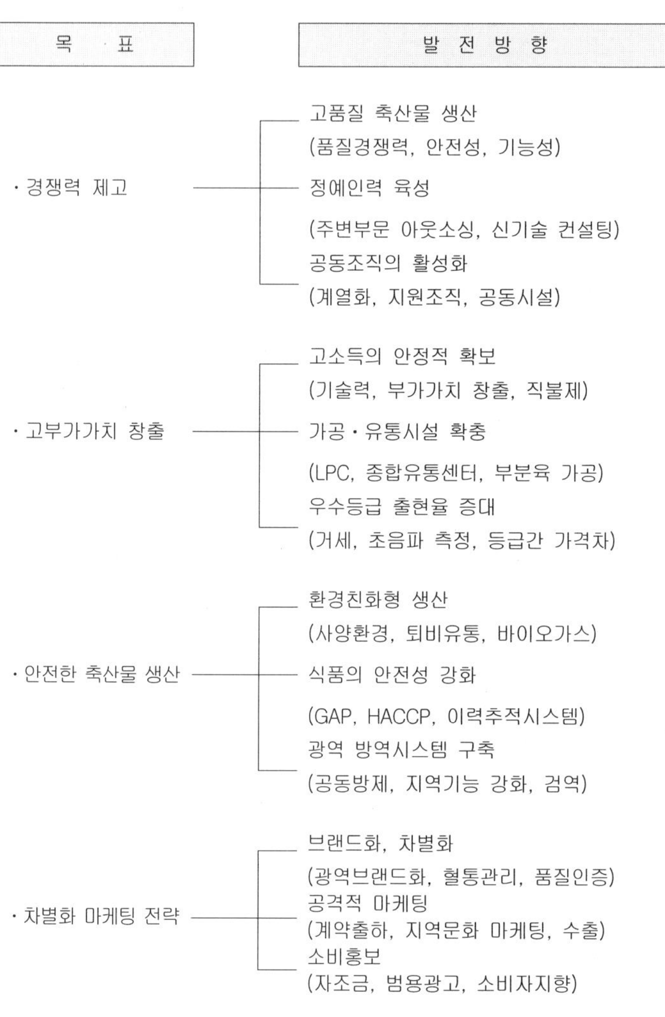

[그림 6-2] 축산경영의 목표와 발전 방향

크다. 즉, 부가가치가 큰 축산업의 지속적이고 안정적인 발전은 한국 농업의 장래를 위해 매우 중요하다고 하겠다.

축산물의 전면적인 시장개방과 식품안전성에 대한 소비자 욕구 증대라는 환경변화에 대응하여 향후 우리나라의 축산경영은 [그림 6-2]에서 보는 바와 같이 경쟁력 제고, 고부가가치 창출, 안전한 축산물 생산, 차별화 마케팅 전략에 기본방향을 두고 발전해 나가야 할 것으로 생각된다.

첫째, 경쟁력 제고를 위해서는 무엇보다도 생산자들이 새로운 아이디어와 프로정신으로 무장하여, 고품질의 안전한 축산물을 생산함으로써 소비자 신뢰를 확보해야 한다. 웰빙(well-being)의 조류와 건강지향 흐름에 부응하여 기능성 축산물의 개발에도 투자할 필요가 있다. 농학계 대학의 트랙(track)제 운영 등을 통해 신기술을 익힌 젊은 정예인력을 많이 수혈하는 것도 중요하다. 이제 산업에서 필요한 인재육성에 생산자단체도 적극적으로 나서야 한다.

규모 확대를 통한 비용 절감이나 마케팅력 강화를 위해 조직화는 필수적이다. 공익성은 크나 수익성이 작은 기간시설, 예를 들어 육성우 목장, 송아지 공동사육장, 축산물종합처리장(LPC), 부분육 가공공장, 번식우 임대축사, TMR사료 공동공급기지, 분뇨처리시설 등에는 공공소유 민간경영의 개념을 도입하여 중앙정부나 지방정부가 투자하여 생산성 향상을 유도할 필요가 있다.

둘째, 값싼 수입축산물이 대량으로 유통되면 국내산 축산물의 가격도 영향을 받아 농가의 수익성은 악화되기 쉽다. 이에 대응하여 시장에서 소비자들이 기꺼이 높은 가격을 지불하더라도 구입하려는 축산물을 생산하여야 한다. 이를 위해서는 남이 갖지 못하는 기술력을 갖추어야 한다. 거세나 초음파 측정 등 고품질화로 이어지는 기술 연마는 고부가가치를 이루는 첩경이다. 생산이 가공과 마케팅으로 연계될 때 부가가치는 커진다.

번식우 사육과 같이 조건불리 지역에서 복합경영 형태의 소규모로 이루어지면서 비육밑소 공급이라는 중요한 역할을 수행하는 부문에 대해서는 직불제를 통한 소득보전도 강구할 필요가 있다. 중소농의 경우 토종가축이나 특수가축, 관상용이나 애완용 동물 사육, 기타 관광·심신치료·레저용으로 효용가치가 큰 말의 사육도 활성화되어 부가가치를 올려야 한다.

셋째, 안전성 면에서 소비자가 신뢰할 수 있는 축산물을 만들어야 한다. 생산 및 가공단계에서의 우수농장 관리제도(GAP)나 위해요소 중점관리제도(HACCP) 도입은 매우 중요하다. 나아가서 생산에서 소비에 이르기까지의 주요 안전성 관련 항목들을 소비자에게 공개함으로써 안심하고 구입할 수 있도록 하는 이력추적 시스템을 조기에 구축할 필요가 있다. 깨끗한 농장 가꾸기 운동도 전개되고 있지만, 사육환경에서부터 청결하게 관리되어야 질병도 예방하고 안전한 고품질 축산물을 생산할 수 있다. 분뇨의 재활용을 위해 유통을 촉진시키는 기구가 필요하다.

넷째, 외국산과의 차별화 마케팅 전략을 전개하기 위해서 브랜드화는 기본인데, 광역브랜드화나 지역특산물과의 브랜드믹스, 품질인증 등 다양한 소프트웨어가 가미되어야 한다. 돼지고기는 조속히 대일 수출을 재개하여 냉장육 판매로 부가가치를 높여야 한다. 또 자조금제도가 정착되도록 생산자들이 결속하여야 함은 당연하다. 이렇게 되면 소비홍보에도 큰 성과를 기대할 수 있을 것이다. 그리고 생산자가 소비자에게 눈높이를 맞추고 소비자단체와 긴밀하게 교류해야 함은 물론이다.

4절 주요 실천과제

1. 조직화로 효율성 향상

1) 계열화

계열화는 계약으로 이루어지기 때문에 농가의 경영이 안정되고 규모화에 따른 비용절감을 추구할 수 있다. 양질의 축산물을 안정적으로 공급하고 브랜드화를 유지하기 위해서는 일정규모 이상의 생산기반을 구축하여야 한다. 국가나 농협중앙회에서는 계열화를 촉진시키기 위해 컨설팅 및 재정지원 면에서 인센티브를 제공할 수도 있다. 이렇게 되면 취급물량이 커지기 때문에 시장에서의 마케팅력도 증대된다. 계열화는 수평적 계열화와 수직적 계열화가 가능하다. 물론 두 가지를 혼합할 수도 있다.

수평적 계열화란 여건이 비슷한 인근 지역의 생산자(단체)들이 제휴하여 기술체계를 공유하고, 광역브랜드화 및 공동판매 등을 추구하는 형태이다. 예를 들어, 농협중앙회의 우산 아래 지역농협, 지역축협, 축산 전문조합, 영농조합법인, 생산자 협회 등이 필요한 부분에 대해서 수평적으로 전략적 협력관계를 구축하는 형태이다.

수직적 계열화는 이미 양계에서 많이 이루어지고 있고, 양돈에서도 부분적으로 도입되고 있다. 근년에는 한우에서도 일부 지역축협이 계열주체가 되어 수직적 계열화를 시행하고 있다. [그림 6-3]은 한우를 예로 수직적 계열화를 나타낸 것이다.

한우의 경우 번식기반이 취약하기 때문에 지역축협이 계열화사업을 전개할 때는 생축장 운영, 번식우 임대축사 도입, 번식농가와의 계약사육 등을 통해 번식기반을 확충하여 우량 밑소가 원활하게

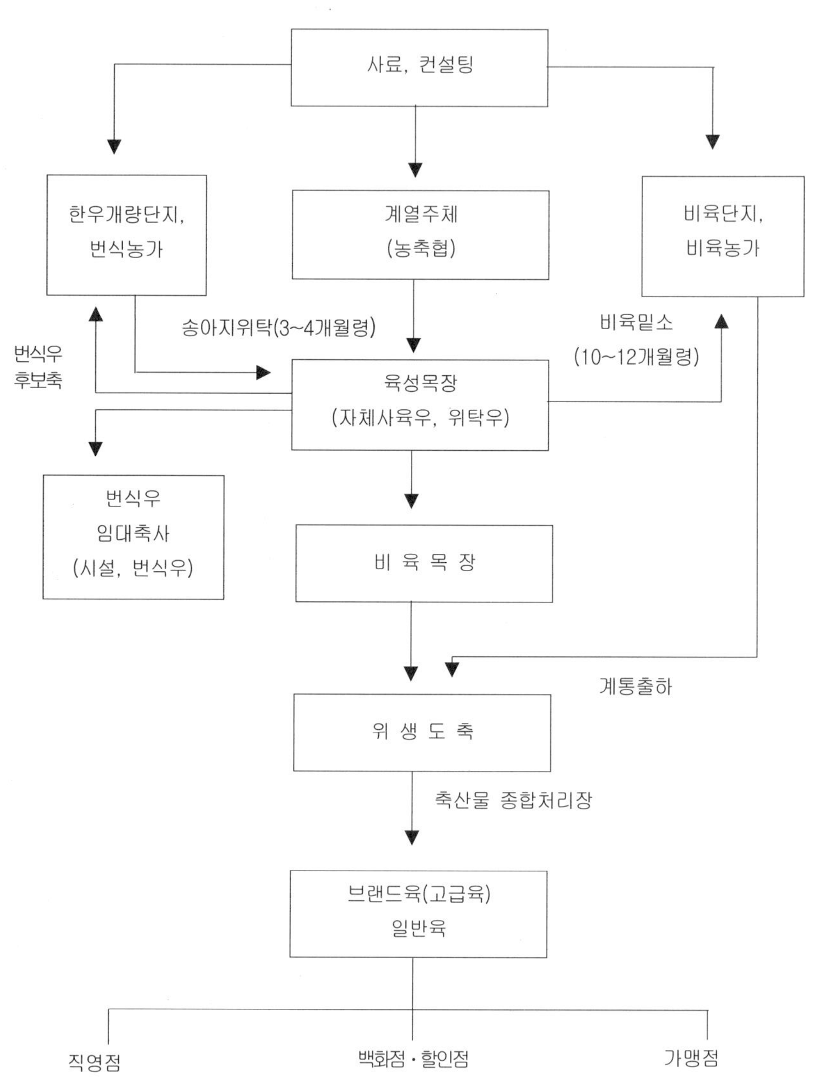

[그림 6-3] 한우 수직적 계열화의 모식도

공급될 수 있도록 하는 것이 중요하다. 임대축사는 번식우나 비육우에 모두 적용할 수 있는데, 계열주체(또는 국가, 지자체, 농협중앙회)가 현대식 축사를 건립하여 복수 농가에게 임대함으로써 농가가 초기 시설투자의 부담 없이 규모를 확대하고 안정적으로 경영에 전념할 수 있도록 하자는 취지이다. 임대축사는 참여농가의 공동경영을 유도하여 관리 인건비 절감이나 공동출하 등의 유리성도 추구할 수 있다.

이렇게 하여 우량송아지가 안정적으로 공급되어야 비육농가의 생산성이 향상될 수 있기 때문이다. 여기에 TMR 사료 공장, 조사료 조달, 분뇨처리, 판매장 등이 가세하여 시너지효과를 올릴 수 있다.

2) 축산지원 조직 운영

축산경영에는 핵심 부문과 주변 부문이 있다. 예를 들어, 낙농에서는 착유우를 잘 관리하여 분만간격을 짧게 하고, 1등급 우유를 많이 생산하는 것이 핵심 부문이다. 육성우 사육, TMR사료 제조, 조사료 생산, 분뇨처리, 질병방제, 컨설팅, 회계처리 등은 핵심부문을 위해 존재하는 주변 부문이라고 볼 수 있다.

이러한 주변 부문을 떼어내면 농가의 경영은 슬림화되고 핵심부문에만 전념할 수 있어 생산성 향상으로 이어진다. 기업경영에서 흔히 이야기하는 아웃소싱(outsourcing)의 개념을 축산에 적용하는 것이다. 주변 부문의 관리는 효율성을 위해 복수의 인근 지역축협이 컨소시엄을 구성하거나 제3섹타 방식의 자회사를 설립하여 운영하면 된다.

수직적 계열화에서도 몇 개의 계열주체들이 연합하여 주변 부문을 아웃소싱 시킬 수 있을 것이다. 이러한 지원조직은 공익성이 크고 수익성은 낮기 때문에 국가나 지자체가 기간시설(초지, 사료제조시설, 분뇨운반 트럭, 방제시설 등)에 대해 지원을 하고, 위탁농가로부터는 실비수준의 수수료를 받아 운영비로 충당하는 것이 좋다.

2. 안전성과 이력추적 시스템

2003년 12월 발생한 조류독감의 영향으로 한국의 닭고기가격은 불과 1개월 만에 약 39% 하락했다. 또 서울 농협 하나로마트의 닭고기 매출액은 같은 기간 동안 56%나 감소했다. 이로 인해 많은 생산업체들이 도산하거나 경영의 어려움을 겪었다. 소비자들이 안전성에 대해 얼마나 민감한지를 짐작할 수 있다.

더욱이 2003년 말 미국에서 발생한 광우병의 영향으로 2004년 1월 말의 쇠고기 소비량은 수입쇠고기가 60%, 한우고기가 20%나 감소했다. 서울 농협판매장의 한우고기 매출액은 29% 감소하였다. 이 영향은 2004년 상반기 동안 지속되었다. 그럼 미국에서 발생한 광우병이 한국에서 한우고기 매출로 이어지는 것은 무엇 때문인가?

이는 수입육이 한우고기로 많이 둔갑되고, 소매점이나 음식점 단계에서 섞여 판매될지도 몰라, 한우고기를 먹는다고 하면서도 자신의 의지와 상관없이 미국산 쇠고기를 먹을 위험이 많다는 불안감이 소비자들의 심리를 압박했기 때문이다. 결국 쇠고기 유통의 불투명성과 소비자의 불신이 시장에서 과잉반응을 불러온 것이고, 그 손실은 축산업계로 돌아왔다. 정보의 비대칭성과 소비자의 역선택 논리이다.

이러한 일은 계속 발생할 수 있다. 이를 차단하기 위해서는 철저한 이력추적 시스템을 통해 소비자에게 축산물의 안전성 정보를 투명하게 공개하여 신뢰를 확보하고, 다양한 위험 정보교환(risk communication) 노력으로 유사시 소비자들이 합리적으로 판단할 수 있는 환경을 조성할 필요가 있다.

이력추적 시스템이란, 축산물을 생산, 처리, 가공, 유통, 판매하는 푸드체인의 각 단계에서 축산식품과 그 정보를 추적하거나 소급할 수 있는 제도적 장치를 말한다. 여기서 중요한 것은 식품과 정보가 연계되어 있어야 하고, 푸드체인의 모든 단계의 기록이 포함되어야 하며, 생산 쪽에서 소비 쪽은 물론 소비 쪽에서 생산 쪽으로의 정보검색이 가능해야 한다는 점이다.

이력추적 시스템을 실시하면 다음과 같은 효과가 기대된다.

첫째, 축산식품에서 예기치 않은 사고가 발생하였을 때 그 흐름을 거슬러 올라가며 신속하게 원인을 규명하고 대응책을 세울 수가 있다. 물론 잘못된 식품에 대한 회수조치(recall)도 빠르고 효율적으로 이루어지게 된다. 이는 위험관리 능력을 제고시켜 소비자의 심리적 안심감을 높여준다.

둘째, 축산물의 생산으로부터 가공, 유통, 소비에 이르는 과정이 문서에 의해 투명하게 관리되고, 관련정보가 공개되므로 유통의 공정성과 투명성을 확보하게 된다. 이는 둔갑판매 등 부정유통을 방지하여 유통의 효율성 제고에도 기여하게 된다.

셋째, 식품의 흐름을 정확하게 파악함으로써 물류관리의 효율화(노동시간 단축, 비용절감)나 재고관리의 능률을 향상시킨다.

넷째, 축산식품만을 보아서는 알 수 없는 정보(예를 들어 생산지역이나 사육자, 사료 및 항생제 사용상황 등)를 소비자에게 투명하게 전달함으로써, 생산자와 소비자 간의 정보의 비대칭성 문제를 경감시킨다.

이와 같이 이력추적 시스템은 본질적으로 정보의 공유 및 공개(Inter System)에 주 기능이 있기 때문에 정보화시대에 소비자의 심리적 신뢰(안심)를 확보하는 효율적인 수단이 된다. 한편 가공공장 등에서 안전성 확보를 위해 도입하고 있는 HACCP는 정보관리가 내부완결적(Intra System)이기 때문에, 이력추적 시스템 자체가 안심과 함께 안전을 동시에 보장한다고 볼 수는 없다. 그러나 가공과정의 정보를 추적할 수 있기 때문에 간접적으로 안전에 대한 신뢰도 제공하고 있다고 할 수 있겠다.

이력추적 시스템의 본래 취지는 가축질병이 발생했을 때 그 진원지를 신속하게 파악하여 조기에 박멸하고 확산을 방지하자는 데 있었다. 이력추적 시스템은 앞으로 식품의 표시제도나 품질인증 등과 결합되어 유통기능 면에서 많은 시너지효과를 가져올 것으로 기대된다.

현재 우리나라에서 이력추적 시스템이 부분적으로 도입되고 있는 것은 한우이다. 2004년 10월부터 시범사업 형태로 추진되고 있는데, 이 경험을 토대로 2008년부터 전면 시행한다는 계획이다. 향후 돼지나 닭으로 확산될 전망이다.

이력추적 시스템의 생명은 정보의 공정성과 투명성에 있다. 생산 및 가공과정의 모든 관련정보는 정확하게 관리되고 입력되어야 한다. 유럽처럼 제3자 기관의 감시체제가 제대로 확립되지 않은 상태에서는 자칫 소비자의 불신을 초래하기 쉽다. 따라서 이력추적 시스템의 관리 및 운영사항에 대해 감시할 수 있는 시스템을 구축할 필요가 있다.

앞에서 언급한 것처럼 이력추적 시스템을 잘 활용하면 안전성 관리는 물론, 브랜드 관리 및 소비 확대, 품질 관리, 물류 및 재고

관리, 방역 등 다양한 효과를 기할 수 있다. 장기적으로 축산물의 광역브랜드화가 정착된다고 하면 많은 두수를 종합적이고 효율적으로 관리하지 않으면 안 된다. 이 시스템의 도입은 많은 비용을 수반하나 이를 소비시장에서 보상받기는 쉽지 않다. 소비자는 항상 식품에서 완벽한 안전성(risk zero)을 원하면서도 지불용의가격(WTP: Willingness To Pay)을 올리는 데는 주저하기 때문이다.

또, 이력추적 시스템의 주축이 정보시스템이고, 이에 부가하여 사료, 동물약품, 초음파 측정을 통한 품질관리, 육가공, 물류 등 매우 다양한 분야의 전문지식과 기법이 연계되기 때문에, 인근 대학이나 연구기관과 긴밀히 협력하는 것이 좋다.

지자체 차원에서는 중앙정부의 기본요건을 충족시키면서, 추가로 지역 특색을 살려 다양한 방식으로 이력추적 시스템을 추진할 수 있다. 일본의 경우에도 중앙정부 주관으로 소(젖소 포함)에 대해 의무적으로 이력추적 시스템을 시행하고 있지만, 지자체 나름대로 이 시스템을 응용하여 경영개선이나 마케팅에 활용하고 있다. 필요시에는 식품안전 확보를 위한 기본방침을 수립하고, 이를 지원할 조례를 제정할 수도 있을 것이다.

3. 브랜드화 마케팅

브랜드화의 의미는 상품명, 심볼마크, 생산자 또는 생산업체명, 품질에 대한 보증 등을 명시하여 다른 경쟁품과의 차별화를 꾀하고 나아가 우위성을 확보하는 유통행위라고 정의할 수 있다.

이러한 측면에서 볼 때 우리나라의 축산물 브랜드화는 기업체에 의한 가공품을 제외하고는 극히 초보적인 단계에 있다고 하겠다.

왜냐하면 아직 이름을 붙이는 수준을 크게 넘지 않고 있으며 품질에 대한 보편적인 평가나 인증이 뒤따르지 않는 경우가 많기 때문이다.

그러나 앞으로 국내의 산지간 경쟁이 가속화되고 축산물의 수입이 급증하는 환경변화 속에서, 내가 생산한 축산물 품질의 우수성과 식품의 안전성을 부각시켜 시장점유율을 넓히고 부가가치를 높이지 않으면 안 되기 때문에 축산물의 브랜드화는 더욱 고도화되고 중요한 의미를 갖게 될 것이다. 이러한 측면에서 정부 정책도 축산물 브랜드를 중심으로 육성하고 지원하는 쪽에 무게를 싣고 있는 것이다.

최근 지역별로 작목반, 영농조합법인, 농축협 등 생산자조직에 의한 축산물의 브랜드화가 급증하고 있다. 이들은 주로 성장 축산물이거나 그 가공품인 경우가 많으며 고품질화를 위한 독자적인 작부체계나 사양관리체계를 갖추어 품질관리에 많은 신경을 쓰고 있다. 이 중 상당수는 전국적인 지명도를 확보하고 시장에서의 호응도 좋아 높은 소득을 올리고 있다.

이제 축산물도 내용은 물론 외관을 중시하는 쪽으로 유통관행이나 소비자의 기호가 변모하고 있다. 내용물의 보존성과 수송의 효율성을 높이도록 포장을 규격화하고, 디자인이 소비자의 구매욕구를 자극하도록 세련되어지고 있다. 따라서 브랜드화는 이러한 유통구조의 변화와 함께 수반되는 자연스러운 현상이기도 하다.

우리나라의 축산물 브랜드화가 아직 초기단계이기는 하지만 앞으로 더욱 발전해 나가기 위해서는 다음과 같은 점들에 유념하여 추진하여야 한다.

첫째, 브랜드의 광역화가 필요하다. 현재로서는 소규모 생산조직이나 지역축협이 독자적으로 브랜드화를 추진하다 보니 원하는 소비자에게 충분한 물량이 공급되지 못하는 경우가 많다. 물론 품질의 균일성이 전제되어야 하겠지만, 생산조직이나 인근 축협이 연대하여 브랜드를 광역화하면 물량확보는 물론 홍보나 사후관리 면에서도 유리하다.

둘째, 품질에 대한 보장이 수반되어야 한다. 브랜드 축산물에는 최소한의 품질규격을 두고 엄격한 관리를 할 필요가 있다. 현재는 특허청에 상표등록만 하면 사실상 전혀 제약이 없다. 아직 브랜드에 대한 생산자나 소비자 모두의 인식이 낮은 상태에서 유사 브랜드가 범람하고 품질보증이 없으면 브랜드 전체에 대한 불신을 조장할 수가 있다.

셋째, 일본의 축산물 브랜드화 사례에서 볼 수 있듯이 지역단위로 혈통의 폐쇄적 관리를 통해 브랜드화가 진행되어야 한다. 그러기 위해서는 도 단위 축산기술연구센터 등에서 우수 종축을 확보한 후 혈통관리를 하여야 한다. 혈통관리가 안 된 상태에서 사료나 사양관리의 차별화만으로 브랜드화를 하는 데는 한계가 있다.

넷째, 한약재 부산물이나 기능성 첨가제를 사료에 섞어 브랜드화 하는 사례가 많은데, 지역의 부존자원을 이용하고 또 수입 축산물에 대한 품질경쟁력 제고를 위해 바람직한 현상이라고 본다. 그러나 브랜드 축산물은 보편적으로 가격이 비싸기 때문에 이러한 특수사료나 첨가제가 축산물에 어떻게 반영되고 있는가에 대한 객관적인 검증결과가 소비자에게 제시되어야 할 것이다. 또, 부산물의 공급이 충분하고 원활해야 한다.

다섯째, 돼지나 닭 등 중소가축의 경우 계열화를 추진하면 생산규모가 커지고 계열주체가 품질관리 및 브랜드홍보를 담당하게 되므로 효율적이다. 특히 생산자단체에 의한 계열화가 바람직하다.

여섯째, 앞으로 전통식품이나 건강식품과 관련된 축산가공품 또는 토종가축도 브랜드화가 추진되어야 한다. 삼계탕, 오리고기, 토종돼지, 토종닭, 흑염소 등이 좋은 예이다. 일본의 돼지고기나 닭고기는 토종을 육종개량하여 브랜드화하고 있다. 우리나라의 토종돼지나 토종닭도 현재는 왜소하여 생산성이 낮으나 체계적으로 육종개량하여 브랜드화하면 차별화가 가능하다고 본다.

일곱째, 최근에는 첨단과학을 이용하여 혈통을 분류하고 우수한 형질을 찾아내는 기법들이 많이 소개되고 있다. 브랜드화를 촉진시키고 지역별로 차별화된 축산물 생산이 정착되도록 이 분야에 대한 연구개발과 지원이 수반되어야 할 것이다.

여덟째, 지명도 확보를 위해 많은 노력이 필요하다. 앞으로 더욱 많은 브랜드들이 전국적으로 쏟아져 나올 것이기 때문에 홍보는 중요한 과제가 된다. 농가나 소규모 생산자단체에서 매스컴을 이용한 홍보나 브랜드 축산물의 마케팅관리를 담당하기에는 인력이나 조직, 자금 면에서 한계가 있다. 축산물의 브랜드화는 지역사회의 명예와 경제활성화에 기여하게 되므로 지자체, 축협, 유통회사, 소비자단체 등이 지역별로 브랜드추진협의회 등을 구성하여 공동의 노력을 꾀할 필요가 있다. 또 지역특산품전이나 이벤트 행사도 적극적으로 활용해야 할 것이다.

아홉째, 브랜드화를 확산시키고 옳은 방향으로의 발전을 유도하기 위해 우수브랜드를 선발하여 경영성과와 함께 특징을 홍보하는 것도 바람직하다. 이러한 측면에서 2000년부터 시행하고 있는 축산물 브랜드전을 보다 발전시킬 필요가 있다.

열째, 시장에서 소비자의 트렌드가 바뀌고, 산지간 또는 수입산과의 경쟁으로 인해 브랜드화 전략이 수정되어야 할 경우가 발생한다. 이러한 시장동향을 항상 예의 주시하여 신속하게 생산현장에 피드백시키고, 이를 바탕으로 소비자가 원하는 새로운 브랜드를 창출하는 노력을 경주하여야 한다.

4. 지구환경과의 조화

축산은 난방이나 동력에 많은 화석연료를 사용한다. 이는 궁극적으로 이산화탄소를 발생시켜 대기를 오염시키고 지구 온난화의 요인이 된다. 축사시설에 태양에너지를 이용하거나 지붕의 햇볕, 바람의 방향을 잘 이용하여 에너지를 절감하는 노력이 수반되어야 한다.

지금까지 통념으로는 방목이 생산성을 저하시킨다고 하여 기피되었으나, 선진국의 예를 보면 초지에서만 사육한 젖소의 우유는 단가가 비싸 방목축산이 새롭게 조명되고 있다. 물론 인건비 절감효과도 크다. 돼지나 닭도 밀집사육이 심할수록 질병발생이 많아 결국 동물복지가 동물은 물론 경영에도 좋다는 것을 나타낸다.

그러나 가장 시급한 것은 가축 분뇨를 여하히 효율적으로 리사이클 시키고 자원화 하느냐이다. 축산이 성한 유럽에서는 가축 분뇨로 바이오가스를 만들어 전력이나 가스로 이용하고 있다.

가축 분뇨는 [그림 6-4]에서 보듯이, 오염물질의 처리개념이 아니라 분뇨처리과정의 환경문제, 가축의 방역문제, 축산물의 위생문제, 분뇨 및 부산물 재활용 측면의 자원문제 등을 종합적으로 고려한 물질순환 원리에 입각하여 장기적인 처리시스템을 확립하는 것이 바람직하다.

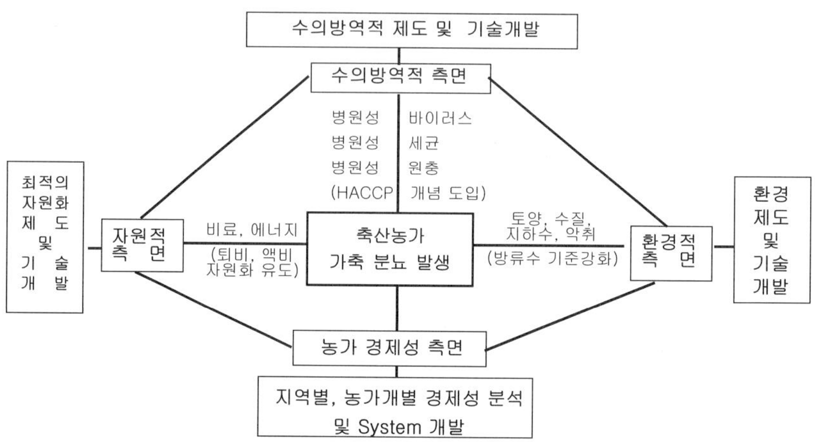

[그림 6-4] 지역별 친환경축산을 위한 시스템 개념도

자료: 이명규 외(2001).

[그림 6-5]에서 보는 바와 같이, 일정지역 밖으로 가축 분뇨를 반출하거나 지역 내에서 활용할 때, 각 지역별 퇴비 · 액비 유통센터가 중심이 되어 청정퇴비나 액비의 운반 · 살포를 조직적으로 수행할 수 있으며, 경종농가와 축산농가 간의 중계역할도 할 수 있다. 지금까지와 같은 개별농가별 가축 분뇨 관리체계는 처리기술, 정보, 분뇨운반 등의 측면에서 많은 한계를 가지고 있으므로, 친환경축산 체계의 구축을 위해서는 이와 같이 조직적인 공동대응체계의 개발 · 보급이 시급하다.

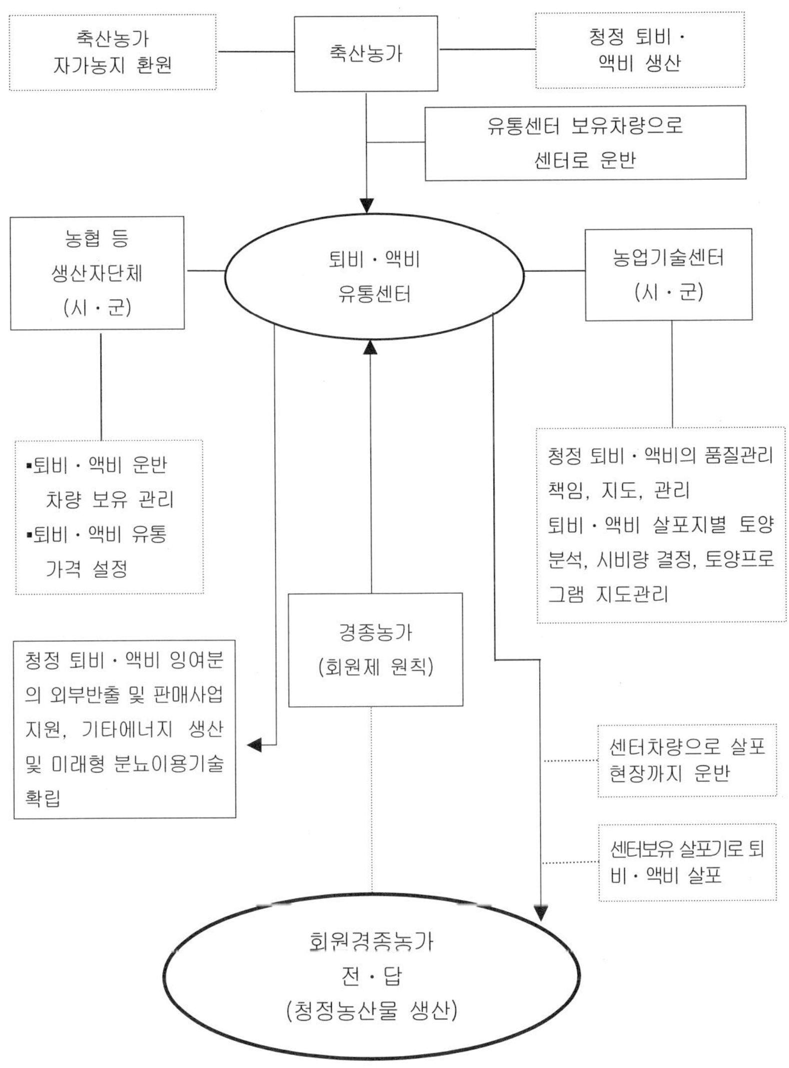

[그림 6-5] 퇴비 · 액비 유통센터의 운영체계

자료: 이명규 외(2001).

5절 축산업의 바람직한 발전 방향

축산물 소비증가세의 둔화, 외국산 저가 축산물의 수입증가, 소비자들의 안전성 요구 증대라는 환경변화 속에서도, 우리나라 동물자원산업은 농업 분야 최대의 성장엔진으로서 그 역할을 다해 나가야 한다. 이를 위해 기존의 축산업 영역을 동물자원산업으로 확대하고, 연관산업과의 연계를 강화하면서 새로운 블루오션 시장을 계속 개척해 나가야 한다.

동물자원산업이 안정적으로 발전해 나가기 위해 필요한 주요 사항들을 요약 정리하면 다음과 같다.

첫째, 식품의 안전성은 소비자가 식품을 선택하는 제1요건이 되었다. 안전한 축산물을 생산하고, 소비자가 그것을 확인할 수 있는 이력추적 시스템이 조속히 정착되어야 한다. 한국 축산의 활로가 여기에 있다고 해도 과언이 아니다. 안전성 확보는 원료단계에서부터 철저히 이루어져야 하기 때문에 농장의 GAP 및 HACCP, 도축 및 가공처리장의 HACCP가 유기적으로 연계되고, 여기에 이력추적 시스템이나 품질인증 · 품질표시 제도가 접목되어야 한다.

둘째, 환경친화적 사육방식과 동물복지에 대한 배려가 요구된다. 태양열 이용, 임간방목, 두당 축사면적 확대, 퇴비 · 액비유통센터를 통한 유기질비료의 유통활성화 및 경종농업과의 연계, 가축 분뇨를 이용한 바이오가스 생산, 바이오매스 기법을 통한 사료생산 등에 많은 투자와 지원이 이루어져야 하겠다. 유기축산도 중소가축부터 시작하여 확대해 나가야 한다.

셋째, 조직화 및 계열화로 규모의 경제, 거래교섭력 증대, 주변부문 아웃소싱, 광역브랜드화 등의 장점을 최대한 활용해야 한다.

이를 통해 생산성과 경쟁력을 획기적으로 향상시킬 수 있기 때문이다. 생산자단체가 주축이 된 축산지원조직이 창설되어 축산농가의 주변부문, 예를 들어 육성우 사육, 분뇨처리, TMR 사료 급여, 방제, 경영컨설팅 등을 아웃소싱하게 되면 농가는 핵심기술 부문에 전념하여 생산성 향상과 아울러 생산비 및 노동 경감 효과를 거둘 수 있다. 이러한 지원조직은 경제권역 단위로 몇 개의 생산자단체가 컨소시엄 형태의 제3섹터 회사를 결성하는 것이 바람직하다.

넷째, 동물자원산업의 영역을 확대하여 다양한 비즈니스를 전개할 필요가 있다. 주요 가축 외에도 심신치료용 승마, 애완 · 관상 · 반려 동물, 실험 동물 및 의료용 동물(인공장기 생산 및 생리활성물질 추출), 건강식품 생산 등을 위해 많은 기타 가축이나 특수동물들이 활용될 수 있다. 그린투어리즘과 연계하여 관광목장을 경영하거나, 농가단계에서 아이스크림, 햄, 토종꿀 등 가공품을 제조하고, 농가형 레스토랑을 운영하면서 이러한 가공품과 아울러 토종가축 요리 및 흑염소중탕이나 훈제 오리고기 등 건강식품을 판매하는 것도 바람직하다.

다섯째, 정부나 지방자치단체에서는 축산인프라에 대한 투자를 증대하여 생산자가 고정비용을 절감할 수 있도록 해주는 것이 바람직하다. 예를 들어 축산물종합처리장, 부분육 가공시설, 계란공판장, 액란공사, 공공육성목장, 임대축사, TMR 사료공장, 퇴비유통센터, 토종가축 및 특수동물 육종개량연구소 등은 공익성과 파급효과가 크나 막대한 투자가 필요하기 때문에, 국가가 시설을 건설한 뒤 생산자단체가 경영하도록 하면 축산농가에게 큰 힘이 된다. 헬퍼제도, 이력추적 시스템, 음식점 원산지표시 등 제도적 인프라 정비도 병행되어야 한다. 동물자원산업에 대한 첨단과학기술, 즉 생명공학(BT), 환경공학(ET), 정보통신(IT) 분야의 접목을 위해서도 투자와 지원이 강화되어야 한다.

참고문헌

김경규, 「축산 연관산업 정책방향」, 한국축산경영학회 하계심포지움 『축산연관산업의 발전방향』, 2005. 6.

김성철 · 이병오, 「한국 식품소비구조의 변화요인」, 『농촌개발연구』, 제9집, 강원대학교 농촌개발연구소, 2004. 12.

나카시마 야스히로, 『식품안전의 경제학』, 강원대학교 출판부, 2005. 7.

사사키 이치오, 「북해도 미래 낙농혁명의 전개」, 강원대학교 세미나 자료, 2005. 4.

양병우 외, 『축산식품 안전전략 개발에 관한 연구』, 농정연구센터, 2003. 8.

유철호, 『축산물 수급과 유통』, 한국농촌경제연구원, 2004. 12.

이명규 · 이병오 · 황수철, 『환경보전을 위한 선진축산시스템 구축방안』, 농정연구포럼 월례세미나 시리즈 NO. 96, 2001. 6. 30.

이병오, 「축산물의 안전성 확보 전략」, 『농업경영 · 정책연구』, 제31권 제4호, 2004. 12.

이병오 · 이성기 · 이정구, 「일본에서 쇠고기 생산시스템 조사 및 강원 한우 생산이력제의 모형제시」, 『한우생산 이력시스템과 한우 고급육 생산시스템 구축방안』, 강원대학교 동물자원과학대학 연구보고서, 2005. 1.

이병오 · 신해식 편역, 『농촌개발과 지역활성화』, 강원대학교 출판부, 2005. 5.

정민국 외, 「축산물 수급동향과 전망」, 『농업전망 2005(Ⅱ)』, 한국농촌경제연구원, 2007. 1.

2부

일본 축산의 현황 및 대응 전략

1장

한일 자유무역협정과 축산물 쌍방향 무역의 가능성

스즈키 노부히로*

1절 FTA와 한일 축산

세계무역기구(WTO)가 주도하는 이른바 다자간 협상이 지지부진한 가운데 2국간 또는 지역간 자유무역협정(FTA) 협상이 활발히 진행되고 있다. 일본도 동아시아 자유무역권 형성이라는 형태로 특히 동아시아에 중점을 둔 경제 연대 강화를 서두르고 있다.

이는 EU권, 미주권 통합이 가시화되면서 향후 일본이 아시아 국가와 함께 지속적인 경제발전을 유지해 나가고 국제사회에서 정치적 발언권을 강화해 나가야 하는 필요성을 느끼고 있기 때문이다.

이 가운데 비교적 경제조건이 유사하고 GDP 규모도 큰 일본과 한국이 자유무역협정을 체결한다면, 이는 아시아의 연대강화를 이끌어내는 첫 걸음으로서, 또한 두 나라의 아시아 및 전 세계에

*도쿄대학교 대학원 농학생명과학연구과 교수

대한 교섭력을 향상시키는 일로서 그 의미가 매우 크다.

특히 농업의 경우 이른바 대규모 축산 및 밭농사가 중심인 미국의 주장에 대응하여 소규모 쌀농사가 중심인 동아시아 국가가 힘을 합쳐 이 지역에 걸맞은 정책을 공유하는 것이 유효할 것으로 보는 견해도 있다.

한편, 서로 국경을 맞대고 있고 역내(域內) 비즈니스가 활성화되고 있는 동아시아 국가 입장에서 FTA가 체결된다면 거래기준 및 제도를 통일하고 관세를 삭감함으로써 이익이 발생하는 것은 자명한 일이다. 일본으로서도 국내시장이 포화된 상태에서 인구가 제법 많고 지속적인 경제성장으로 소득이 증가하고 있는 한국은 향후 일본제품의 주요 시장으로 매력적이지 않을 수 없다.

국경이 있음으로써 발생하는 관세와 기타 제도적인 제약이 철폐되고 지적소유권 제도 등 다양한 제도가 조화를 이루게 되면, 국내에서 시행되는 것과 다름없는 동일한 조건으로 비즈니스가 가능해지는데 이로 인한 이득은 매우 크다.

이는 농산물의 경우에도 동일하게 적용된다. 예를 들어 한국과 중국의 우유 생산비는 일본보다 낮으므로 한국시장과 중국시장의 공동화는 신선한 발상이기는 하지만, 실제로 간단한 일이 아니다. 일본에서는 낙농업의 경쟁력을 논의할 때 9개 지역으로 나누어 산지간 경쟁 차원에서 논한다. 그러나 동아시아 지도를 보면 알 수 있듯이 여기에 한국과 중국 연안부를 더한 11개 지역의 산지간 경쟁을 논의하는 것이 지리적으로는 극히 자연스런 일이다.

이와 같이 볼 때, 특히 일본, 한국, 중국을 중심으로 한 동아시아 FTA에 관한 논의는 영세한 쌀농사를 중심으로 하고 있다는 공통점 있고 지리적으로 근접해 있다는 점에서도 자연스럽다. 그러나 한편으로는 농업 임금수준의 격차로 인한 생산성의 차이가 존재하는 것도 사실이다. 뿐만 아니라 특정 국가에게만 유리한 조건을 제공하는 FTA 폐해가 상존하고 있음을 잊어서는 안 된다.

이러한 가운데 폐해를 줄이면서 일본과 한국을 중심으로 한 동북아시아 농업을 아우르는 FTA를 가능하게 하기 위해서는 쌍방향 무역의 추진이 요구되고 있는바, 여기에서는 한일 양국간 쌍방향 무역의 실현 가능성에 대하여 논하고자 한다.

2절 FTA의 빛과 그림자

FTA에는 첫째 역외국가가 손실을 입는 차별성, 둘째 FTA 이익의 편재성이라는 어두운 측면이 있다. FTA에 대한 평가는 어두운 측면을 포함해야 함은 물론, 이와 같은 어두운 측면을 솔직히 인식하여 폐해를 최소화 할 수 있도록 하는 것이 향후 FTA를 추진해 나가는 데 매우 중요하다.

여기서 차별성과 이익의 편재성은 논거가 다르다는 점에 주의해야 한다. 전자는 효율성, 후자는 공평성에 기초하고 있다. 다시 말해서 전자는 세계무역을 왜곡하는 차별성을 전 세계적인 경제적 이익 최대화의 관점에서 문제시 하는 것이다. 그러나 후자는 오히려 부의 집중이 전 세계적으로 경제적 이익은 최대화된다 하더라도 과도한 분배의 불공평은 용인할 수 없다는 관점에 서 있는 것이다. 자유무역이 진전되고 있는 가운데 전 세계 빈곤인구가 오히려 증가하고 있다는 현실 앞에 효율성만을 따지는 논의는 아무래도 한계가 있다고 생각한다.

1. 역외 국가에 대한 차별성

우리들은 무차별을 원칙으로 하는 GATT(관세 및 무역에 관한 일반협정)가 실은 세계의 블록화가 제2차 세계대전을 초래했다는 반성에서부터 시작되었다는 역사를 망각해서는 안 된다.

아이러니컬하게도 블록화의 반성에서 생겨난 GATT, WTO 협상이 지지부진해지고 전 세계는 다시 블록화되기 시작하여 강대국의 패권쟁탈 양상도 노골적으로 나타나고 있는데, 이와 같이 반복되는 역사를 잘 알아둘 필요가 있다.

애당초 특정국가에게만 유리한 조건을 제공하는 자유무역협정은 경쟁력이 있는 비가맹국을 배척하므로 국제무역을 왜곡하고 전 세계의 경제적 이익을 저하시킬 가능성이 있다.

북미자유무역협정(NAFTA)이 역내 무역비율을 높인 것이 긍정적으로 소개되고 있기는 하지만, 이는 바꾸어 말하면 일본 등 역외국가가 배척되었음을 나타내는 FTA의 폐해에 다름 아니다.

2. 역내 이익의 편재성

1) 국내 이익의 편재성

자유무역협정에서 직접 눈에 보이는 이익을 얻는 곳은 수출과 해외에 진출해 있는 업종인 대기업, 예를 들어 일본의 최남단 큐슈지역에서는 해외거점을 갖고 있는 일부 기업(200사 중 1사)에 지나지 않는다. 즉, 농업 분야뿐만이 아닌 대부분의 일반 중소기업조차도 오히려 경쟁이 심화됨에 따라 맞이하게 될 시련에 대항할 준비를 할 필요가 있다.

한편, 태국 등 농산물 수출국의 경우 FTA로 인하여 농산물 수출이 증가한다 하더라도 혜택을 보는 곳은 기업이 소유하고 있는 대규모 농장이며, 빈곤층을 형성하고 있는 영세농 대부분의 생활은 개선되지 않을 것이라는 견해도 있다.

2) 해당 국가 간의 편재성

해당 국가에서 부문간, 부문 내 이익의 편재성에 더하여 이를테면 제조업 분야에서는 일본이 이익을 얻고 농업 분야에서는 한국이 이익을 얻게 되며, 전체적으로는 일본 또는 한국의 이익이 크다는 등의 문제가 발생할 수 있다.[1)]

3절 일본 농업에 관한 몇 가지 오해

FTA를 추진함에 있어 일본 농업이 과보호되어 있어 농산물이 장애가 되고 있다는 지적이 있지만, 일본 농업이 과보호되고 있다는 지적은 잘못된 것이다. 사실 일본은 구미제국이 시행하고 있는 수준 이상으로 가격지지 정책을 폐지하였고 평균관세도 12%로서 20%인 EU, 35%인 태국보다도 낮으며 자급률 또한 40%로 세계에서

1) 일・칠레 FTA에서는 일본의 경제적 이익은 마이너스, 세계 전체로서도 마이너스라고 하는 분석결과가 있다. 차별성, 이익의 편재성 모두 높다는 것이다. 관세를 철폐할 경우 타격이 예상되는 일본 측의 업종이 광범하게 존재하고 반대로 이익을 얻는 업종은 한정되어 있다. 더욱이 동학적 효과, 특히 FTA에 의한 생산성 향상 효과를 GTAP 등 시뮬레이션에 가미하면 일본의 이익은 당연히 높아진다. 동학적 효과의 인식은 중요하기는 하지만 가정에 따라 계산 결과가 크게 변하므로 FTA의 효과는 현재의 구조를 전제로 한 정학적 시뮬레이션 결과를 바탕으로 동학적 요소를 가미하여 계산하는 것이 바람직하다고 생각된다.

으뜸가는 농업보호 삭감 우등 국가이다.

그러나 국내 가격지지도 없어지고 관세도 낮은데 왜 일본의 농산물과 식품은 외국에 비해 비싼가? 여러 가지 이유가 있겠지만, 한 가지는 소비자의 수요변화에 대응하여 품질향상을 도모해 온 결과 국산 프리미엄이 붙은 것으로 설명할 수 있다. 슈퍼마켓에서 오이타산(大分産) 파 한 단(3개)이 158엔, 중국산이 100엔으로 진열되어 판매되고 있는 경우 오이타산 158엔짜리 파에 비해 중국산 파가 58엔 쌀 때 소비자가 어느 쪽을 구입하더라도 동등하다는 판단을 하고 있다고 해석할 수 있다면, 이 58엔이 이른바 오이타산 파의 국산 프리미엄이라 할 수 있다. 이는 비관세 장벽이 아니다.

일본 농산물의 내외 가격차가 크다 함은 경제협력개발기구(OECD)가 발표하고 있는 생산자 조성상당액(PSE)의 시장가격지지(MPS) 부분에 나타나지만, MPS 가운데 어느 정도가 국산 프리미엄인가를 검토하지 않고 MPS의 크기만 가지고 일본을 관세에 의존하고 있는 농업 과보호국가로 판단하는 것은 잘못이다.

농산물 평균 관세율이 12%로 매우 낮고 고관세 품목수 또한 전체 농산물의 10%에 불과하며 대다수 야채의 관세율이 3%인 점을 감안하면 저관세 품목을 중심으로 개방한다고 하더라도 많은 농산물을 포함하는 FTA가 가능하다.

이미 일・멕시코 FTA에서는 양국간 농림수산물 무역액의 97%에 상당하는 대다수의 품목이 FTA에 포함되어 있고, 이러한 방침은 일・필리핀 FTA에서 대체적인 합의수준에 이르렀으며, 일・말레이시아, 일・태국 FTA의 농업 분야에서도 논의가 순조롭게 진행되고 있다.

단, 일・멕시코 FTA의 경우 멕시코에서 수입하는 농산물의 절반이 돼지고기이고 멕시코로서는 돼지고기가 최대 관심품목이었기에 약간 난항이 있었던 것은 사실이다. 최종적으로 돼지고기의 경우 차액관세제도는 남겨 두기로 하였지만, 멕시코로부터 수입하는 8만 톤까지는 현행 4.3%가 아닌 2.2%의 낮은 관세를 적용하는 멕시코에 대한 저관세 수입 허용범위(8만 톤은 수입 의무가 아님)를 설정한다는 양보안으로 귀착되었다.

이 밖에 쇠고기, 닭고기에도 당초 무관세 허용범위 10톤이 설정되어 그 후 재협의 과정에서 저관세 허용범위가 설정되었다. JETRO통계에 의하면, 일・멕시코 EPA 발효 후 3년째가 되는 2007년도 멕시코로부터 수입한 농수산식품은 상반기(4～9월)에 전년도 동기대비 17.3% 증가했고, 특히 쇠고기, 돼지고기 등 식육이 19.9% 증가한 것이 눈에 띈다. 쇠고기는 2007년도부터 일・멕시코 EPA에 근거한 본격적인 관세 삭감조치가 적용되어 38.5%의 관세율이 멕시코산에 한해서 30.8%로 낮아졌다.

더욱이 현재 정부간 교섭이 진행되고 있는 일・호주 EPA의 경우 호주로부터 수입하는 농산물이 주로 쇠고기와 유제품이므로 이들 제품을 제외하는 것이 곤란할 것으로 여겨지고 있다. 혹시 만에 하나 무관세를 받아들일 경우, 쇠고기는 국내산 젖소수소(乳雄牛: 낙농가에서 홀스타인종 젖소로부터 태어난 수소를 이르는 것으로서 비육우농가에서 사육되어 식용 쇠고기로 판매되는 것을 말함, 역자주) 생산의 대부분과 화우 생산의 삼분의 일 정도가 소멸되고 전체 쇠고기 생산의 56%가 없어지며 유제품이 거의 호주산으로 바뀔 것이므로 국산 가공원료용 생산이 불가능해져 국내 생유 생산은 44% 감소하고 500만 톤에도 이르지 못할 것으로 농림수산성은 시산하고 있다.

4절 민감 품목 취급의 타당성

일 · 멕시코, 일 · 필리핀, 일 · 말레이시아, 일 · 태국 FTA에서는 고관세 중요 품목을 제외하고 향후 지속적으로 검토해 나가면서 저관세 수입 허용범위를 설정(기회를 제공한다는 것으로서 수입의무 허용범위와는 다름, 역자주)하는 것으로 타협점을 찾았는데 이와 같은 조치는 아래의 관점에서 볼 때 타당성이 있다.

1. 국가 안보와 지역사회 존속이라는 공공성

우선 쌀, 우유 및 유제품, 육류, 설탕 등은 국가 안전보장의 관점에서 최소한 국내산이 확보되어야 한다. 예를 들어 사탕수수, 사탕무 등 설탕원료 및 감자, 고구마 등 전분원료는 다른 대체 산업이 거의 없고 제조업과도 결합되고 있어 이들 품목이 없어진다면 지역사회가 소멸할 수도 있다.

이와 같은 공공성은 국민들도 이해하고 있을 것으로 생각한다. 이들 품목은 모든 국가에 존재하므로 WTO에서도 2004년 7월 말 예외가 가능한 방향으로 합의되어 각국의 기존 FTA에서도 제외되고 있다. 단, 자료에 근거한 설명과 열린 논의를 통해 국민과 상대국가에게 이들 품목의 중요성을 이해시킬 필요가 있다.

또한 관세보다도 직접지불(소비자 부담보다도 납세자 부담)이 경제적 후생상 손실이 적어서 일본의 경우에도 중장기적으로는 과도하게 관세에 의존하지 않는 시책으로 가고자 노력하고 있다. 그러나 전 세계적으로 유제품과 설탕을 중심으로 고관세가 유지되고 있는 가장 커다란 이유는 직접지불로 이행할 경우 재정부담이 크기 때문인 것으로 사료된다.

2. 차별에 의한 폐해의 최소화—GATT 24조의 모순

다음으로 다소 역설적이기는 하지만 고관세 품목을 특정 국가에게만 무관세로 하면 차별이 최대화되어 역외국가가 배척당함으로써 전 세계 무역이 크게 왜곡되므로 이와 같은 폐해를 없애기 위하여 고관세 품목은 포함시키지 않는 것이 좋다는 견해가 있다.[2)]

FTA의 성과를 추산하는데 가장 많이 쓰이는 일반 균형모형인 GTAP모형에 의한 계산결과, 고관세 농산물을 제외한 경우 역외국가의 경제적 후생상 손실이 완화된다는 것이 [표 1-1]에서 확인된 바 있다.

GATT 24조는 FTA로 인한 차별의 폐해를 줄이기 위하여 가능한 한 많은 품목을 FTA에 포함시키려고 하지만, 오히려 고관세 품목을 FTA에 포함시켜 버리면 반대로 무역전환 효과에 의해 차별성의 폐해가 늘어나는 모순을 안고 있다.[3)]

---

2) 물론 관세가 높더라도 세계에서 가장 효율적인 수출국과 FTA를 체결하는 경우 무역전환은 발생하지 않지만 이는 정치적으로 가장 곤란한 선택안이 된다.

3) GATT 24조에서 '실질상 모든 무역에 대하여' 관세 기타의 제한적 통상 규칙이 협정국 간에 타당한 기간 내에 폐지되고, 나아가 역외국가간 무역 장벽을 종전보다 높여서는 안 된다는 것을 조건으로 FTA의 존재를 인정하고 있는 것은 궁극적으로는 국가가 합병하여 하나가 된다고 하면 어쩔 수 없다는 의미도 포함되어 있는 것으로 여겨진다. FTA의 차별성에 수반되는 세계무역의 왜곡, 이에 따른 경제적 이익의 손실을 적게 한다는 관점에서 GATT 24조를 보면, 실질상의 모든 무역에 대해서 폐지를 조건으로 한 의도는, 유불리에 의해 상대에 따라 FTA에 포함되는 품목을 선택하는 것은 무역의 왜곡도를 높이는(무역 전환 효과를 크게 한다는) 것이 되므로 이를 완화하는 것에 있다고 말할 수 있다. 단적인 사례로 미국의 FTA 전략이 이를 보여준다. 예를 들면, 국제적으로는 경쟁력이 없는 미국 유제품이지만, 멕시코라면 이길 수 있기 때문에 멕시코와의 FTA에서는 유제품을 무관세로 하고 미국이 가장

[표 1-1] 일·태국, 한일 FTA에 의한 타국의 손실과 민감품목 제외 효과

(단위: 백만 달러)

구 분	일·태국 FTA		한일 FTA	
	예외품목 없음	민감품목 제외	예외품목 없음	민감품목 제외
중 국	−334	−231	−306	−278
홍 콩	−96	−51	−12	−7
일 본	373	1,034	750	1,260
한 국	−232	−189	2,021	1,578
대 만	−216	−194	−112	−106
인도네시아	−99	−75	−76	−69
말레이시아	−175	−140	−77	−76
필 리 핀	−51	−47	−30	−29
싱 가 포 르	−234	−196	−52	−53
태 국	2,493	1,213	−113	−105
베 트 남	−10	−17	−18	−16
오세아니아	−49	−70	−130	−119
남 아 시 아	−50	−37	−18	−15
캐 나 다	−9	13	−13	−6
미 국	−643	−528	−588	−575
멕 시 코	0	11	11	15
중 남 미	−27	−58	−127	−115
유 럽	−681	−446	−287	−270
기 타	−116	−131	−338	−323

注: 민감 품목은 일·태국 FTA는 미국의 설탕, 닭고기, 한일 FTA에서는 쌀, 생유, 유제품, 돼지고기, 전분은 자료 제약에 의해 포함되어 있지 않음.
자료: 川崎賢太郎(도쿄대)의 GTAP모델에 의한 시산, 鈴木(2005) 제8, 9장 참조

배제하고 싶은 호주와의 FTA에서는 유제품을 제외하는 등 경쟁력이 없는 미국 유제품의 수출 확대에 성공하고 있다.

[표 1-2] 한일FTA에 돼지고기를 포함한 경우의 무역전환 효과

구 분	국 가	현 상태	한국만 자유화	한국만 부분 자유화
공급(천톤)	미 국	8,929	8,926.9	8,928.3
	덴마크	1,748	1,634.0	1,735.2
	일 본	1,236	1,160.4	1,236.0
	캐나다	1,854	1,804.8	1,840.4
	멕시코	1,085	1,070.4	1,080.1
	한 국	1,153	1,545.6	1,211.1
수요(천톤)	미 국	8,752	8,926.9	8,813.9
	덴마크	1,539	1,634.0	1,549.1
	일 본	1,830	1,967.1	1,830.0
	캐나다	1,759	1,804.8	1,771.4
	멕시코	1,048	1,070.4	1,055.4
	한 국	1,077	738.9	1,011.1
수출(천톤)	미 국	177	0.0	114.3
	덴마크	209	0.0	186.0
	일 본	−594	−806.7	−594.0
	캐나다	95	0.0	68.9
	멕시코	37	0.0	24.7
	한 국	76	806.7	200.0
경제적 이익의 변화 (백만엔)	미 국		−503	−297
	덴마크		−1,885	−403
	일 본		−74,012	−2,832
	캐나다		−350	−167
	멕시코		−112	−63
	한 국		57,366	2,509
총 계			−19,497	−1,254

주: 공급량은 2002년, 수출량은 한국의 구제역 발생 이전인 1999년 자료임.
모형에 포함된 5개 수출국 이외로부터의 수입은 일본의 수요에서 제외하였음.
5개 수출국의 수요에는 일본 이외의 국가에 대한 수출 수요를 포함시켰음.
수입업자는 수출국에서 250엔에 조달하여 일본에 393엔에 가져옴.
차액관세 제도에 의해 발생하는 이익(143엔=393~250엔)을 얻고 있다고 가정하였음.
393엔에 4.3%의 관세가 부과되어 국내 판매가격은 410엔임.
각국의 돼지고기는 동질(완전 대체적)로 가정하였음.
부분 자유화는 4.3%를 면제하는 20만 톤 허용범위를 갖지만, 차액관세제도를 남김.
수출국간 새로운 무역은 발생하지 않는 것으로 가정함.

이와 같은 사실은 다른 연구에서도 확인된다. [표 1-2]는 돼지고기가 한일 FTA에 포함될 경우의 영향을 계산한 것이다. 구제역이 소멸되었다는 전제 아래 한국을 포함한 6개국 모형(각국의 돼지고기는 소비자 입장에서 완전 대체적이라고 가정한 돼지고기 한 재화에 대한 부분 균형 모형)으로 한국에게만 차별관세 제도를 포함시켜 수입을 자유화한 경우 다른 국가에 미치는 영향을 계산해 보면, 한국만이 이익을 얻고 수입국인 일본 및 다른 수출국의 경제적 이익은 저하되며 6개국 전체의 총잉여는 195억 엔이 감소한다.

조건을 바꾸어 차액관세는 남겨 두고 4.3%를 면제하는 20만 톤의 허용범위만 공여하면 다른 국가의 불이익은 상당히 완화되고 총잉여 감소분도 줄어든다. 이는 곧 현재 국경조치가 큰 품목은 예외로 하든지, 자유화 정도를 적게 하는 조치를 취하지 않으면 전 세계의 경제적 이익이 저하됨은 물론, 수출시장을 잃는 국가들의 반발이 강해진다는 사실을 나타내는 것이다.

더욱이 한국만 부분 자유화한 경우, 일본에 대한 다른 국가의 수출물량이 영(zero)이 되는 것은 아니므로 일본의 국내 가격은 변화하지 않고 소비자 이익은 없어지며 생산자에게 미치는 영향 또한 없게 된다. 총수입량에도 변함이 없고 한국의 수출 증가분만큼 다른 수출국가의 비중이 떨어질 뿐이다. 일본은 관세 수입을 잃게 되지만 이는 수출업자 또는 수입업자의 차익(rent)이 된다. 더욱이 새로운 무역의 창조라고 하면 무조건 다 좋다고 하는 것도 단편적이며, 경쟁력에 바탕을 둔 세계무역 차원에서 괴리를 검증할 필요가 있다.

이를 테면 나중에 소개될 [표 1-3]에 나타나 있는 바와 같이 한일 FTA에 생유가 포함된 경우 무역이 없었던 한일간에 생유무역이 발생하므로 틀림없이 무역창조 효과는 있겠지만, 중국이 참가하는 한중일 FTA라면 중국으로부터의 수입이 한일 양국에 늘어나게 될 것이므로 한일 양국만의 경우에는 무역이 현저히 왜곡된다고 할 수 있다.

3. 국익과 농산물의 패러독스—무역자유화 이익의 맹점

더욱이 의외인 것은 [표 1-1]에 나타나 있듯이 GTAP모형에 의한 시산에서는 예외품목이 없는 경우보다도 고관세 농산물을 제외한 경우가 역외국가 경제적 이익의 개선뿐만 아니라 역내국가인 일본의 국익에도 기여하는 결과가 나타났다는 사실이다. 또한 [표 1-3]에서와 같이 농산물 전체를 제외하는 것이 일본의 국익에 기여한다는 분석 결과도 있다.

[표 1-3] 농업 분야를 포함한 FTA에 의한 경제적 이익의 변화

(단위: 100만 달러)

시 나 리 오	경제적 이익의 변화
일・싱가포르	−69
일・싱가포르・한국	−63
일・싱가포르・멕시코	−284
일・싱가포르・한국・멕시코	−282
일・싱가포르・한국・아세안4・중국	−3,052
일・미국	−10,730
일・중국	−1,324

주: 숫자는 농업을 포함하지 않은 FTA와 비교한 경제적 이익의 차이임.

자료: 堤・清田, 2002.

그러나 다음의 사항들도 유념해야 한다. 수입국가 입장에서 무역 자유화 이익이 보증된다는 것은 수입량의 변화가 국제 가격에 영향을 미치지 않는다는 이른바 '소국가의 가정'이 성립하는 경우에만 해당한다고 하는 사실을 의외로 망각하고 있다. 이 가정이 현실에 어느 정도 해당할 것인가? 수입증가에 따른 국제 가격의 상승을 예측해 보면, 수입국 입장에서 경제적 후생이 향상될지 여부는 불분명하다. 국제 가격의 상승에 의해 관세 수입의 상실과 생산자의 손실이 소비자의 이익을 웃돌게 되면 경제적 후생은 악화된다.

이 가운데서도 세계적으로 높은 관세와 수출보조금에 의해 국제 가격이 아주 낮게 왜곡되어 있는 농산물 무역은 보호철폐로 인한 국제 가격의 상승이 매우 크다. 따라서 고관세 품목의 예외가 일본의 국익에 기여한다고 하는 GTAP모형의 분석결과는 그리 놀랄 만한 것이 아니다.

[표 1-2]에 나타나 있듯이 한일 FTA에서 돼지고기 무역이 자유화됨에 따라 수입국인 일본도 자유화에 의해 경제적 후생이 감소하는 것으로 나타나고 있다. 이는 정부 손실분의 관세수입과 수입업자가 잃게 되는 차액관세제도에 수반되는 차익의 합계가 소비자 이익 증가분을 웃돌 수 있음을 시사하는 것이다.

4. FTA 이익 편재성 시정—협력과 자유의 조화로 대응

FTA 이익 편재성을 시정하는 것은 양면성이 있다. 고관세 농산물을 제외하는 것은 국내 FTA 이익 편재를 시정하는 데 기여한다. 반면에 농산물 분야의 이익을 기대하고 있는 상대국가로서는 손실이며 FTA 이익의 양국간 균형을 악화시킬 수도 있다. FTA 이익 편재성의 시정은 국내만이 아니라 상대국가도 배려할 필요가 있다.

태국을 필두로 아시아 국가가 모색하고 있던 협력과 자유의 조화, 다시 말해서 협력을 늘릴 수 있다면 민감 품목의 자유화 정도가 낮아져도 좋다는 것을 중시하여 농업 분야에서 여러 가지 원조를 확대한 바 있는데, 이와 같은 노력도 농산물협상이 원만히 합의되는 데 기여했다.

또한 시장에 대해서도 영세 농민의 소득 향상을 배려한 우선적인 조치를 이끌어냈다. 이를테면 필리핀과의 FTA에서는 소규모 농가가 생산하는 품목의 관세를 우선적으로 철폐할 것을 약속하였다. 구체적으로는 작은 바나나, 중량이 작은 파인애플에 대해서 우선적으로 무관세 범위를 설정할 것을 약속한 바 있다.

이와 같은 조치는 민감한 농산물의 경우, 일본이 각국의 요청에 충분히 부응하지 못하는 면이 있겠지만 FTA 이익에서 배제될 수 있는 영세농을 먼저 배려하여 아시아 농촌의 빈곤 해소와 소득 향상에 이바지함으로써 균형을 확보하고자 노력하고 있음을 나타내는 것이다.

5절 폐해를 최소화하는 FTA의 추진 방향

1. 차별성의 완화

비가맹국의 배척, 세계무역의 왜곡을 최소화하기 위해서는 고관세 품목을 포함하지 않는 것이 좋다. 다시 말해서 고관세 농산물을 제외하든가, 최소한 개방하는 것은 역외국가 및 전 세계의 경제적 후생의 손실을 완화한다. 또한 이는 일본의 국익과도 일치한다.

2. FTA 이익 편재성 시정

1) 국내 공정분배 시스템 모색

국내의 많은 중소기업, 관세 삭감대상인 농축산업 등에 미치는 영향을 조사하고 자원부존조건 등의 차이로 인하여 메우기 힘든 경쟁력 격차를 보전하기 위한 기금 조성 등을 생각할 수 있다. 한・칠레 FTA에서 한국이 취한 대응책이 참고가 될 수 있다. 단, 이와 같은 대응은 오히려 역내(域內) 재분배 시스템에 포함되는 것이 바람직할 수도 있다.

2) 상대국가의 민감 품목에 대한 배려

아시아의 선두 국가로서 일본의 위상도 반드시 고려해야 한다. 일본이 자국의 민감 품목에 대한 배려만을 요구하고, 예를 들어 말레이시아 국민들이 그들의 국민차(國民車)에 얼마나 민감하게 반응하는지, 혹은 한국 국민들이 일본 제품의 수입 증가에 얼마나 민감하게 반응하는지를 고려하지 않는다면 이는 다시 검토해야 한다. 일본 일부 산업계의 이익을 과도하게 주장하는 것은 아시아의 리더로서의 의식이 결여되어 있다고 말할 수밖에 없다.

3) 역내 재분배 시스템 모색

일본이 동아시아 국가들과 연대를 강화하고 이들 국가와 함께 지속적인 발전을 유지함으로써 활로를 찾고자 한다면, FTA에 의한 고통을 완화시켜 아시아 농촌의 빈곤을 해소하고 아시아 국가간

100배나 되는 소득격차를 완화할 수 있는 포괄적인 이익 재분배 및 지원 시스템을 제안하는 것이 긴요한 과제라고 여겨진다.

일본은 EU가 성립되는 과정에서 독일이 한 역할을 배울 필요가 있다. 독일이 EU예산에서 차지하는 비중이 가장 높고 이를 남유럽 국가들이 받아들이는 형태로 EU통합에 공헌해온 것처럼 동아시아에서도 FTA로 인하여 손실이 발생하는 나라가 있을 것이므로 이들 국가의 고통을 완화하기 위하여 일본이 앞장서서 이 지역 통합을 위한 공동예산을 마련하는 방안을 제시할 필요가 있다. 식품, 농업의 경우 EU의 공동농업정책(CAP: Common Agricultural Policy)을 참고로 하여 이른바 동아시아 공동농업정책의 구체적인 틀을 일본이 중심이 되어 검토하는 것도 좋은 방법이다.

동아시아 공동농업정책의 가장 기본적인 부분은 각국이 GDP 수준에 맞는 기금을 갹출함으로써 국경의 담을 낮춘다고 하더라도 생태계와 환경 보전을 계속하며 자원부존조건이 크게 다른 각국의 다양한 농축산업이 존속할 수 있도록 공동의 룰에 근거하여 공동예산으로 필요한 정책을 강구하는 것도 생각해 볼 수 있다.

이에 더하여 규격과 검역제도, 종묘법의 조화 등 제도를 통일하는 것도 중요하다. 특히 식품 안전보장은 동아시아 차원에서 생각해야 하고, 일본이 WTO에 제안한 바 있는 국제곡물비축 구상을 구체화함으로써 이미 주도적으로 추진하고 있는 동아시아 쌀 비축 시스템 구축사업은 앞에서 언급한 바 있는 공동농업정책과 일맥상통하는 것이라고 생각된다.

물론 식품안전보장을 동아시아 전체로 확대하여 생각한다는 것은 이를테면 일본에서 쌀을 생산하는 것이 어려워지더라도 중국과 태국이 생산 · 공급해 주기 때문에 좋다는 식의 발상은 결코 아니다.

EU에서도 각국이 가능한 한 식품 자급을 기본으로 하고 있다는 점에서 알 수 있듯이 자국 생산의 확보를 전제로 하여 예측하지 못한 사태에 대비해야 한다. 역내 모든 국가가 협력하여 신속하고도 효과적으로 시행하는 시스템을 구축하고자 하는 것이 바로 동아시아 쌀 비축시스템 구축사업의 궁극적인 목표이다.

4) 일방 무역에서 쌍방향 무역으로

고통을 완화하기 위한 배려가 필요한 반면, 기본적으로 경쟁이 없는 곳에 발전은 없으므로 농가와 중소기업도 일본의 기술이 결코 다른 나라에 뒤지지 않는다는 자부심을 갖고 FTA를 기회로 만드는 자세가 필요하다. 국산 프리미엄의 강화는 수입품에 대항하는 방어적 효과가 있을 뿐 아니라, 해외에서 유입되는 저렴한 농산물에 빼앗긴 시장을 오히려 고품질을 요구하는 해외시장을 개척함으로써 메워 나간다는 공생공존(쌍방향 무역)과도 연결된다. 제조업이든 농업이든 기본 사고방식은 동일하다. 특히 EU는 농산물을 포함하여 역내 쌍방향 무역이 활발히 진전되고 있는 것에 비하여 아시아는 극단적인 일방 무역이 그대로 진행되고 있다.

따라서 일방 무역을 타개함으로써 FTA 이익의 편재성을 개선하는 노력도 필요하다. 나아가서 농업도 해외로부터 노동력 유입을 확충하여 부족한 일손을 해소하고 생산성 향상을 도모할 수 있다.

특히 전 세계적으로 농산물 수출에는 직간접 수출보조금이 만연해 있으므로 FTA에서는 관세 철폐를 추진하는 한편, 수출보조금은 방임하는 경향이 있다. 이는 수출보조금의 사용을 원칙적으로 금지하고 있지만, 역외 수출국이 보조금을 받아 수출하는 것에 대항하여 사용하는 것은 인정하고 있으므로 실제로는 방임하게 된다는 것이다.

이렇게 되면 한쪽만이 승리하는 불공평을 초래한다. NAFTA에서는 미국의 덤핑 곡물이 관세가 철폐된 멕시코 시장에 쏟아져 들어간 것이 문제가 되어 멕시코가 협정을 수정하자는 요구를 해오는 사태로까지 발전했다. 숨겨진 수출보조금을 포함해 수출국의 무역 왜곡 조치 철폐와 수입국의 관세 철폐의 균형을 확보할 필요가 있다. 이를 위해서는 FTA 체결 시 수출보조금의 정의를 명확하게 하는 것과 엄격한 금지 규정이 필요하다.

이하 쌍방향 무역의 가능성에 대하여 상세히 검토하기로 한다.

(1) 농축산업 쌍방향무역(산업 내 무역)의 필요성

쌍방향무역이라 함은 이를테면 한국의 쇠고기가 일본에 수출되고 일본의 쇠고기도 한국에 수출되는 것을 말한다.

『통상백서』에서는 무역을, (a) 일방 무역(산업간 무역), (b) 수직적 산업 내 무역(품질차이에 기초함), (c) 수평적 산업 내 무역(속성차이에 기초함)으로 구분하고 있다. (a)는 이를테면 한국 쇠고기가 일본에 수출되지만 일본 쇠고기는 한국에 수출되지 않는 상황을 말한다. (b)는 한일간 쇠고기가 쌍방향으로 수출되지만 한국이 수출하는 쇠고기와 일본이 수출하는 쇠고기에 상당한 가격차가 있어 고품질 쇠고기가 일본으로부터 한국으로, 저가격의 쇠고기가 한국으로부터 일본으로 수출되는 경우를 말한다. (c)는 한일간 쇠고기가 쌍방향으로 수출되지만 한국이 수출하는 쇠고기와 일본이 수출하는 쇠고기의 가격차가 작고, 품질이라기보다는 기능의 차이에 의하여 쌍방향 무역이 성립하는 경우를 말한다.

『통상백서』를 보면, 특히 아시아에서 농산물 무역은 극단적인 일방 무역 상태에 있고 EU에서는 쌍방향 무역이 상당히 진전되어 있는 것을 감안하면 상호 이익을 위해서는 이를 쌍방향 무역으로 만들어 가는 노력이 필요하다.

(2) 한일 FTA의 가능성

이를테면 한국은 농산물 평균관세가 84%로서 11%인 일본을 크게 웃돌고 있고, 심지어 녹차의 경우 514%(관세 할당 허용범위 내에는 40%)이므로 만일 한국의 고관세가 철폐된다면 후쿠오카의 녹차인 하치죠의 수출이 기대되기도 한다.

또한 선물 증여 및 답례 문화가 철저한 한국에서는 고급 과일의 수요가 제법 있다. 선물용 과일의 한 세트 평균 가격은 일본이 3~5천 엔인데 반해, 한국은 4~5만 엔으로 매우 높고 배의 경우 한 개 900엔, 사과는 한 개에 660엔, 표고버섯 240g이 4,000엔이라는 자료도 있다. 한국의 관세는 각각 배 45%, 사과 45%, 표고버섯 30%, 온주밀감 144%(관세할당 허용범위 내에서는 50%)이다. 사실 한국에서 볼 때 일본의 과도한 검역이 완화된다면 한국 배, 사과의 일본 수출이 확대될 것으로 예상되고 있고, 한일 양국이 서로 자국에 유리하다고 판단하고 있다. 경종작물 생산비는 한국이 일본의 30~50% 수준이고, 축산물은 일본의 60% 수준이므로 한국이 유리하다는 것은 자명하다. 그러나 많은 일본산 야채들이 이미 3% 정도의 관세하에서도 국산 프리미엄으로 분투하고 있다.[4] 또한 식품의 소매가격은 후쿠오카보다 서울이 오히려 높다는 자료도 있어 유통 경비를 절약할 수 있다면 고품질 선물뿐만 아니라 다양한 일본

4) 일본 농업의 입장에서 FTA를 적극적으로 활용할 수 있는 측면은 지적 재산권 보호강화에 의한 일본 농산물 브랜드의 확립에 있다. 예를 들면, 후쿠오카의 딸기인 '아마오' 등 일본에서 개발된 브랜드 품종의 보호를 강화할 수 있다. 구체적으로는 현재 한국은 UPOV(식물 신품종보호 국제조약)을 완전히 적용하는 데까지는 10년이 걸리고, 일본에 비해 보호대상 작물의 범위가 좁다. 예를 들어, 한국에서 딸기는 아직 상표 등록의 대상이 아니다. FTA를 계기로 한국의 UPOV 완전적용을 조기화하여 한꺼번에 양국의 수준을 맞출 수도 있다고 생각한다.

농산물도 수출가능성이 있다.

또한 한국은 쌀의 관세화를 시행하고 있지 않지만, 가령 쌀이 한일 FTA에 포함된다면 오히려 일본산 고품질 쌀을 한국에 수출할 수도 있다는 견해도 있다. 한일 쌀 생산비를 보면 일본을 100으로 할 때 한국이 35이지만, 소매가격은 후쿠오카를 100으로 할 때 서울이 78로서 생산비만큼 크게 차이나지는 않는다.

종합하자면, 한일 식품 가격이 큰 차이가 없어지고 있는 가운데, 일본 측에서 보면, 이미 관세가 낮아 경쟁에 노출된 품목의 몇 퍼센트의 관세철폐로 잃는 것보다는 수십 내지 수백 퍼센트의 한국 측 관세가 없어짐으로써 수출 가능성이 커지는 만큼 보다 적극적으로 한일 FTA를 평가할 필요가 있다고 생각된다.

요컨대, 일본 큐슈지역 농업관계자들은 시장개방으로 인한 농산물 수입의 위험만을 염려하고 있고, 한국을 소비시장으로 보고 있는 것 같지 않다. 일본의 수도인 도쿄에 파를 비행기로 나르는 큐슈지역이므로 도쿄보다 훨씬 가까운 서울과 부산을 시장으로 붙잡는다면 얼마나 유망할 것인가? 이렇게 생각할 때 일본 관세는 3% 전후에서 이미 경쟁하고 있는 데도 한국 측 관세는 매우 높으므로 극도로 불균형을 이루고 있어 일본에 불리한 것으로 인식되고 있다.

일본이 남은 관세 3%를 제공함으로써 잃는 것보다는 한국의 고관세가 없어짐으로써 얻는 이익의 크기를 고려해 볼 필요가 있다. 바꾸어 말해서 큐슈지역의 농업관계자들은 FTA에서 관세철폐를 더욱 더 적극적으로 한국 측에 요구해도 무방하다.

홋카이도, 토호쿠 등 일본의 9개 지역에 한국을 포함시켜 10개 지역을 만들고 이렇게 확대된 시장에서 좋은 경쟁자로서 산지간 경쟁을 한다면 어느 한쪽이 일방적으로 지는 것이 아닌, 양쪽 모두의 매출액이 높아질 가능성이 있다.

(3) 한중일 시장공동화와 쌍방향무역의 가능성－우유・유제품을 사례로

평소 우리들은 일본에서 생산된 우유가 일본에서 유통되고 있는 것을 당연하게 여긴다. 이를 볼 때, 한국과 중국 연안부를 포함한 11개 지역에서 생산된 우유가 일본, 한국, 중국에서 유통될 수도 있다고 생각하는 것은 자연스러운 일이며, 한국과 중국으로부터의 우유 수입은 있을 수 없는 일이라고 생각하는 것이 오히려 부자연스럽다. 이미 야채 등은 산지간 경쟁 시대에 돌입해 있다는 점을 고려해 볼 때 우유라고 해서 예외로 해야 한다는 특별한 이유가 있는가?

(a) 한국과 중국의 우유・유제품은 일본에 올 수 있는가?

우유생산비는 야채만큼의 차이는 없지만 한국은 일본의 60% 수준이다(44.5엔/kg). 비목별로 보면 가족노동비의 평가액 외에 사료비, 소축비의 차이가 크다. 단지 홋카이도에서는 사료비에서 차지하는 조사료의 비율이 한국과 거의 같고 사료비 차이는 거의 없다.

우유의 소매가격은 한국이 훨씬 싸고, 한국의 생산자 수취가격은 600원(단, 2005년에는 730원까지 상승)으로 큐슈까지의 수송비가 기껏해야 10엔인 만큼 관세가 없다면 70엔에 수입할 수 있고 이는 일본의 음용유 가격 90엔을 상당히 밑도는 수준이다. 가령 한일 FTA에 우유가 포함된다면 어떻게 될 것인가? [표 1-4]은 가장 한국에서 가장 가까운 큐슈 지역을 대상으로 시산해 본 것이다.

[표 1-4] 한일 및 한중일 FTA에 의한 큐슈·한국·중국 생유 수급 변화

변 수		단위	현 상태	한일 FTA	한중일 FTA	한중일 FTA (국산 프리미엄고려)
큐슈	생산	만톤	87.7	61.8	17.5	53.3
	음용유 가격	円/kg	90.1	72.3	38.2	67.1
	음용 물량	만톤	69.0	61.8	17.5	53.3
	음용 수요	만톤	69.0	83.2	143.2	88.7
	가공용	만톤	18.7	0.0	0.0	0.0
	농가수취 가공유가	円/kg	72.1	-	-	-
	종합 유가	円/kg	86.3	72.3	38.2	67.1
	메이커 지불 가공유가	円/kg	61.8	-	-	-
	수입 계	만톤	0.0	21.4	125.7	35.4
	한국으로부터 수입	만톤	0.0	21.4	0.0	0.0
	중국으로부터 수입	만톤	0.0	0.0	125.7	35.4
한국	생산	만톤	234.0	241.8	158.1	154.0
	수요	만톤	234.0	220.4	476.7	500.1
	유가	円/kg	60.0	62.3	38.2	37.1
	큐슈로 수출	만톤	0.0	21.4	0.0	0.0
	중국으로부터 수입	만톤	0.0	0.0	318.6	346.1
중국	생산	만톤	1,025.5	0.0	1,426.7	1,369.1
	수요	만톤	1,025.5	1,025.5	982.4	987.7
	유가	円/kg	20.3	1,025.5	28.2	27.1
	수출 계	만톤	0.0	20.3	444.3	381.4
	큐슈로 수출	만톤	0.0	0.0	125.7	35.4
	한국으로 수출	만톤	0.0	0.0	318.6	346.1

주: 맨 우측 난은 한국산은 30엔, 중국산은 40엔 쌀 때 동질의 일본산 우유와 동등하다고 소비자가 간주하는 것으로 가정한 경우임. GTAP모형 등에서는 국산재와 수입재와의 대체탄력성(아민튼 계수)으로 표현하는 부분을, 본 모형에서는 국산 프리미엄을 수입재에 대한 자유화 이후에도 남는 거래비용으로 취급하여 표현하고 있음.

자료: 鈴木宣弘, 제3장, 2005.

한국으로부터의 수입량 21.4만 톤

큐슈의 유가 86.3엔 → 72.3엔 -16.2%

한국의 유가 60엔 → 62.3엔 +3.8%

큐슈의 원유 생산 87.7톤 → 61.8만 톤 -29.5%

한국의 원유 생산 234만 톤 → 241.8만 톤 +3.3%

이 표에서 알 수 있듯이 큐슈의 낙농에 상당히 큰 영향을 미칠 가능성이 있다. 200만 톤에 이르는 한국의 생산량이 일본 전체와 비교할 때 작다는 견해도 있지만, 한국과 근접해 있는 큐슈와의 산지간 경쟁이라는 측면에서는 결코 작은 양이 아닌 만큼 진지한 논의가 필요하다.

우유 · 유제품이 완전히 제외됐다고 하더라도 몇 백 퍼센트의 관세가 붙는 버터나 탈지분유와는 달리, 우유는 UR 이전부터 자유화 품목이며 현재 관세율은 22.3%이다. 즉, 한국 유가 60엔과 수송비 10엔을 고려하면, 현 상태에서 수입이 이루어진다 하더라도 결코 이상하지 않다.

한국은 현재 일본에 대한 생유 수출은 그럭저럭 수지가 맞는다고 판단하고 있다. 그러나 수출하기 위해서는 가축 전염병 예방법상 우유는 비가열처리를 해야 하므로 우선 한일 가축 위생 당국에서 위생조건을 체결할 필요가 있다. 이는 비과세 장벽의 문제와 관련될 가능성이 있다. 일본에서는 인가되지 않은 유전자변형 소성장호르몬(bST)이 한국에서는 생유 생산에 사용되고 있다는 사실도 문제점으로 떠오를 것이다. 한편으로 소성장호르몬이 인가된 미국으로부터 수입된 아이스크림과 치즈는 소성장호르몬을 포함하고 있지만, 아무런 표시 의무도 없이 소비자의 입으로 들어가고 있다는 사실도 알아둘 필요가 있다.

또한 한국의 유제품 관세는 40%로 일본보다 상당히 낮으므로 가공원료유 시장을 해외 유제품에게 빼앗겨 가공에 사용할 수 없게 된 잉여유 문제를 해결하는 것이 과제로 남아 있다. 음용 비율이 80%로 높은 것은 바로 이 때문이다.

더욱이 한국에는 중국과의 FTA라면 제조업에서 한국에 장점이 있다는 관점에서 한일 FTA가 아닌, 한중 FTA를 먼저 체결해야 한다는 견해가 있다. 한일 양국의 농산물 생산비와 중국과의 격차가 너무 크므로 칠레와의 FTA에서도 농업에서 아주 고생을 한 한국이 중국과의 FTA를 진행하면 곤란한 점도 많을 것으로 예상되지만, 동북아시아의 경제연대를 강화함에 있어 중국을 제외한 논의는 불가능하다. 생유의 농가수취가격도 중국은 20엔 정도로 최근 1년간 400만 톤이 증가하는 등 경이적인 증산이 계속되고 있어 가까운 장래에 수출여력이 생길 가능성도 있다.

앞의 [표 1-3]은 중국도 참여한 한중일 FTA가 체결되고 생유의 위생조건도 해결되었다는 전제 아래 시산한 결과를 나타낸 것이다. 이 경우에는 중국만이 승자가 되고 큐슈지역의 생산은 80%가 감소하는 등 대대적인 타격을 받게 된다. 중국으로부터 큐슈로 수입되는 물량은 125만 7천 톤에 이르며 한국 또한 대량의 생유를 중국으로부터 수입하게 될 가능성이 있다. 중국의 유가는 20엔이므로 21.3%의 관세는 전혀 도움이 되지 않는다.

이상의 결과는 한중일 세 나라 소비자들의 생유에 대한 평가가 같다는 전제 아래 계산한 것이다. 문제는 일본 소비자들의 한국 및 중국 생유에 대한 평가이다. 생유, 다시 말해서 미가공 우유의 관세는 21.3%이므로 이론적으로는 자유무역이 시행되고 있다면 중국의 생유가격 20엔에 큐슈까지의 수송비 10엔 그리고 관세 7엔을 부과한 37엔이 큐슈의 음용용 가격이 되어야 하지만, 실제로 큐슈의 음용용 가격은 90엔으로 37엔보다 53엔이나 높다. 이 차이를 어떻게 해석할 것인가?

우유는 아직 수입되고 있지 않으므로 비교할 수 있는 자료가 없지만, 큐슈 지역 소비자를 대상으로 한 앙케트 조사 결과에 의하면 일본의 표준 우유가격이 180엔인데, 가령 한국 및 중국산이라면 얼마에 구입할 것인가에 대하여 한국산은 94.5엔(국산 프리미엄이 85.5엔, 90.4%), 중국산은 72.9엔(국산 프리미엄이 107.1엔, 147.0%)으로 나타났다. 여기에서 알 수 있듯이 국산 프리미엄을 어느 정도 예상할 수가 있다면 영향은 크게 완화될 것으로 보인다. 따라서 일본 소비자들의 국내산에 대한 높은 평가에 부응하여 지속적으로 노력한다면 활로를 모색할 수도 있음을 알 수 있다.

(b) 일본 생유 · 유제품도 한국 · 중국으로

또한 위의 앙케트 조사에서 가격이 다소 저렴하다면 수입 우유를 마시겠다는 가격중시파 대학생으로부터 불안하므로 공짜라도 마시지 않겠다는 주부까지 여러 답변이 나왔는데, 이는 곧 소비자의 속성에 따라 수입산으로 전환하고자 하는 계층과 국산을 고집하는 계층이 병존하고 있음을 나타내는 것이다. 이와 같은 현상은 다른 나라의 경우에도 마찬가지일 것이고 한국과 중국에도 일본의 우유 및 유제품의 안전성, 고품질에 관심을 갖고 있는 소비자가 있을 것으로 생각한다.

사실 한국의 일부 낙농업 관계자들은 호쿠렌(北連) 우유의 한국 진출을 염려하고 있는데, 한국에 우유를 수출하는 것은 일본으로서는 매우 매력적인 카드임에 틀림없다. 현재 탈지분유의 재고누적으로 생유생산을 억제할지, 치즈용 생유로 방향을 전환할지가 초미의 관심사이다. 그러나 홋카이도 지역 낙농가들은 생산을 억제할 의사가 전혀 없다. 그렇다고 해서 낙농가 입장에서 원유수취가격이 30~40엔 정도밖에 되지 않는 치즈용을 늘리면 홋카이도의 전체 유가가 내려가고 도부현(都府縣)과의 유가 괴리 폭이 커진다. 홋카이도로서는 치즈용을 늘리는 것보다 도부현에 판매할 생유를 증가시키든지 산지 가공을 확대하여 산지에서 가공한 우유를 도부현용으로 이송하는 것이 이득이 있다. 홋카이도의 경우 이미 산지 가공이 증가하고 있다. 이는 새로운 남북전쟁의 시작을 의미한다. 도부현은 이를 큰 문제로 인식하지 않으면 안 된다.

이에 대응하는 해결책의 일환으로 한국이 새로운 소비처로 부상하고 있는 것이다. 한국의 생산자 유가는 73엔으로 올랐고 서울까지의 수송비는 15엔 정도이며 관세 36%를 더하더라도 35엔 정도의 치즈용보다는 높은 가격을 확보할 수 있다. 한국은 bST를 사용하고 있으므로 non-bST 우유라는 점을 잘 홍보한다면 좋은 결과를 얻을 수도 있다.

또 다른 연구결과에 의하면, 한일간 생유 관세가 철폐되었다는 전제 아래 일본의 9개 지역과 한국을 더한 10개 지역의 산지간 경쟁 결과, 홋카이도로부터 한국에 76.6만 톤의 우유가 수출될 수 있는 것으로 나타났다. 반면, 한국도 홋카이도를 포함하여 일본의 각 지역에 생유를 수출할 가능성이 있는 것으로 나타났다. 특히 간토(關東) 지역으로 22.4만 톤, 큐슈(九州) 지역으로 16.4만 톤, 긴키(近畿)지역으로 16.1만 톤 등 총 90.1만 톤이 일본으로 수출될 수 있는 것으로 나타났다. 큐슈로부터 한국에 14.8만 톤의 수출이 가능한 것으로 추정되므로 홋카이도로부터의 76.6만 톤과 합하면 일본으로부터 한국에 총 91.4만 톤의 생유 수출이 가능한데, 이렇게 볼 때 한일 생유시장은 쌍방향 무역으로 진화할 가능성이 있다.

더욱이 중국은 생유 유가는 20엔 정도로 아주 낮지만 항생물질 검사가 충분히 실시되지 않고 있다. 항생물질이 포함된 생유는 발효하지 않아 요구르트를 만들 수 없는 것으로 알려져 있다. 상하이(上海) 인구 1,400만 명 가운데 7%인 약 100만 명이 부유층인데 이들에게는 비싸더라도 일본 야채와 우유가 수입된다면 기꺼이 소비하겠다는 의사가 강한 것으로 알려져 있다.

실제로 우유 수출에 대한 상담을 해오는 경우도 있다고 한다. 따라서 품질을 세일즈 포인트로 하여 상하이에서 일본 우유 및 유제품의 판매를 시도할 수도 있다. 이렇게 되면 한중일 생유·유제품 시장에 쌍방향 무역의 시대가 도래할 수도 있다. 이상의 논의는 다른 축산물에 대해서도 쉽게 부연할 수 있을 것으로 생각된다.

6절 한일 FTA의 미래

식품 생산이 갖는 국가 안전보장, 지역사회 유지, 환경보전이라는 외부 효과를 전혀 고려하지 않고 단순하게 식품무역의 자유화에 따른 이익만을 생각해서는 안 된다는 것은 WTO협상이든 FTA협상이든지 간에 마찬가지이다.

또한 전 세계가 점차 다양화되어 가는 추이를 무시하고 일률적인 룰을 요구하는 WTO의 단순함도 현 단계에서 재고되어야 한다. 이러한 점들을 고려하여 WTO와 FTA를 비교할 경우 FTA의 문제점은 특정 상대국가만을 우대함으로써 발생하는 각양각색의 왜곡이며, WTO의 경우 보호의 점진적 삭감이 아닌, 즉각적인 철폐를 원칙으로 하고 있으므로 점점 더 왜곡될 수밖에 없다.

한편, 일본으로서는 동아시아 국가와의 연대를 강화하고 이들 국가와 함께 지속적인 경제발전을 유지해 나가면서 국제 사회에서 정치적 발언권을 강화할 필요가 있다. 더욱이 국경을 서로 맞대고 있고 긴밀한 지역 비즈니스권이 형성되기 시작한 동아시아 국가들로서는 FTA 타결에 의한 거래비용의 절감이 상호 이익으로 나타날 것임을 믿어 의심치 않는다. 농산물의 경우에도 한국과 중국의 생산비가 일본보다 낮으므로 한국과 중국의 공동시장화는 경이로울 것이라 생각할 수 있지만 반드시 그렇다고만은 할 수 없다.

야채 등은 이미 FTA와 상관없이 공동시장화하고 있으며 이러한 접근성으로부터 생각해 보면 우리들이 애당초 일본을 9개 지역으로 분류하여 산지간 경쟁을 염두에 두고 있지만, 지도를 넓게 보면 알 수 있듯이 한국과 중국 연안부를 추가한 11개 지역의 산지간 경쟁을 논의하는 것이 지리적으로는 오히려 자연스러운 일이다. 이와 같이 특히 한중일을 중심으로 한 동아시아에서의 FTA의 추진은 영세한 논농사를 중심으로 하는 농업에서 공감대가 형성되어 가고 있고 지리적으로도 자연스러워 긍정적인 의미가 있다고 생각된다.

재차 강조하지만 동아시아에서의 FTA는 지리적 접근성을 살린 경제 연대의 강화로 확대된 시장에서 함께 이익을 향유할 수 있는 가능성이 있다. 농업에 대해서도 각국 모두 민감한 품목은 있지만 이에 대해서는 최소한의 개방에 머물게 함으로써 합의에 도달할 수 있다. 특히 일본은 이미 극히 일부의 품목을 제외하고 관세율이 매우 낮으므로 많은 농산물이 포함된 FTA 논의가 가능할 것이다.

이는 태국과의 FTA에서도 농산물이 가장 먼저 합의에 도달한 것을 보더라도 알 수 있다.

특히 한국과의 FTA는 일본 측에서 볼 때 몇 퍼센트의 관세로 말미암아 잃는 것보다는 오히려 얻는 것이 많을 수도 있다. 한일 공동시장에서 쌍방향 무역을 진행해 나가면서 상호간 이익을 얻을 수 있는 농산물 무역을 겨냥해서 FTA를 유효하게 활용하는 것이 바람직하다.

한편, FTA는 왜곡의 완화와 동시에 부의 공정한 분배에 대한 배려가 점차 중요해지고 있다. FTA에 수반되는 다양한 이해관계를 조정하고 FTA에 의한 고통을 완화시키며 소득격차의 완화에 기여하는 FTA가 되기 위해서는 어떻게 하면 좋은지를 모색해야 한다. 따라서 기본적으로는 FTA 이익의 포괄적 재분배 시스템과 빈곤층에 대한 지원 및 협력 시스템을 FTA의 허용범위 내에서 검토할 필요가 있다. 공동 농업정책의 가장 기본적인 부분은 각국이 GDP에 상응하는 갹출을 하여 기금을 조성하고, 크게는 동아시아 농업의 공통성을 기초로 하여 국경 장벽을 낮춤으로써 생태계와 환경보전을 계속할 수 있다. 또한 자원부존조건이 서로 다른 각국의 다양한 농업이 존속할 수 있도록 공동의 룰에 입각하여 공동예산으로 필요한 정책을 강구해야 한다.

참고문헌

石川城太, 『FTA전략과 일본－「부작용도 인식하여 신중히」』, 日本経濟新聞・経濟教室, 2003年 7月 24日.

大賀圭治, 「동아시아에 있어서 FTA의 역할」, 『식료정책연구』, No.116, 식료・농업정책연구센터, 2003年.
鈴木宣弘, 「자유무역협정(FTA)과 WTO체제와의 관계」, 『농업과 경제』, 第69巻 2号, 2003年 2月.
________, 「日・韓FTA 관련한 동향과 과제」, 『농촌과 도시를 연결』, No.624, 全農林労働組合, 2003年.
________, 「日韓FTA의 의의와 과제」, 『농업과 경제』, 第70巻 10号, 2004年 8月.
________, 『FTA와 日本의 식료・농업』, 筑波書房, 2004年 8月.
________, 『FTA와 식료－평가의 논리와 분석틀 짜기』, 筑波書房, 2005年 7月.
________, 『日豪EPA와 日本의 식료』, 筑波書房, 2007年 8月.

2장

축산정책 변화와 축산물 시장 구조

—쇠고기, 돼지고기를 중심으로—

홋타 카즈히코*

1절 쇠고기, 돼지고기에 대한 제반 정책 및 제도

1. 쇠고기, 돼지고기의 국경조치 정책

쇠고기, 돼지고기의 국경조치 정책은 우루과이 라운드의 합의에 의해 결정되었고, 지금까지도 그 체제가 지속되고 있다. 즉, 쇠고기의 관세율은 1994년에 50.0%(양허세율)로부터 2000년에는 38.5%로 단계적으로 인하되었고 그 후 2000~2004년까지도 2000년과 동률인 38.5%가 유지되어 왔다. 한편, 대체보상조치로서 냉장쇠고기, 냉동쇠고기 각각에 대해 각 4분기 말까지의 누적 수입량이 발동기준수량(전년 동기 수입의 117%)을 초과한 경우, 관세율이 양허세율인 50%까지 복귀하는 긴급조치 제도를 도입하고 있다. 지금까지 냉동

*큐슈대학교 대학원 농학연구원 준교수

쇠고기는 2회(1995년 8월, 1996년 8월), 냉장 쇠고기는 1회(2003년 8월) 발동한 적이 있으며 외국산 쇠고기의 급격한 수입을 저지하는 역할을 하고 있다.

한편, [그림 2-1]에 나타나 있는 바와 같이 돼지고기는 차액관세제도의 기능을 유지해 왔으나 기준 수입가격에 대해서는 양허수준(지육 1Kg당 510.03엔)의 인하에 합의했다. 돼지고기의 기준수입가격 및 종가세율(지육)은 1994년 470엔, 5.0%에서부터 단계적으로 인하되어 2000～2004년에는 409.9엔, 4.3%로 낮아졌다. 한편, 육우도 마찬가지로 그 대상조치(대체보상조치)로서, 각 4분기 말까지의 누적수입량이 발동기준 수량(이전 3개년 동기 평균 수입량의 119%)을 초과하는 경우, 기준 수입가격이 양허수준(510.03엔)으로 복귀하는 긴급조치 제도를 도입하고 있다. 지금까지 7회(1995～97년의 3년 연속 및 2001～2004년의 4년 연속)의 긴급조치가 발동되었는데

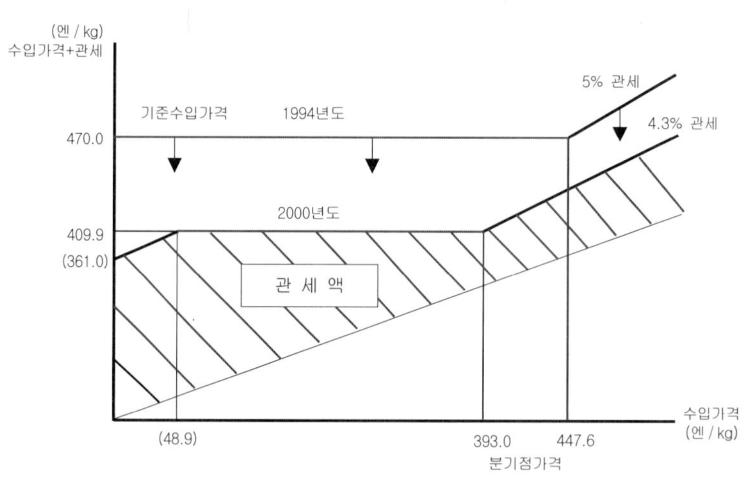

[그림 2-1] 돈육 관세제도

자료: 농수성 생산국

쇠고기와 마찬가지로 외국산 돼지고기의 수입 급증을 억제하고 있다고 볼 수 있다.

2. 쇠고기, 돼지고기의 국내생산 진흥정책

이러한 국경조치 정책하에 국내생산 진흥을 위한 다양한 정책이 국가, 광역지자체(현), 기초지자체(시정촌) 단계에서 실시되고 있으나,[1] 이 가운데 국경조치에 근거한 관세수입을 재원으로 한 축산물 생산진흥 정책이 실시되고 있으며, 이들 정책이 예산규모로 볼 때 가장 중요한 국내생산 진흥정책이 되고 있다.

이를 살펴보면 먼저 쇠고기는 수입자유화에 따른 가격하락의 영향이 최종적으로 전가되는 비육용 송아지 생산과 관련된 안전망으로서 비육용 송아지 생산자 보조금제도가 시행되고 있다. 즉, 송아지 가격이 하락하여 보증기준가격을 밑돌 경우에는 생산자들에게 생산자보조금을 지급함으로써 송아지의 안정적인 생산을 도모하는 것을 목적으로 하고 있다. 이 제도를 구체적으로 나타낸 것이 아래 [그림 2-2]이다.

보증기준가격은 재생산 확보를 목표로 정해졌고 합리화 목표가격은 생산의 합리화 등을 통하여 실현하고자 하는 비육용 송아지의 생산비를 기준으로 정해졌다. 송아지 가격이 보증기준가격을 밑돌 경우, 그 차액이 국가로부터 관세수입에서 전액 보조금으로 지급된다.

송아지 가격이 합리화 목표가격까지 밑돌 경우에는 미리 적립된 생산자적립금(부담비율: 국가 50%, 현(縣) 25%. 생산자 25%)에서 그 차액이 지급된다. 또한 이 제도는 품종별로 보증기준가격 및

1) 국가, 현, 시정촌 단계의 다양한 국내생산 진흥정책에 대해서는 堀田[3]을 참조했음.

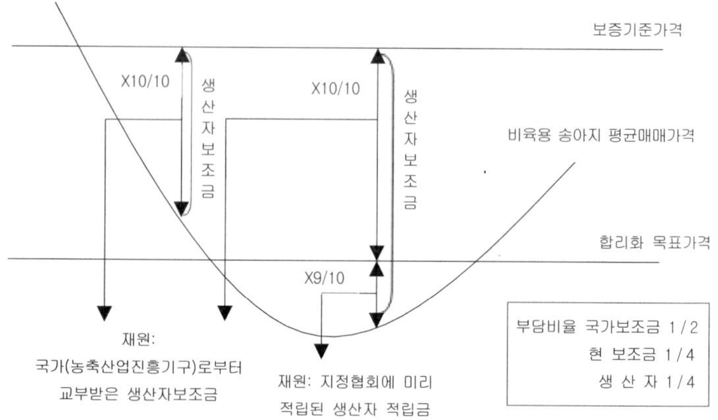

[그림 2-2] 비육용 송아지 생산자 보조금제도의 개요

자료: 농수성 생산국

합리화 목표가격이 설정되어 있고 흑모화종(黑毛和種), 갈모화종(褐毛和種), 기타 육전용종〔일본단각(日本短角), 무각화종(無角和種) 등〕, 유용종, 교잡종 등 다섯 가지로 구분하여 산출하고 있다.[2)] 이들 정책이 송아지가격의 보조라는 형태로 비육용 번식우 경영을 지원하고 있는 데 비하여 비육우 경영에 대해서는 육용우 비육 경영안정대책사업의 조치가 이루어지고 있다.

이 사업은 다음 [그림 2-3]에 나타나 있는 바와 같이 육용우 비육경영의 안정을 도모하기 위해 생산자의 갹출 및 국가의 보조로 기금을 조성하여 육용우 비육경영의 수익성이 악화될 경우 가족노동비를 보전하는 것을 목적으로 한 것이다. 이 사업에서는 비육우 1마리당, 4분기별로 예상소득을 산출하여 만일 추정소득이 기준가족 노동비를 밑돌 경우, 차액의 80%를 지급해 주는 것을 골자로 하고 있다.

2) 비육용 송아지 생산자 보조금제도에 대해서는 일례로, 농림수산성 생산국[7]을 참조했음.

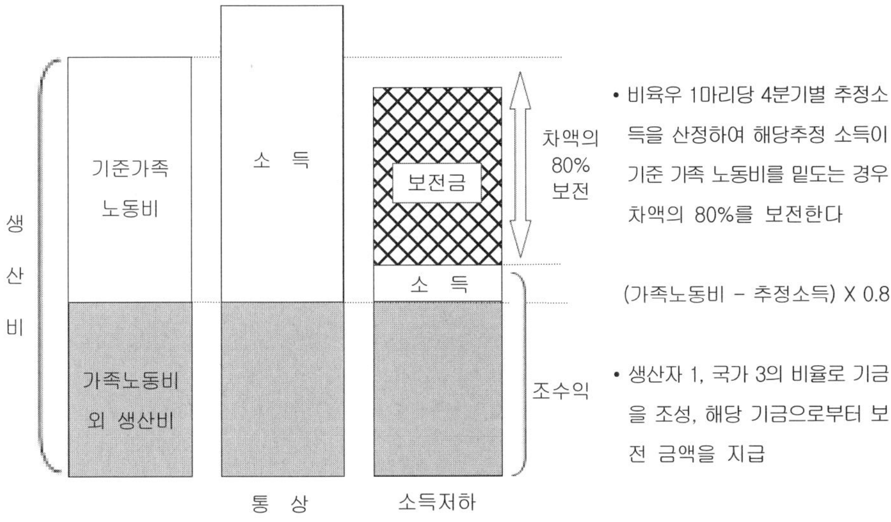

[그림 2-3] 비육우 경영안정 대책사업의 개요

자료: 축산진흥기구 내부자료

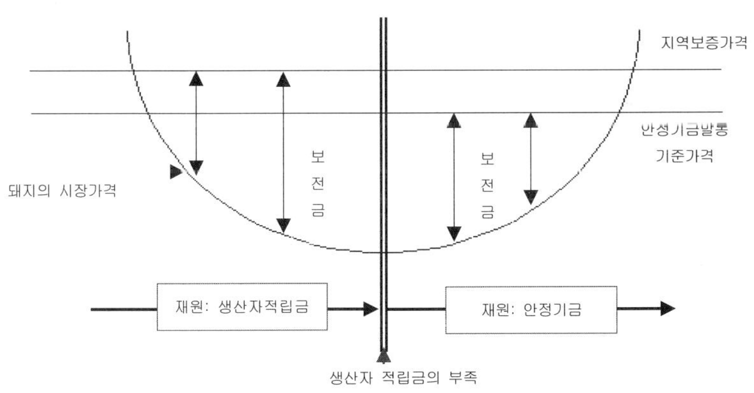

[그림 2-4] 지역 돼지생산 안정기금 조성사업 개요

자료: 농수성 생산국

이 경우 생산자 25%, 국가(관세수입) 75%로 기금을 조성하고 해당 기금으로부터 보전금을 지급하도록 되어 있다. 대상품종은 육전용종, 교잡종, 유용종 등 세 품종이다.

돼지고기의 경우 번식비육 일관경영이 대부분을 차지하고 있어 지역 비육돈생산 안정기금 조성사업이 비육돈의 가격차를 보전해 주고 있다. 이 사업의 개요를 나타낸 것이 위의 [그림 2-4]이다. 도도부현(都道府県) 단계별로 생산자 등이 자주적으로 적립하여 실시하고 있는 비육돈의 가격차 보전사업에 대해 만일 생산자적립금이 부족한 경우 이를 지원해 주기 위하여 지역비육돈 생산안정기금을 조성하고 있다.

구체적으로는 시장가격이 각 현(縣)별로 정해져 있는 안정기금 기준가격을 밑돌고 더욱이 생산자적립금이 부족한 경우에는 지역 비육돈 생산안정기금으로부터 보전에 필요한 자금을 공급하는 것이다. 생산안정기금의 붕괴 한도액은 〔400엔/kg-성령(省令) · 월령 평균가격(도쿄, 오사카 시장)×지육 중량×보전대상 두수)〕로 되어 있다.[3)]

이와 같이 쇠고기, 돼지고기에는 수입자유화에 수반되는 지육가격, 송아지가격, 농가소득 하락을 보전하는 구조가 국경조치로부터 발생하는 관세수입을 재원으로 실시되고 있다.

3. 먹을거리의 안전·안심에 관한 제반 제도

농축산물의 수입자유화 이후 축산업에 가장 큰 충격을 가한 사건은 국내에서 BSE 감염소가 발견된 사실이라고 할 수 있다. 2001년

3) 지역육돈생산 안정기금 조성사업에 대해서는 농림수산성 생산국[6]을 참조했음.

9월 발생한 이 사건은 축산업계에 커다란 충격을 가져다주었고 그 영향은 지금도 계속되고 있다. 사실 이때까지는 O-157의 발생(1996년), 유럽제국에서의 BSE 발견 등으로 국내 쇠고기 소비가 한때 감소한 시기가 있었다. 그러나 국내에서 BSE 감염우가 발견된 것은 단순히 수요의 하락이 과거에 없었던 극심한 것이었을 뿐만 아니라, 먹을거리에 대한 소비자의 안전 · 안심 의식이 한층 강화되어 지금까지 시행되어 온 농업정책의 방향조차도 크게 전환시킬 만큼 강한 충격을 가져다주었다고 말할 수 있다.

BSE 감염소의 발견 이후 정부는 단기적으로는 BSE의 영향을 최소한으로 저지하는 방책을 내세움과 동시에, 중앙부처간의 벽을 허무는 식품안전위원회를 발족, 먹을거리의 안전 · 안심을 확보하기 위한 행정조직과 개혁 재편을 추진해 오고 있다.

BSE에 관련해서 정부가 긴급히 대처한 정책은 국내에서 생산된 소에 대하여 BSE 전수검사 실시, 사료의 육골분 혼입방지를 위한 검사체제 강화, 농장단계의 BSE 감시 및 검사 강화, 감염이 의심되는 쇠고기를 시장에서 격리하는 쇠고기재고 긴급 보관대책, 가축의 개체식별시스템 긴급정비사업 등으로 매우 다양하다.[4] 국내 유통업자의 보호를 위하여 실시된 국내산 쇠고기 매입사업에서는 많은 식품 관련기업들의 위장표시 사건이 발각되어 한층 더 소비자의 불신을 받게 되었다. 또한 이와 관련하여 위장표시 단속을 강화하고 표시내용의 신뢰를 회복하기 위하여 JAS법이 개정되었다. 더욱이 최종생산물의 유통경로와 생산자, 공급한 사료 등을 명확히 하는 이력추적시스템의 도입을 위한 대응이 신속하게 이루어졌다.

4) BSE 발생 후의 긴급정책의 상세에 대해서는 일례로 축산진흥사업단기획정보부: '소 해면상뇌증(BSE) 연관대책의 개요'(2001년) 등을 참조했음.

또한 식품농업농촌기본계획에서는 이들 시책에 추가하여 안전하면서도 안심할 수 있는 식량공급을 위해서는 생산단계에서의 GAP(적정농업규범)가 책정되어 보급되어야 한다는 주장이 제기되고 있다. 이와 같이 BSE사건이 발생한 이래 축산업을 둘러싼 환경은 격변하고 있다. 여기에서는 이 가운데 축산물 생산, 축산물 시장에 커다란 영향을 미칠 것으로 여겨지는 JAS법의 개정, 이력추적시스템의 도입, GAP(적정농업규범)의 책정과 보급에 대하여 설명하기로 한다.

JAS법에 관련된 축산물 등 신선식품에 관한 원산국 표시의무 부여가 시행된 것은 2000년 7월이다. 이 개정에 의해 수입품에는 원산국명이, 국산품에는 국내산 혹은 광역지자체(도도부현)명, 기초지자체(시정촌)명 등의 기재가 의무화되었다. 그러나 이 시점에서는 벌칙이 엄격하지 않아 2002년 6월에는 공표의 신속화와 벌칙의 강화가 시행되었다.

종래에는 품질표시 위반자에 대해 농림수산장관의 지시에 따라 기업명 등을 공표하고 있었지만, 소비자에게 신속하게 정보를 제공한다는 차원에서 위반자명을 즉각 공표하는 것이 가능해졌다. 또한 종래에는 위반자에 대한 벌칙은 징역 없이 개인, 법인 모두 50만 엔 이하의 벌금을 부과했던 것이, 징역 1년 이하, 개인은 100만 엔 이하, 법인은 1억 엔 이하의 벌금으로 강화되었다.

이로 인해 과거 만연해 있는 것으로 여겨지던 위장표시에 의한 유통은 매우 어렵게 되었다. 또한 앞에서 언급한 국내산 쇠고기 매입사업과 관련해서 많은 식품 관련기업의 위장표시가 공표되어 커다란 신용불신을 초래함은 물론, 도산한 회사마저 나타났다. 더욱이 원산지(국가) 표시 움직임은 법률개정이 아닌, 지침을 책정하는 단계이기는 하지만, 외식과 축산물가공품에도 점차 확산되고 있어 관련업자들은 앞으로 주목하지 않을 수 없는 상황이 되고 말았다.

쇠고기 이력추적시스템 도입에 관련된 특별조치법은 2003년 6월에 시행되었다. BSE 발생 이후, 신용회복의 커다란 중심점으로서 최종생산물의 출시, 급여사료 등이 추적 가능해진 동법의 시행은 소비자의 신용을 회복하는 데 커다란 역할을 하고 있다. 국내 비육우에는 이미, 가축개체 식별시스템 긴급정비사업에 의해 모든 소에 식별을 위한 귀표가 장착되어 있다.

생산자인 관리자는 개별 소에 대해 급여사료의 내용, 생산우의 출소 등을 명기한 소 개체 식별대장의 작성이 의무화 되고 있다. 생산자(관리자)가 소를 출하하고 도축하는 경우 상기 자료는 소 개체식별 전국데이터베이스에 자료가 입력되고, 해체된 고기는 귀표 번호, 개체 식별대장이 첨부, 공표되는 형태로 부분육 가공업자, 도매업자에게 반입된다. 도매 및 소매업자 단계에서 포장된 소매육에 식별번호가 첨부되면 가축개량사업단의 홈페이지를 이용하여 상기 식별대장이 열람 가능한 구조로 되어 있다.

2003년 12월까지는 지육 단계까지의 정비가 의무화되었지만, 2004년 12월부터 소매 단계까지의 정비도 의무화되었다. 또한 이 시스템은 생산정보공표 JAS규격에 의해 앞으로 제3자 인증기관에 의한 인증도 고려되고 있다. 이와 같이 최종생산물의 출시, 급여사료 등이 명확해지는 동 시스템은 축산물에 대한 소비자의 안심을 확보하는 것으로서 기대가 크다. 그러나 다른 한편 동 시스템을 운영하기 위한 시스템 정비에 무시할 수 없는 경비가 드는 것도 사실이다.

또한 이들 시책에 연이어 축산물뿐만 아니라, 농산물 전반으로 실시될 것으로 보이는 것이 GAP(적정농업규범)의 책정・보급이다.

이와 같은 생각은 리스크 분석의 사고방식에 기초하여 유해한 미생물과 화학물질 등이 사람의 건강에 미치는 악영향의 확률과 정도에 대하여 과학적으로 평가하고(리스크 평가), 그 결과를 근거로 식품에 의한 리스크를 저감하기 위한 조치를 실효성까지 고려하여 실시(리스크 관리)하는 것이다. 이러한 방식으로 농장에서 식탁까지 철저한 리스크 관리가 중요하게 되어 생산 단계에서의 대처방안으로 농약, 항생제 등 생산자재의 사용기준을 필요에 따라 재검토함과 동시에 그 준수에 철저를 기한다.

또한 농산물과 식품에 포함된 유해물질에 대해서는 리스크의 정도와 오염상황의 실태조사를 실시, 그 결과에 근거한 적절한 리스크 관리를 실시한다. 더욱이 2006년도까지 주요 작물별 GAP(적정농업규범)의 책정과 보급을 위한 매뉴얼을 정비하여 각 지역과 작물의 특성 등에 따른 GAP를 책정하고 여기에 근거한 농업생산·출하 등 농업자·농업단체와 사업자에 의한 자주적인 대처를 촉진하는 것으로 되어 있다.

생산단계의 GAP는 모든 생산과정에서 사료, 투약을 기장해야 하는 등 번잡한 작업을 수반하여 보급에 어려움도 있는 것이 사실이지만, 안전성 면에서 수입농산물과의 차별화를 촉진하는 가능성도 있어 큰 영향을 미칠 수 있을 것으로 사료된다.

2절 쇠고기, 돼지고기의 시장 구조

앞에서 언급한 무역 및 국내생산 진흥정책, 안전·안심에 대한 제반 제도를 기초로 쇠고기, 돼지고기의 시장구조는 과연 어떠한가?

여기에서는 쇠고기, 돼지고기의 공급, 소비, 가격의 변동을 통하여 그 시장구조를 살펴보고자 한다.

1. 쇠고기, 돼지고기의 공급 실태

[그림 2-5]는 쇠고기의 품종별 사육 두수를 나타낸 것이다. 여기에서 알 수 있듯이 화우 번식우를 포함하여 육용우의 수는 약 250만 마리로 제자리걸음을 하고 있지만, 유용 비육우가 1990년 이후 감소하고 대신 교잡종의 증가가 현저한 것을 알 수 있다. 이는 수입쇠고기의 물량이 급증하면서 유용 비육우 농가가 기존의 유용종을 점차 F1으로 바꾸어 나가고 있음을 나타낸다.

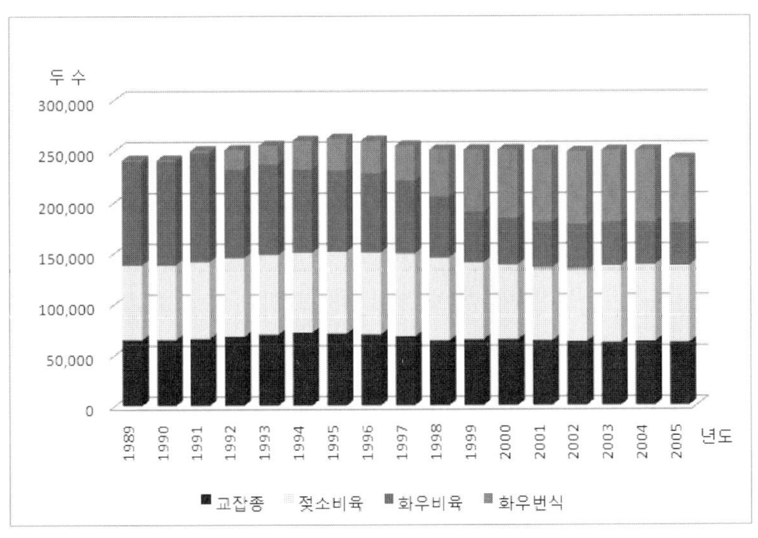

[그림 2-5] 비육우 사육 두수 추이

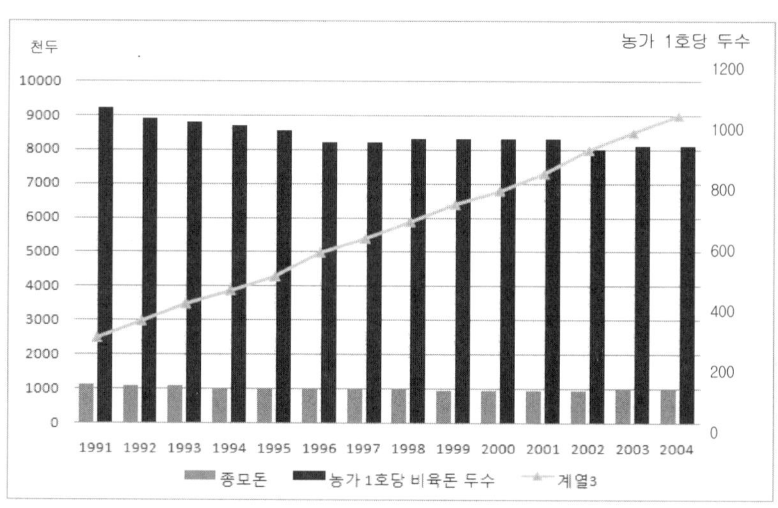

[그림 2-6] 돼지 사육 두수 추이

자료: 축산통계

현재 F1소는 유용종의 약 60%를 차지하고 있다. 이와 같이 비육우 부문에서는 자유화에 대한 대응책으로 유용종에 일본 소를 교배시킨 F1화가 본격적으로 진행되어 오고 있음을 알 수 있다.

한편, [그림 2-6]에서 알 수 있듯이 양돈 부문에서는 비육돈, 번식용 암돼지의 수가 1990년 이후 미미하게 감소하고 있다. 특히 비육돈의 경우 그 동안 약 900만 마리에서 800만 마리까지 감소하고 있다. 같은 기간 사육농가 수도 격감하여 1호당 사육 두수는 약 400마리에서 1,000마리를 넘는 수준에 도달해 있다.

또한 품종별 두수는 그 동안 랜드레이스, 요크셔, 듀록을 중심으로 한 3원교배를 주된 품종으로 하여 생산이 이루어져 왔다. 그러나 번식·비육 일관경영이 중심인 양돈경영 내에서는 다양한 품종에 의한 상호 교배나 바크셔종에 의한 흑돈 생산, 기타 순수종의 생산 등 자유화에 대한 대응책의 일환으로 다양한 움직임을 보이고 있고 상기 3원교배의 비율은 10% 가까이 감소하고 있다.

그러나 양돈 부문 전체로 보면 육우 부문에서 볼 수 있는 F1화와 같은 명확한 품종교배의 방향은 확인되지 않고 있으며, 대다수 양돈농가는 오히려 사육규모 확대에 의한 비용절감으로 경쟁력을 강화해 온 것으로 파악된다.

한편, 쇠고기 공급량의 추이를 살펴보면, 1988년 최대 물량을 공급하던 유우(乳牛)는 25~30만 톤 수준에서 15만 톤 미만으로 감소하였고, 화우(和牛) 또한 10~15만 톤 수준에서 1994년까지는 미미하게 증가하다가 이후 17~18만 톤에서 정체되고 있다. 국내에서는 F1의 공급증가가 눈에 띈다. 그러나 2002년 이후 F1의 공급량도 한계에 이른 상태이며, 유용 번식우 두수의 정체와 화우 종부비율의 상한에 의해 F1 공급량이 정체되고 있다.[5] 그 동안 수입쇠고기는 1995년까지는 미국, 호주가 양대 수출국으로서의 위상을 확립하면서 냉장육, 냉동육 모두 크게 증가하였지만, 1995~2000년 사이 각각 30~35만 톤 수준으로 정체된 이후 점차 감소되고 있다.

쇠고기공급량 가운데 수입쇠고기가 가장 큰 비율을 차지하고 있지만 수입쇠고기의 추이를 보면 증가, 정체, 감소의 세 국면이 존재하고 있음을 알 수 있다. 그 동안 국내 자급률은 1988년 60%에도 미치지 못하던 것이 1998년에는 35%로서 지난 10년간 자급률이 25%나 저하되었다.

더욱이 BSE가 발생하면서 수입쇠고기 수요의 감퇴와 미국산 쇠고기의 수입 정지 등의 영향으로 자급률은 40% 수준까지 회복되었다. 수입쇠고기의 증가율은 1995년 이후 앞에서 언급한 국경조치

5) 교잡종 쇠고기의 공급 가능성에 대해서는 堀田[5]를 참조했음.

정책이 영향을 미쳐 이전 시기의 연평균 30% 가까운 증가라는 긴급사태는 면할 수가 있었다. 그러나 자급률은 1998년 이미 35%라는 저 수준에 빠져 들어 관세화에 의한 쇠고기 수입자유화 영향의 크기를 새삼 확인할 수가 있다. 그러나 BSE 발생 이후에는 수입쇠고기가 격감하고 있으며 쇠고기 공급구조가 새로운 국면을 맞이하고 있다.

한편, 돼지고기의 공급실태를 살펴보면 국내 공급량은 그 동안 110만 톤에서 90만 톤으로 감소하고 있으나, 1996년 이후 제자리걸음이 계속되고 있다. 수입 돼지고기는 냉장육이 1995년 이후 약 20만 톤으로 정체되고 있는데 반하여 냉동육은 30만 톤에서 70만 톤으로 증가하고 있다. 특히 2001년 이후 그 양은 급증하고 있다. 주지하는 바와 같이 돼지고기는 쇠고기의 대체재로서의 성격이 강하여 국내에서 BSE가 발생한 이후 감소하는 쇠고기 수요를 대체하여 수요가 증가하였지만, 국내 공급량이 이를 따라가지 못하여 수입량이 증가하는 결과를 초래하였다.

또한 돼지고기의 경우 가정용 등 냉장으로 이용하는 용도보다는 냉동으로 수입하여 가공, 외식 용도로 이용하는 경우가 많은 것으로 나타나고 있다. 현재 국내산 자급률은 80%에서 50%까지 저하하였고, 특히 2001년 이후 쇠고기와는 달리 매년 저하하고 있다.

주요 수입국별 추이를 보면 1990년대 초반에는 대만, 덴마크, 미국, 캐나다가 주요 수출국이며, 1990년대 후반에는 한국으로부터의 수출도 증가했다. 그러나 대만, 한국 모두 구제역이 발생하여 수출이 정지되었고, 1990년대 후반부터는 미국, 덴마크가 주요 수출국으로 부상하였으며 캐나다가 그 뒤를 잇고 있다. 또한 냉장육의 주요 수출국은 미국이고 냉동육의 주요 수출국은 덴마크로서 국가별 영역이 명확한 것도 쇠고기와는 다른 점이다.

2. 쇠고기, 돼지고기의 소비 실태

대다수 농산물의 소비가 감소하고 있는 가운데, 축산물의 소비는 증가하고 있다. 1985~1997년 쇠고기 소비량은 돼지고기의 증가를 크게 웃돌고 있는데, 이는 수입이 자유화되면서 쇠고기 수입량이 급격하게 증가했기 때문이다. 그러나 이후 1997~2000년에는 정체, 2001년 이후에는 감소하고 있어 앞에서 서술한 바와 같이 수입쇠고기의 추이와 거의 병행하는 움직임이 확인되고 있다. 국내 쇠고기공급량은 앞에서 언급한 바와 같이 이미 정점의 상태에 있고, 수입쇠고기의 동향은 쇠고기의 소비량과 강한 상관관계가 확인되고 있다.

쇠고기의 소비량은 2003년 연간 1인당 약 6kg 수준이었다. 한편 돼지고기는 육우의 대체재로서 소비량이 2001년 이후 증가하고 있어, 연간 1인당 12kg 수준까지 증가하였다. 닭고기는 1985년 이후 약 10kg 수준에서 정체되어 있고, 그 동안 조류 인플루엔자(AI) 발생 등의 영향도 있어, 돼지고기와 같이 쇠고기의 대체재로서의 성격을 가지면서도 소비량 증가의 기회를 잃은 것으로 추정된다.

쇠고기 소비 스타일의 변화를 보면 가공・외식이 차지하는 비율은 해마다 상승하고 있고 1998년에는 60%를 넘고 있다. 소비에서 차지하는 가공・외식 비율의 증가는 농산물 전반에도 공통되는 움직임으로써 먹을거리의 외부화・간편화가 소비자의 라이프스타일과도 밀접한 연관이 있는 것으로 생각된다.

이 가운데에서도 쇠고기의 가공・외식의 신장과 수입쇠고기의 증가는 거의 병행하는 움직임을 나타내고 있고, 증가한 수입쇠고기의 대부분이 가공·외식용으로 쓰였을 가능성이 높은 것으로 나타나고 있다. 2003년도의 식료자급률 보고서를 보면 쇠고기의 용도별 수입 비율이 나와 있는데 가공 부문 94%, 외식 부문 67%로 수입쇠고기가 큰 비율을 차지하고 있다.

또한 이 결과 쇠고기라는 상품이 옛날에는 가정 내에서 스키야키, 샤브샤브 등 특별한 이벤트가 있을 때 소비하는 고급재에서 햄버거 가게, 패밀리 레스토랑 등에서 일상적·대중적으로 외식·소비하는 상품으로서 성격이 변화해 간 것을 알 수 있다.

쇠고기와 마찬가지로 돼지고기 또한 가계소비 비율이 저하하고 가공·외식 비율이 증가하고 있다. 돼지고기도 쇠고기와 같이 가공·외식 부문의 증가와 수입돼지고기의 증가는 병행적인 관계에 있고, 수입돼지고기의 많은 양이 가공 부문으로 사용되었을 가능성이 높다. 그러나 돼지고기의 경우에는 쇠고기에 비해 가공 비율이 높고 거꾸로 쇠고기는 외식 비율이 높다는 특징이 있다. 일본 햄소시지 공업협동조합 자료에 따르면 가공 부문 원료에 돼지고기가 차지하는 비율은 1990년 45%에서 2003년 79%로 크게 증가하고 있다.[6] 돼지고기와 쇠고기는 가공·외식에 대한 소비구성에 큰 차이가 있으나 두 부문 모두 수입이 차지하는 비율은 해마다 증가하고 있다. 이로부터 쇠고기, 돼지고기 모두 가정소비는 국산, 가공·외식은 수입이 중요한 위치를 차지하고 있음을 알 수 있다.

---

6) 가공 부문에서의 용도별 원료조달 실태에 대하여는 일본 햄소시지 공업협동조합 [3]을 참조했음.

3. 쇠고기, 돼지고기의 가격 동향

그렇다면 이 기간에 쇠고기, 돼지고기의 가격은 어떠한 변동을 보여 왔을까? 품종별 쇠고기 지육가격의 추이를 살펴보면, 2000년까지 화우(和牛), 교잡종(F1), 유용종(乳用種) 비육우 모두 주기적으로 변동하면서도 눈에 띄게 저하하지는 않고 있다. 고등급에 해당하는 A4는 1,800~2,000엔, 중등급에 해당하는A3은 1,500~1,700엔, 저등급에 해당하는 A2는 1,000~1,200엔, 교잡종도 A2와 거의 같은 수준인 1,200엔 정도이다.

유용종은 다른 품종과 달리 조금씩 A2, 교잡종과의 가격의 폭을 넓혀가며 600~800엔 전후의 움직임을 나타내고 있다. 교잡종과 유용종에는 일정한 가격차가 명확하게 확인된다. 또한 화우(和牛)의 저등급과 교잡종은 완전히 경합하고 있는 것을 알 수 있다. 그러나 BSE가 발생한 2001년부터는 모든 등급, 품종에서 가격이 급강하하고 있어 새삼 BSE 사건의 충격의 크기를 말해 주고 있다.

그러나 그 이후 가격은 어느 등급·품종을 막론하고 1년여 만에 다시 원래 수준으로 돌아갔는데, 이는 BSE 발생 후 BSE 전수검사 등 긴급대책에 대하여 소비자가 신뢰를 보냈기 때문인 것으로 여겨진다.

또한 미국산 육우의 수입이 정지된 2003년 12월 이후에는 화우(和牛) A4, A3, A2, 유용 비육우, 교잡종의 가격이 연이어 상승하고 있는 것을 알 수 있다. 이 가운데에서도 화우 A3, A2 등급, 교잡종의 가격이 급상승하고 있으며 이들의 가격은 과거 15년간 가장 고가를 유지하고 있다. 이는 미국산 쇠고기의 부족분을 이 등급의 쇠고기가 보완하는 움직임으로 나타난 것을 보여주고 있다.

반대로, 지금까지 수입쇠고기와 경합한다고 여겨지던 유용 비육우의 상승폭은 그리 크지 않아 의외의 결과를 나타내고 있다. 화우 A3, A2 등급 및 교잡종이 외식 부문에서 지금까지 미국산 쇠고기가 하고 있던 역할을 대신하고 있다. 또한 많은 외식산업에서 먹을거리의 안전·안심에 대한 관심 등을 배경으로 가격 면에서는 약간 비싸기는 하지만 안심하고 맛있게 먹을 수 있는 국내산 쇠고기를 새로운 상품(불고기: 상업용 재료 등)으로 취급하게 된 것으로 추정된다.

한편, 돼지고기 지육의 추이를 살펴보면, 쇠고기와 같은 주기변동은 명확하게 확인되지 않고 있으며, 동 기간 동안 가격은 쇠고기에 비해 안정되어 있으나, 그래도 조금씩 저하 기조를 보이고 있음을 알 수 있다. 1990년대 초반 400～600엔 정도였지만, 2000년에는 250～550엔 대로 하락하였다. 그러나 쇠고기의 수입이 정체국면에 들어간 1995～1997년에는 가격도 약간 상승기조를 보이고 있고, 국내에서 BSE가 발생했을 무렵에도 가격은 상승하고 있다. 전체적으로 보면, 돼지고기의 가격은 증가를 계속하는 수입돼지고기의 영향도 있어 하락하고 있지만, 단기적으로는 대체재인 쇠고기, 특히 수입쇠고기의 동향에 영향을 받고 있는 것으로 보여진다.

이상에서 살펴본 바와 같이 현행 국경조치 정책하에 증가한 수입쇠고기, 돼지고기의 영향을 받아 축산물의 소비구조, 가격은 크게 변동하고 있는 것이 명확해졌다. 특히 수입쇠고기의 증감은 쇠고기 부문뿐만 아닌, 다른 축산 부문에도 다양한 영향을 미치고 있다. 또한 소비구조의 변화는 먹을거리의 외부화, 간편화 등 소비자의 라이프스타일과도 밀접한 연관을 가지면서 축산물의 용도별 이용과 원산국이 강력한 연관성을 가져, 명확한 국산과 외국산의 영역분점 구조를 만들어 내고 있다.

3절 쇠고기, 돼지고기의 시장 전망

쇠고기 및 돼지고기의 무역과 국내 생산 진흥정책 그리고 먹을거리의 안전·안심에 관한 제반 제도 및 수입자유화 이후의 시장구조 실태를 살펴보았지만, 여기에서는 그것들을 포지셔닝 맵(positoning map)의 시점에서 정리해 보고자 한다.

[그림 2-7]은 쇠고기 수입자유화 이전의 포지셔닝 맵을 나타낸 것이다.[7] 자유화 이전에는 소위 마블링(지방교잡, 고급육의 대명사)으로 대표되는 품질과 가격의 양면에서 높은 위치에 있는 화우, 다음에 품질·가격 양면에서 화우에 이은 육우가 있었던 것으로 생각된다. 이 시기에 수입육은 수입허용 한도가 설정되어 있어 국내산 쇠고기와의 본격적인 경합은 없었다고 생각해도 좋을 것이다.

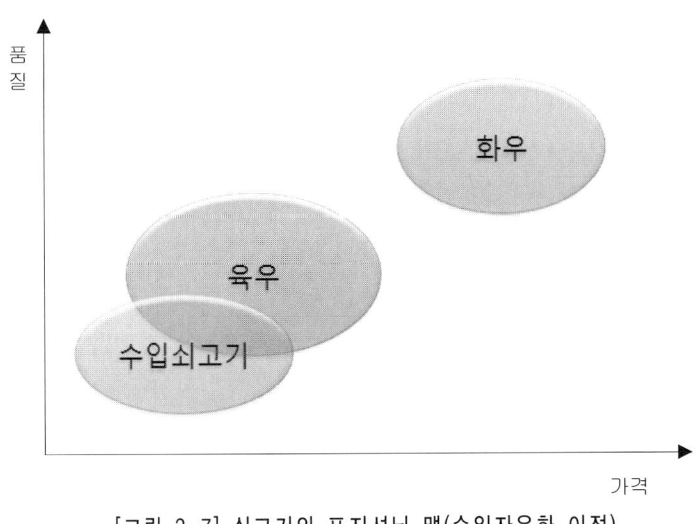

[그림 2-7] 쇠고기의 포지셔닝 맵(수입자유화 이전)

7) 쇠고기에 관한 자유화 이전의 포지셔닝 맵에 의한 정리는 堀田[3]을 참조했음.

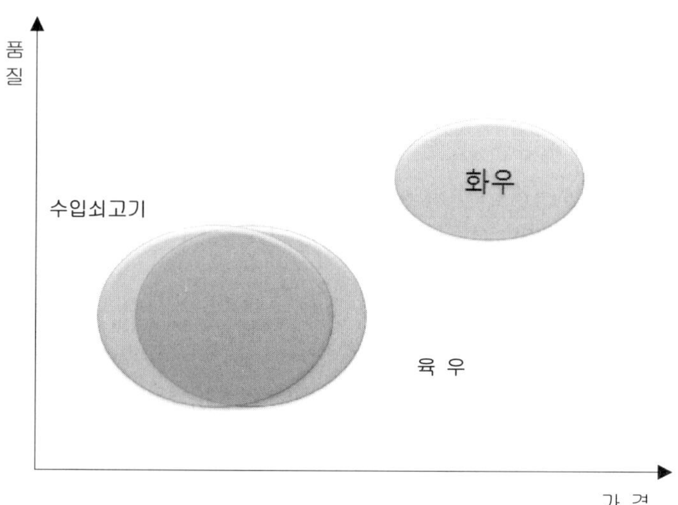

[그림 2-8] 쇠고기의 포지셔닝 맵(수입자유화 이후)

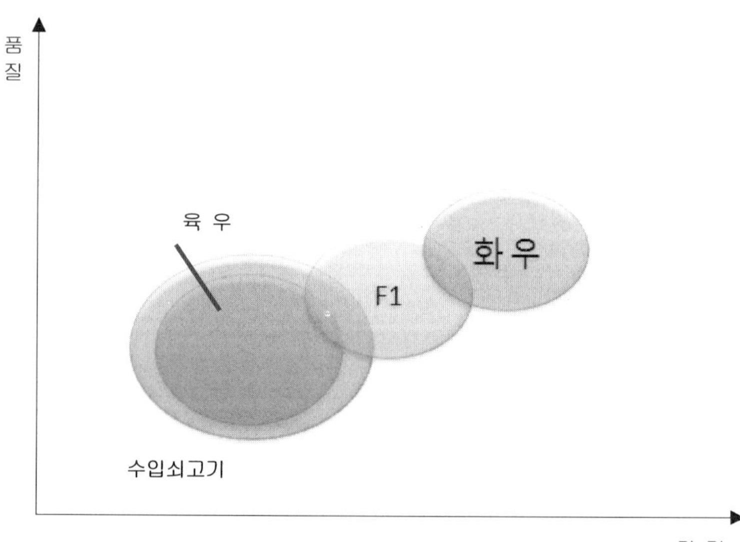

[그림 2-9] 쇠고기의 포지셔닝 맵(수입자유화 이후~BSE 발생 이전)

위의 [그림 2-8]에서 알 수 있듯이 자유화 직후에는 육우와 품질, 가격의 양면에서 경합하는 수입쇠고기가 대량으로 시장에 유입되어 육우 부문은 매우 중대한 국면을 맞이하게 된다. 그 이후 위의 [그림 2-9]에 나타나 있는 바와 같이 육우 부문에서는 생존을 걸고 수입쇠고기와는 품질, 가격 양면에서 한 단계 위이긴 하나 화우만큼은 고급이 아닌, F1 등의 생산이 증가하였다.

한편, 돼지고기는 수입 증가에 대해 차별화전략으로서 쇠고기 부문에서 나타난 바 있는 F1과 같은 명확한 품종전환의 방향을 찾아내지 못하고 있고, 유용 비육우와 같은 포지션에서 경쟁을 강요받고 있다 해도 과언이 아니다.

BSE 발생 이후 축산업에는 두 가지 커다란 변화가 일어나고 있다고 말해도 좋을 듯하다. 우선 제1의 변화는 BSE의 발생과 더불어 소비자가 지금까지 이상으로 먹을거리의 안전・안심에 강한 관심을 나타내게 되었다는 점이다. 그리고 제2의 변화는 이들 소비자의 의식변화를 배경으로 먹을거리의 안전・안심에 관련된 제반 제도가 도입되었고 산지・유통업자들도 어쩔 수 없이 안전・안심을 강화하는 시스템을 구축하지 않으면 안 되게 되었다는 점이다.

그리하여 이와 같은 변화와 병행하여 품질 면에서 경쟁심화에 따른 차별화의 필요성이 제고되었다고 할 수 있다. 수입쇠고기의 품질은 BSE 발생 이전부터 점차 좋아지고 있고, 앞으로도 화우와 품질 면에서 차이가 없는 상품이 대량으로 수입될 것으로 예상된다.[8] 이처럼 고급쇠고기가 대량 수입되는 사태가 발생하는 경우 쇠고기산업은 화우를 위시하여 모든 축종에서 더욱더 차별화 전략을 시행하지 않는다면 매우 혹독한 시련을 겪을 것으로 예상된다.

8) 수입쇠고기의 품질 및 수입 증가의 가능성에 대해서는 堀田[4]를 참조했음.

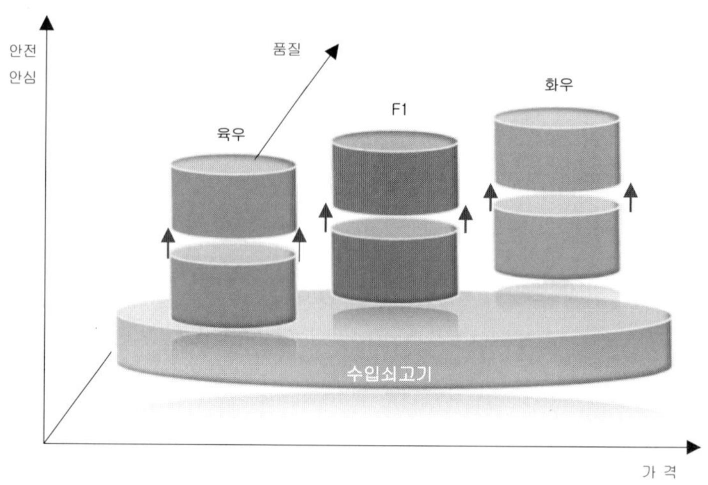

[그림 2-10] 쇠고기의 포지셔닝 맵(BSE 발생 이후~미래)

따라서 [그림 2-10]에 나타낸 바와 같이 쇠고기산업은 안전·안심에 대한 소비자 관심의 고양, 안전·안심에 관한 제도의 충실, 품질 면에서 경쟁심화에 따른 차별화의 필요성 등 세 가지 측면의 변화가 필요하다고 볼 수 있다.

또한 정도의 차이는 있겠지만, 이와 같은 변화는 양돈산업에도 이미 들어맞는 상황이라 할 수 있다. 안전·안심에 관련된 제도적 측면에서 이력추적시스템의 시행은 쇠고기에 한정되어 있지만, 쇠고기 이상으로 일상적·대중적으로 소비하는 돼지고기의 안전·안심에 대한 관심은 상대적으로 높을 것으로 예상된다. 또한 품질 면에서의 경합은 쇠고기에서 나타난 F1과 같은 명확한 품종전환은 추진되지 않고 있고, 산지별·경영체별로 다양한 상호 교배와 바크셔를 중심으로 한 순수종의 도입이 이루어지고 있다.

국내 생산으로 눈을 돌려보면, 지금까지 쇠고기산업 및 돼지고기

산업은 정도의 차이는 있지만 고품질화, 대규모화, 기업적 경영화를 밀고 나아가 급증하는 수입 축산물과의 경쟁을 극복하기 위하여 노력해 왔다. 그러나 앞으로는 더욱더 노력하여 축산물에 대한 소비자의 다양한 수요를 정확하게 파악하고 국산품에 대해 안정되고 흔들림 없는 고객을 붙잡기 위한 마케팅전략이 필요할 것이다. 그것은 지금까지의 노력에 더하여 안전·안심이라는 가치가 매우 중요한 차별화를 위한 방향으로 더해지는 것을 의미한다.

그러나 소비자의 안전·안심 지향 의식이 BSE 발생 이전에 비해 높아졌다고는 하지만, 의식수준 및 수요를 정확하게 파악할 필요가 있는 것은 두말할 필요도 없다. 모든 소비자가 안전·안심 정보에 반응한다는 것은 아니다. 지금까지 이상으로 어떠한 소비자 그룹이 어떠한 내용의 안전·안심 정보를 요구하고 있는지를 명확하게 하는 것이 앞으로 큰 과제가 될 것이다.

그것은 도매회사, 대형마트, 소비자생활협동조합 등 유통업자뿐만 아니라, 소비자들의 인식 파악도 당연히 필요해질 것이다. 왜냐하면, 이들 고객정보가 명확하게 된 뒤에야 비로소 산지 측도 그 수요에 부응하는 브랜드전략을 구축할 수 있기 때문이다. 또한 산지·유통 측면에서는 안전·안심에 관련된 시스템 구축에 대하여 효율적이며 더욱 안전·안심에 관한 제반 제도의 기준을 만족시킬 방법을 명확하게 하는 것도 중요한 과제가 될 것이다.

더욱이 이와 같은 안전·안심 시스템이 최종구입자인 소비자에 받아들여져 산지 측의 입장에서 안정된 판매처로 남게 하기 위해서는 어떠한 소비자와 어떠한 상호교류, 판매전략을 시행하는 것이 효과를 발휘하는지를 명확하게 하는 것도 중요한 과제이다. 이러한 점들이 극복될 때 비로소 산지·유통업자에게 유효한 영업전략을 구축할 수 있게 될 것이다.

참고문헌

草刈 仁, 「식료소비와 가족형태」, 淸水昴一 編, 『쌀 경제와 국제환경』, 동경농대출판회, 2005.

平尾正之 編, 『농산물마케팅 리서치 방법』, 농림통계협회, 2002.

堀田和彦, 「우육산업의 경영환경변화와 금후 과제」, 『먹을거리 안심·안전 경영전략』, 농림통계협회, 2005.

________, 「우육소매시장에서 제품시장전략의 실태와 과제」, 위의 책, 2005.

________, 『WTO체제하 우육경제의 주기변동과 장래동향』, 농림통계협회, 2000.

농림수산성 생산국, 『최근 식육을 둘러싼 정세에 대하여』, 2005.

농림수산성, 『식료자급률-2003년 식료자급률 보고서』, 2005.

일본햄소세지공업협동조합, 『원료식육유통조사』, 2004.

중앙축산회, 『가축개량관계자료』, 2004.

3장

축산물 브랜드전략의 실태 및 추진 방향

-쇠고기, 돼지고기를 중심으로-

홋타 카즈히코*

1절 명품의 정의 및 산지 실태

국내산 축산물과 수입 축산물의 경쟁구조를 고찰하는 방법은 일단 품질은 동등하다고 보고 국가별 생산비, 가격 등의 자료를 사용하여 계량적으로 분석하는 것이 일반적이다. 그러나 각국의 경쟁구조는 그것만은 아니어서 이른바 국산 프리미엄이 존재한다.[1)]예를 들면, 품질이 동등하다 하더라도 비용이 많이 드는 국내산 축산물의 경우 다양한 차별화전략을 구사한 결과, 수입 축산물과의 경쟁에서 고비용을 능히 부담할 수 있을 만한 가격차를 유지할 수 있다면 충분히 경쟁이 가능하다.[2)] 이와 같은 상태일 때 비로소

*큐슈대학교 대학원 농학연구원 준교수

1) 국산 프리미엄의 설명에 대해서는 鈴木[2]를 참조하였음.

2) 국내 농산물이 존속할 수 있는 형태로는 ① 수입농산물과 같은 시장에서 비용을 커버할 수 있는 만큼의 고가격을 받고 있는 경우, ② 시장과는 다른 계약거래에

국산 프리미엄이 존재하게 된다. 이와 같이 축산물의 경쟁구조를 명확하게 하기 위해서는 품질만이 아닌, 차별화전략까지도 포함한 국내산 축산물의 경쟁력을 명확히 할 필요가 있고, 주산지별 제품에 관하여 생산 · 판매를 통한 차별화의 실태까지 명확히 해야 한다.

쇠고기 및 돼지고기의 경우 이른바 명품소 혹은 명품돼지로 불리는 브랜드사업을 적극적으로 추진해온 지역이 여러 군데 있다. 유명한 명품소로는 마쓰사카규(松阪牛)와 고베(神戸) 비프가 있고, 명품돼지로는 가고시마(鹿児島) 흑돈 등이 잘 알려져 있다. 일본 식육소비종합센터 자료에 의하면, 전국적으로 약 200여 개의 명품소 및 명품돼지가 있는 것으로 파악되고 있다. 여기에서는 이들 명품산지를 대상으로 우편 앙케트를 실시하여 이들 브랜드의 실태와 문제점을 검토하기로 한다. 앙케트 조사는 쇠고기는 2002년 10월에, 돼지고기는 2005년 5월에 각각 실시되었다.[3)]

일반적으로 명품은 사전적인 의미로는 브랜드로 번역하고 있는데, 브랜드라 함은 "특정의 판매자 혹은 판매자 그룹의 상품 및 서비스를 식별시키는 것으로서 이들 상품 및 서비스를 경쟁 타사의 그것과 구별시키는 것을 의도하여 설정된 이름, 용어, 기호, 심벌, 디자인 혹은 조합"이라 정의하고 있다.[4)] 또한 브랜드사업의 효과 ·

의해 비용을 커버하는 일정가격 수준으로 소비자생활협동조합(生協) 등과 산지직송 계약을 맺고 있는 경우, ③ 시장을 통하지 않고 생협 등과 산지직송 계약을 맺는 경우가 있지만, 계약가격은 비용 수준을 고려하면서도 심하게 변동하는 경우 등 다양한 경우가 있을 수 있다. 어느 경우든 국내 농산물은 존재하고 있고, 또한 목표로 하는 소비자, 차별화 전략 · 방향도 동일하지 않고 다양하다.

3) 이 때문에 쇠고기 조사 시점과 돼지고기 조사 시점은 미국산 쇠고기 수입 중지 영향과 JAS법 개정 이후 법률 보급 정도의 차이 등 응답에 약간의 편견이 포함될 우려가 있다. 따라서 응답결과의 해석에는 이 점이 충분히 고려되어야 한다.

4) 브랜드의 정의는 미국 마케팅협회에 의한 것임.

정의로는 차별화전략 가운데, 첫째 상품의 표준화, 품질균일화의 증명, 둘째 상품의 품질 보증 및 상품기능 표명, 셋째, 상품기능 이외의 부가가치 부여 등이 있는 것으로 여겨지고 있다. 이 결과 명품화된 상품은 실제 품질 이상으로 유리한 판매조건(가격의 수준·안정성, 특별한 영업활동의 불필요 등)을 확립하게 된다.

그러나 본래 브랜드라 함은 독점적 기업의 마케팅의 전략에 기초하여 성립하는 개념이며, 기본적으로 자유경쟁하에 있는 축산물 시장에 단순히 원용하기에는 위험성이 크다는 사실을 충분히 인식할 필요가 있다. 이와 동시에 명품화된 상품의 브랜드 전략을 검토하는 경우, 제2장에서도 거론한 바와 같이 시장 환경 변화 속에서 개별 상품이 어디까지 독점적 시장구조의 실체에 유사한 성격을 가지고 있을지를 해명할 필요하다고 여겨진다.5)

따라서 여기에서는 명품소 혹은 명품돼지라 일컬어지는 상품에 대하여 과연 어디까지 브랜드의 효과가 존재하고 있는가를 명확히 함으로써 실태와 문제점을 규명하고자 한다. 이번 앙케트는 브랜드에 관한 정의에 입각하여 산지에서의 생산, 판매 상황, 브랜드 인지 유무, 브랜드 정착화 정도, 브랜드사업의 효과·전략·문제점, FTA가 이들 산지에 미치는 영향 등에 관하여 조사하였다.

---

5) 지금까지의 브랜드 전략에 관한 연구는 堀田[5] 등을 참조하였고, 이들의 연구는 이론을 중심으로 수행되어 오고 있다. 그러나 藤谷[4], 新山[3] 등이 지적하고 있는 바와 같이 독점적 기업의 판매 전략으로서 전개한 동 이론을 자유경쟁하에 있는 원시적 농업시장에 단순히 적용하는 것은 위험하다. 그러나 稲本[1]도 지적하고 있듯이 브랜드전략 실태를 해명할 목적으로 하는 농업경영 전략론은 주변과학과의 융화와 이론의 확장이 요구되고 있고, 특히 농산물 마케팅론에서는 새로운 경영환경으로서의 독점적 시장구조의 실체 해명, 푸드 시스템론에 관해서는 사업의 다각화에 관련된 공동화·조직화·네트워크 형성, 식품 연관 기업과의 연대관계의 해명이 이론적으로 보다 구체화하는 분석적 허용범위를 제공할 가능성이 크다.

1. 명품산지 현황 및 산지별 판매처 비율

앙케트 조사결과를 분석하기 전에, 먼저 쇠고기, 돼지고기의 명품산지 개황을 개관해 보자. [표 3-1]은 명품쇠고기 핸드북 및 명품돼지고기 핸드북을 이용하여 명품산지의 특징을 나타낸 것이다. 쇠고기의 경우, 흑모화종(黒毛和種) 품종이 가장 많고 흑모화종 이외의 화우, 홀스타인종, 교잡종, 기타 품종으로 나뉘어진다. 이 가운데 흑모화종의 숫자가 가장 많고 이어서 기타 품종, 홀스타인종, 교잡종, 흑모화종 이외의 화우 순으로 나타나고 있다. 안전・안심에 민첩하게 대응하고 있는 주산지의 수는 아직까지 많지 않다.

[표 3-1] 브랜드산지의 특징

(쇠고기)

구 분	흑모화종	흑모화종 이외의 화우	홀스타인	교잡종	기타 품종
브랜드수	101	10	23	16	38
고유사료 급여	2	4	3	2	2
무항생제	1		1	1	
농장단계 HACCP 도입				1	
비육기간 방목		1			

(돼지고기)

흑돈	15
그 외의 브랜드	145
SPF화	28
SPF 이외의 안전성 추가	17

자료: 소는 山内孝之, 「명품 쇠고기에 대하여」, 중앙축산회 「쇠고기 브랜드화와 그 대응」, 2004년 3월을 기준으로 저자가 작성하였음. 특이 사료는 NON-GMO 사료나 PHF사료를 나타냄. 돼지는 돼지브랜드 핸드북을 기초로 하여 저자가 작성하였음.

Non-GMO 사료 급여, 항생제 미사용 등을 강조하고 있는 산지가 17개소나 존재하고 있다. 전체적으로 보면, 쇠고기는 2장에서 본 것처럼 화우 및 F1화를 추진하고 있는 산지가 많고, 안전·안심에 대한 대응은 지금부터라는 상황인 것으로 보인다. 한편, 돼지고기는 일부 지역에서 흑돈의 사육에 의한 명품화가 이루어지고 있기는 하지만, SPF화를 비롯하여 다양한 대응이 이루어지고 있는 것으로 보인다.

다음으로 이들 명품산지의 생산판매 실태를 살펴보기로 하자. [표 3-2]는 산지별 판매처 비율을 나타낸 것이다. 쇠고기산지의 주요 판매처로서는 산지지정점에서의 판매, 직접 계약한 대형마트에서의 판매, 특정 계약을 하지 않은 대형마트에서의 판매 그리고 택배가 있다. 산지지정점에서의 판매라 함은 브랜드사업을 진행하고 있는 산지가 판매점과 계약을 체결하여 쇠고기를 판매함과 동시에, 판매점에서는 산지로부터 보내오는 특정산지 쇠고기임을 증명하는 게시판 등을 점포 내에 표시하고 있다.

또한 대형마트에서의 판매라 함은 도매시장, 현의 식육센터 등을 경유하여 쇠고기를 판매하기는 하지만, 산지와 직접계약 하여 판매되는 것과 일반 경매 등에 의한 불특정산지로부터의 구입판매가 존재한다. 이 표에서 알 수 있듯이 품종에 관계없이 산지계약이 없는 대형마트에서의 판매비율이 가장 높고, 이어서 산지지정점 판매, 직접계약 판매, 택배 순으로 이어진다.

화우 주산지와 유용종·F1 주산지를 비교해 보면, 산지지정판매점 비율에서는 양쪽 산지 모두 규모가 큰 산지일수록 비율이 높고, 특히 화우 주산지의 경우 비율이 높게 나타나고 있다. 이와는 반대로 대형마트에 대한 산지직접계약은 유용종·F1 주산지의 비율이 높

[표 3-2] 산지별 쇠고기 상품전략과 브랜드 정착을 위한 문제점

(단위: %)

(쇠고기 상품전략)

산지분류	마블링 중시		혈 통		마블링용 사료엄선		건강안전1		건강안전2	
	있음	없음	있음	없음	있음	없음	있음	없음	있음	없음
화우 주산지 500두 이상	79.2	20.8	42.9	57.1	78.3	21.7	72.7	27.3	56.5	43.5
화우 주산지 500두 이하	65.0	35.0	36.8	63.2	71.4	28.6	90.0	10.0	77.8	22.2
유용종 · F1주산지 1,000두 이상	66.7	33.3	0.0	100.0	83.3	16.7	83.3	16.7	63.6	36.4
유용종 · F1주산지 1,000두 이하	41.7	58.3	27.3	72.7	75.0	25.0	91.7	8.3	58.3	41.7
전체평균	66.7	33.3	28.9	71.1	77.4	22.6	77.8	22.2	60.0	40.0

(브랜드 정착을 위한 문제점)

산지분류	표시 혼재		모방품		안전성 평가		소비자 교류	
	있음	없음	있음	없음	있음	없음	있음	없음
화우 주산지 500두 이상	58.3	41.7	30.4	69.6	52.2	47.8	60.9	39.1
화우 주산지 500두 이하	52.4	47.6	38.1	61.9	59.1	40.9	36.4	63.6
유용종 · F1주산지 1,000두 이상	57.1	42.9	42.9	57.1	76.9	23.1	78.6	21.4
유용종 · F1주산지 1,000두 이하	33.3	66.7	25.0	75.0	33.3	66.7	33.3	66.7
전체평균	52.9	47.1	33.7	66.3	54.7	45.3	51.7	48.3

주: 화우 주산지란 화우 60% 이상, 유용종 · F1 주산지란 유용종 F1의 두수가 60% 이상인 것을 나타냄. 전체평균은 상기 분류에 속하지 않은 산지까지 포함한 수치임.

건강안전1은 NON-GMO 사료급여, 항생제 미사용, 건강안전2는 무농약 볏짚 사용, 운동 중시 등을 나타냄.

다. 이는 화우 주산지의 경우, 등급이 높은 고급쇠고기는 산지지정점에서 판매하고 나머지 것은 시장을 경유하여 대형마트 등에서 판매하고 있는 실태를 나타내고 있다.

또한 유용종·F1 주산지의 경우 주요 판매처는 대형마트이고, 여기에서 적정가격이라는 느낌을 주는 국산 쇠고기의 한 부분을 차지하고 있는 유용종·F1의 안정적인 공급 확보를 위해 산지와 대형마트가 계약을 맺는 경향을 보이고 있는 것이라고 할 수 있다.

다음으로 돼지고기의 판매처 비율을 보면, 크게 정육과 가공으로 나뉘어지는데, 정육 판매가 50~100%인 산지가 77%, 반대로 가공은 1~50%인 산지가 38%로 나타나고 있어, 정육 판매가 중심이 되고 있는 쇠고기 산지와는 달리, 가공을 위한 출하도 어느 정도의 비율을 차지하고 있음을 알 수 있다. 정육의 주된 판매처는 역시 대형마트가 가장 많아 50~100%인 산지가 47%를 차지하고 있다.

한편, 기타 납입처는 1~50%의 산지가 대부분 소매점, 요리점, 백화점, 생협, 개별 택배의 순으로 판매가 이루어지고 있음을 알 수 있다. 판매처의 규모별 차이는 확인되지 않았지만, 대규모 산지일수록 백화점과 소비자 생활협동조합과의 거래 비율도 높게 나타나, 판로의 다양화를 모색하고 있음을 알 수 있다.

2. 브랜드 인증의 유무와 브랜드화의 효과

판매실태가 이와 같은 양상을 보이고 있는 가운데 이른바 명품산지에서는 명품에 상표등록을 취득하는 등 확실하게 명품의 정의를 하고 나서 등록인증조직에 의한 인증을 추진하고 있는 경우도 있다. 브랜드화의 효과로서는 품질표준화 효과, 법적 보호 효과, 품질명시 효과, 부가가치 효과 등이 거론되고 있다. 또한 브랜드 정립에 성공한 상품은 일반적으로 가격인하 판매 등의 필요성이 줄어든다고 여겨지고 있다.

필자가 조사한 바에 따르면, 처음 등록인증의 유무와 관계없이 품질표준화 효과, 품질명시 효과, 부가가치 효과 등에 대해서는 80% 정도 효과가 확인 가능하고, 법적 보호 효과는 50% 정도, 가격인하도 50% 정도 가능하다고 보고 있다. 이를 등록인증 유무별로 보면, 화우 주산지에서는 품질표준화 효과, 법적 보호 효과, 부가가치 효과 등에서 등록인증을 받은 산지가 효과를 긍정적으로 인정하고 있음을 알 수 있다.

특히 대규모 화우 산지 가운데 등록인증을 취득한 산지의 60% 정도는 가격인하가 필요치 않다고 회답하고 있어 효과가 크게 나타나고 있음을 알 수 있다. 이와 같은 경향은 가격인하의 필요성을 제외하고는 유용종·F1 주산지에서도 동일하게 나타나고 있다. 등록인증을 취득하려는 산지는 산지화를 향한 대응에도 적극적이어서 다양한 브랜드 효과가 확인되고 있지만, 소위 이름뿐인 명품산지는 대응 자세도 미약하여 효과가 충분히 확인되고 있지 않은 것으로 여겨진다.

다음으로 돼지고기의 브랜드 효과를 보면, 등록인증 유무와는 관계없이 품질표준화 효과 91%, 품질명시 효과 92%, 부가가치 효과 88%로 나타나 쇠고기 이상으로 효과가 높음을 알 수 있다. 법적 보증 효과도 63%로 쇠고기보다 효과가 높은 것으로 나타나고 있다. 가격 인하의 필요성에 대해서도 95%가 필요 없다고 회답하고 있어 돼지고기 명품산지가 쇠고기 이상으로 높은 브랜드 효과를 실감하고 있음을 알 수 있다.

또한 등록유무별로는 쇠고기만큼의 명확한 차이는 확인되지 않지만 거의 모든 명품산지가 어느 정도의 브랜드 효과를 향유하고 있는 것으로 판단된다. 돼지고기는 2001년 9월 BSE가 발생한 이후, 2장에서 살펴본 바와 같이 소비가 감소하고 있는 쇠고기 시장의 대체품으로서 최근 수요가 늘어나고 있다. 또한 많은 명품산지가 강력한 브랜드 효과의 존재를 인정하는 회답을 하고 있을 가능성도 있다.

그러나 이와 같은 점을 고려했다 하더라도 브랜드 효과가 높게 나타나고 있으며 오랜 기간 쇠고기 이상으로 엄격한 경쟁 환경에 노출되어 이들 주산지(기업체)가 생존을 위한 대규모화와 기업적 경영화를 적극적으로 추진한 결과 명품산지로 살아남아 브랜드 효과를 누리고 있는 것으로 여겨진다.

3. 브랜드 전략과 문제점

이와 같이 어느 정도 브랜드 효과가 확인된 명품산지이지만 상품화 전략은 어떠한 상황일까? 먼저 쇠고기 상품화 노력의 일환으로 마블링을 중시한 고품질화, 혈통 중시, 사료 엄선, 건강・안전 중시 등을 들 수 있다. 건강・안전 면에 관해서는 산지에 따라 다양하게 대응하고 있지만, 건강・안전을 위한 첫 번째 조치로는 Non-GMO사료의 급여와 항생제의 미사용을 꼽았고, 두 번째로는 볏짚과 다량의 조사료 공급, 운동 중시를 꼽았다.

상품화를 위한 노력으로는 혈통 중시를 꼽았고 어느 산지에서든 마블링을 중시하는 고품질화와 건강・안전 면을 고려하여 다각도로 노력하고 있음을 알 수 있다. 혈통에 관해서는 유용종・F1보다

화우가 중시되고 있지만, 반드시 그 비율이 높은 것은 아니다.

이는 현 시점에서 송아지의 유통이 이미 전국에 걸쳐 이루어지고 있고, 명품화가 진행된 많은 산지에서 자기 지역에서 생산한 송아지만으로 차별화하기는 점차 어려워지고 있음을 반영하는 것으로 여겨진다. 마블링 중시 전략은 당연한 것이지만 화우 주산지에서 비율이 높게 나타나고 있다.

그러나 최근 들어 유용종・F1 주산지에서도 배합사료의 통일, 비타민A 투여 등 관리기술이 발달하여 안정적으로 중등급 소 생산에 성공하고 있는 산지도 나오고 있다. 따라서 다소 등급의 차는 있겠지만 화우와 같이 마블링 중시 전략을 실행하고 있는 산지가 많아지고 있음을 나타내고 있다. 건강・안전 면에서는 품종을 불문하고 다양하게 대처하고 있는 결과를 반영하여 모든 산지에서 높은 값을 나타내고 있다. 그러나 현 시점에서는 건강・안전 면에서 육질과 같은 통일된 규격은 존재하지 않으므로 어느 산지가 더욱 건강・안전을 중시하는가를 판단하기는 어렵다.

이와 같이 상품화에 노력하고 있는 산지에서는 브랜드를 정착시키는 데 어떠한 어려움을 느끼고 있을까? 앞의 [표 3-2]는 브랜드 정착을 위한 문제점을 조사한 것이다. 대형마트 등에서 최종생산물의 표시가 명확하지 않은 경우라든가, 다른 상품과 혼재하고 있어 독자적인 브랜드명을 제시하기 어렵다는 등의 문제점은 모든 산지에서 약 50%, 화우 및 유용종 F1의 경우에도 규모가 큰 산지에서보다 높은 수치가 나타나고 있다. 모조품(유사 브랜드 제품)의 발생에 대해서는 약 30%, 안전・안심에 대한 노력을 소비자가 좀처럼 이해하지 못한다는 문제점은 약 55%의 산지에서 나타나고 있다. 특히 대규모 유용종・F1 주산지에서 안전・안심에 대한 평가가 불충분하다고 느끼고 있는 산지가 70% 정도여서 차별화를 위한 건강·안전 면에서의 노력이 소비자에게 충분히 이해되지 못하고 있음을 알 수 있다.

소비자와의 교류의 장이 좀처럼 만들어지지 못하고 상품의 우수성을 이해해 주지 못한다는 문제점은 50%, 화우 및 유용종 F1 산지 모두 대규모 산지일수록 그 수치가 높은 결과를 나타내고 있다. 대규모 산지일수록 유통판매 채널의 다양화를 통해 소비자와의 교류를 중요시하고 있는데, 오히려 이와 같이 교류를 하고 있기에 문제를 느끼고 있는 비율이 높게 나타나는 것인지도 모른다.

한편, 돼지고기의 상품 만들기 전략은 [표 3-3]에 나타나 있는 바와 같이 흑돈 등의 순수종 3원교배에 의한 품종 개량, 미각 향상을

[표 3-3] 산지별 돼기고기 상품전략과 브랜드 정착을 위한 문제점

구 분	품종의 엄선		사료의 엄선(미각용)		SPF 등 안전성 향상		농장HACCP 안전성 향상		안전한 먹이 급여	
출하두수	있음	없음	있음	없음	있음	없음	있음	없음	있음	없음
1~10,000두	92.1	7.9	100.0	0.0	51.4	48.6	54.5	45.5	60.0	40.0
10,000~20,000두	70.6	29.4	94.7	5.3	77.8	22.2	72.2	27.8	55.6	44.4
20,000두 이상	96.4	3.6	100.0	0.0	88.9	11.1	55.2	14.8	57.7	42.3
전체평균	89.2	10.8	98.8	1.2	70.0	30.0	69.2	30.8	58.2	41.8

구 분	표시 혼재		모방품		안전성 평가 낮음		소비자 교류	
출하두수	있음	없음	있음	없음	있음	없음	있음	없음
1~10,000두	22.2	77.8	11.4	88.6	48.6	51.4	52.8	47.2
10,000~20,000두	44.4	55.6	21.1	78.9	26.3	73.7	36.8	63.2
20,000두 이상	32.0	68.0	16.0	84.0	32.0	68.0	41.7	58.3
전체평균	30.4	69.6	15.2	84.8	38.3	61.7	45.6	54.4

주: 돼지브랜드 핸드북에 게재된 산지 설문조사 결과임.

위한 사료의 엄선, SPF의 도입 및 농장 HACCP의 도입 등에 의한 안전성 향상, Non-GMO 사료 등 안전한 사료 급여 등을 들 수 있다.

품종 엄선은 89.2%, 미각 향상용의 사료 엄선은 98.8%로 아주 높고, 연이어 SPF화, 농장HACCP 도입 등을 통한 안전성 향상이 70.0%, Non-GMO 사료 등 안전한 사료 급여가 58.2%로 되어 있다. 흥미로운 것은 안전성 향상의 노력이 대규모일수록 순조롭게 진전된다는 점이고, 안전·안심에 대해서는 보다 대규모화·기업화한 경영일수록 순조롭게 진전되고 있음을 알 수 있다.

또한 돼지고기의 미각 향상을 위하여 품종과 사료 개량은 거의 모든 산지가 어떤 형태로든 노력하고 있다. 이는 쇠고기와 같이 화우와의 F1화라는 명확한 품종 전환은 아니지만, 번식·비육 일관경영이 일반적으로 소보다 회전율이 높은 양돈경영에서 다양한 품질 향상 노력이 이들 명품산지에 의해 실천되고 있음을 알 수 있다.

다음으로 돼지고기 브랜드의 문제점을 보면, 표시 혼재 30%, 모조품(유사 브랜드 제품) 발생 15%, 안전·안심 노력에 대한 소비자의 평가 불충분 38%, 소비자와의 교류부족 46%로 조사되었다. 쇠고기와 비교해 볼 때 소비자와의 교류부족을 제외하면 전반적으로 수치는 낮은 편이고, 돼지고기 명품산지의 경우 일반산지보다 문제가 심각하지 않은 것으로 판단된다. 표시 혼재와 모조품 문제는 돼지고기가 쇠고기보다 대중적인 성격이 강하여 예를 들면, 마츠자카(松阪) 소와 같은 고가격 상품은 존재하지 않고 모방에 대한 인센티브가 상대적으로 미약한 것도 하나의 요인으로 꼽을 수 있다.

또한 안전성에 대한 노력도 쇠고기에 비해 상대적으로 높게 평가되어 있고 일상적으로 돼지고기의 안전·안심에 대한 소비자의 관심이 상대적으로 높은 편인데, 이에 호응하는 형태로 산지 측이

노력을 기울여 좋은 평가를 받고 있는 것으로 추정된다.6)

4. FTA의 영향

FTA가 돈육산업에 미치는 영향을 의식하지 않을 수 없는데, FTA 등의 추진에 의해 수입돼지고기가 무관세・저가격으로 증가하는 것을 상정하여 영향을 조사한 결과 평균 47%가 영향 없음, 37%가 어느 정도 영향 있음, 15%가 상당히 영향 있음이라고 응답하였다. 어느 정도 영향이 있다고 응답한 산지에서는 수입돼지고기의 증가에 의해 시장 전체에 공급과잉이 발생하여 돼지고기의 평균가격이 저하하는 것에 의한 영향을 염려하는 응답이 많았다.

한편, 산지가 생산하고 있는 상품 그 자체가 곧 바로 수입돼지고기와 경합한다고 응답한 산지는 적었는데, 이는 지금까지 수입품과 치열하게 경쟁하는 가운데 차별화를 도모해 온 산지가 수입돼지고기와의 영역분점에 성공하여 직접적인 경합은 없을 것이라 판단하고 있기 때문으로 여겨진다.

정육의 판매처 비율로 보면, 백화점, 소비자생활협동조합, 개별택배의 비율이 높은 산지일수록 영향이 없다고 응답한 경우가 많았다. 또한 확실한 판로, 고소득층과 안전・안심에 관심이 높은 소비자층을 보유한 산지일수록 돼지고기 수입이 증가해도 영향이 없다고

6) 일반적으로 농산물의 안전・안심에 대한 관심은 보다 빈번하게 구입하는 물건일수록 높은 것으로 여겨진다. 상품의 구입 빈도와 안전・안심에 대한 관심 정도에 대해서는 堀田[6]을 참조했으며, 또한 청취조사 가운데 쇠고기를 많이 소비하는 관서(関西)지방과 돼지고기를 많이 소비하는 관동(関東)지방의 차이가 존재하고 있는 점, 또한 쇠고기는 먼저 맛에 중점을 두고, 돼지고기는 생산과정, 즉 안전・안심에 대한 대응에 민감하게 반응하는 구매계층이 많다는 점 등을 지적하지 않을 수 없다.

생각하고 있음을 알 수 있다.

2절 명품산지의 브랜드전략 실태와 추진 방향

1. 마케팅의 관점에서 본 브랜드사업

앞 절의 분석결과에 입각하여 여기에서는 브랜드전략이 비교적 양호한 사례를 기초로 실태를 살펴보기로 한다. 브랜드전략 실태에 대해서는 마케팅 관점에서 정리하고자 한다. 마케팅의 기본적인 사고방식을 정리하면 아래와 같다.

1) 시장세분화(segmentation)의 명확화

마케팅의 기본적 사고방식은 소비자 지향이지만 동시에 소비자의 다양성에 착안할 필요가 있다. 시장을 질적·양적으로 상이한 몇 개의 부분시장으로 나눈 다음 이들 시장을 표적으로 하는 전략 구축이 필요하다.

2) 상품군(domain)의 명확화

세분화한 시장을 목표로 하여 어떠한 상품군을 중심으로 전략을 마련할 것인가를 명확히 하지 않으면 안 된다.

3) 마케팅 믹스(marketing mix)의 명확화

마케팅매니저가 수행해야 할 전략을 제품(product), 가격(price), 판매처(place), 홍보(promotion)라는 네 가지 기능의 조합 내지는 시간의 경과를 고려한 통합 과정으로 구축할 필요가 있다. 이들 이론은 마케팅의 전통적인 것으로 후일 코틀러 등에 의해 수량 분석, 행동과학의 성과 도입, 비영리 협동조직에 대한 적용 등 폭넓게 적용되어 오고 있다.[7)]

2. 쇠고기 브랜드전략 실태와 추진 방향

쇠고기 대표산지는 앞 절의 앙케트 조사 결과 가운데 브랜드 인지도도 높고 또 회답률도 높은 산지를 선택하였다. 이들 산지는 브랜드효과에 대해서도 아주 높은 효과가 확인되고 있고 브랜드 정착을 위한 문제점도 별로 없다고 응답하고 있는 것이 특징이다. 이러한 조사 결과로부터 대표적 산지의 브랜드전략은 비교적 양호하다고 판단된다.

그렇다면 이들 쇠고기 대표산지의 실태는 과연 어떠한가? [그림 3-1] 및 [그림 3-2]는 쇠고기 대표산지의 브랜드전략상 자리매김(평가), 그리고 추진 방향을 정리한 것이다. [그림 3-1]의 세로축은 품질(마블링) 중시 정도를, 가로축은 안전・안심 중시 정도를 각각 나타내고 있다. 쇠고기산지를 품질 중시 관점에서 정리하면, MZ우, SG소로 대표되는 고급 화우에서부터, NS소, DA소, SS소, Y비프라는 대중 쇠고기서열이 존재한다. 한편, DA소, SS소, Y비프라는 대중쇠고기는 판매전략 속에 안전성과 원래 산지산이라는 신뢰를 중요한 요소로 도입하고 있다.

---

7) 이에 관해서는 코틀러[8] 등을 참조하였음.

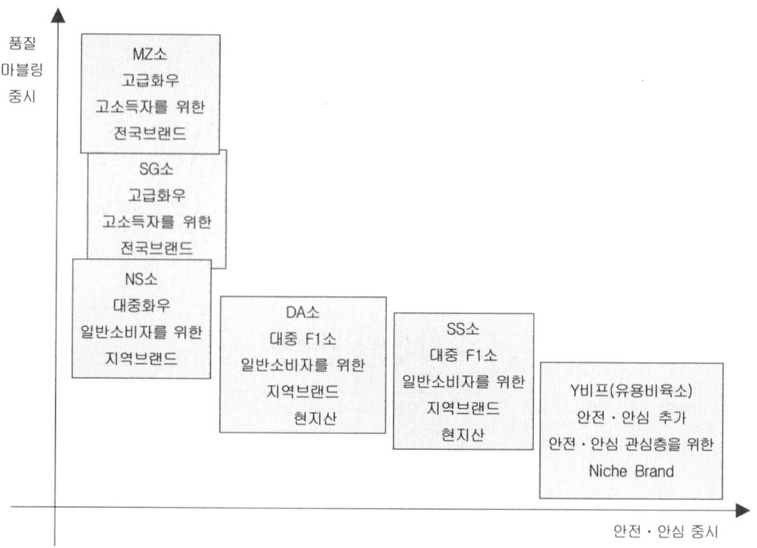

[그림 3-1] 대표적 쇠고기산지의 브랜드 전략상 위치도

자료: 필자 설문조사

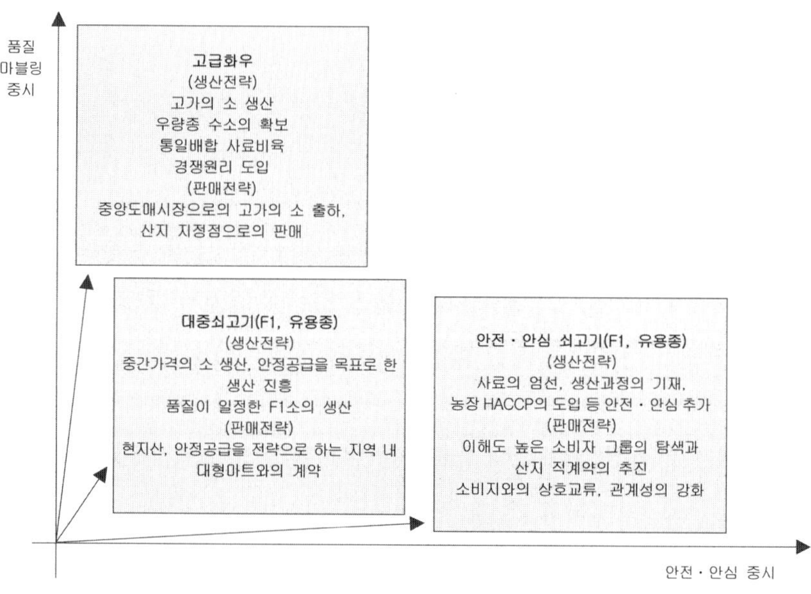

[그림 3-2] 쇠고기 산지 브랜드 전략의 추진 방향

자료: 필자 설문조사

또한 각 명품산지는 소위 대상으로 하고 있는 구입자층·판매의 범위도 달라, MZ소, SG소라는 고급 화우는 고소득층을 타깃으로 한 고급쇠고기의 전국브랜드로 판매되고, NS소, DA소, SS소 등 대중쇠고기는 일반소비자용 지역브랜드로 판매되고 있다. 또한 Y비프는 안전·안심에 관심이 높은 소비자층을 타깃으로 한 한정적인 판매를 목적으로 하고 있다고 할 수 있다.

상품의 차별화·향후 판매전략은 [그림 3-2]에 나타나 있는 바와 같이 세 가지 추진 방향이 있을 수 있다. 이들 세 방향이 이른바 상품군(domain)이라고 불리는 것으로, 하나는 마블링(지방교잡)을 기본으로 한 고품질화 방향, 그리고 다른 하나는 적정가격대, 원산지산, 안정공급을 전략으로 하는 대중쇠고기 방향이며, 또 다른 하나는 안전·안심을 부가한 상품 만들기이다.

먼저 제1방향은 제품으로서 고등급 고급 화우, 가격은 고위 가격대, 판매처는 산지 지정판매점 방식에 의한 판매와 홍보 등으로 도매시장에서 등급이 높은 소 획득에 의한 시장평가 향상을 들 수 있다. 생산·판매 체제의 통일적인 전략이 산지 육성 면에서 매우 중요하고, SG소와 같은 신흥 고급 화우 산지의 경험이 유익한 정보를 제공한 것으로 생각된다.

다음으로 제2방향은 제품으로서 중간인 대중쇠고기, 가격은 적정가격의 느낌을 주는 중가격대, 판매처로서는 지방시장 대형마트 등을 들 수 있다. 쇠고기산지를 보건대, 현 상태에서는 이와 같은 대중용 쇠고기를 생산하고 있는 제2 방향으로의 산지화가 대부분이라고 여겨진다. 앞 절에서도 언급한 바와 같이 이와 같은 대중쇠고기산지에도 현재는 BSE 이후 순풍이 불고 있어 먼저 이와 같은 흐름을 이용하여 지역브랜드로서 지역에 정착한 브랜드사업을 지향하는 것이 중요하다고 본다. 이를 위해서는 적정가격대 설정, 안정공급을 전략으로 지역 대형마트와의 산지계약을 추진하고 원산지라는 것에 의해 소비자가 느끼는 안심감을 강하게 홍보하는 것이 중요하다.

또한 제3방향으로서 제품에 안전 · 안심을 부가한 중저등급 소, 가격은 중위가격대, 판매처로서는 안전 · 안심에 관심이 높은 소비자생활협동조합 등의 엄선이 필요할 것이다. 현 상태에서는 Y비프와 같이 안전 · 안심을 부가한 쇠고기에 관심이 있는 소비자는 상대적으로 대다수라고는 말할 수 없고, 판매에서 반드시 생산 면에서의 노력이 충분한 이해를 얻지 못하는 경우도 있을 수 있다. 안전 · 안심을 부가한 상품 만들기에 힘쓰는 산지에서는 그들 그룹과의 교류를 심화하여 강한 관련성을 구축함과 동시에, 제3자 인증에 의해 넓게 그 제품의 개념을 이해시키는 홍보 활동이 필요하다.

3. 돈육산지 브랜드전략 실태와 추진 방향

[그림 3-3]은 돼지고기 주요 산지의 브랜드전략상 위상을 나타낸 것이다. 이들의 사례도 쇠고기와 같이 앞 절의 앙케트 조사결과로부터 판단하여 브랜드전략이 비교적 양호한 산지를 선택하였다. 이 그림의 세로축에는 쇠고기와는 약간 다른 미각 중시를, 가로축에는 쇠고기와 같이 안전 · 안심 중시를 설정하였다. 이는 돼지고기가 미각 향상을 위해 쇠고기와 같이 화우와의 F1화라는 명확한 품종전환의 방향이 있는 것도 아니고, 각 산지에 따라 흑돈 등의 순수종을 도입하거나 육종통계학을 이용하여 독자적인 품종을 생산하는 등 다양하게 대처하고 있기 때문이다.

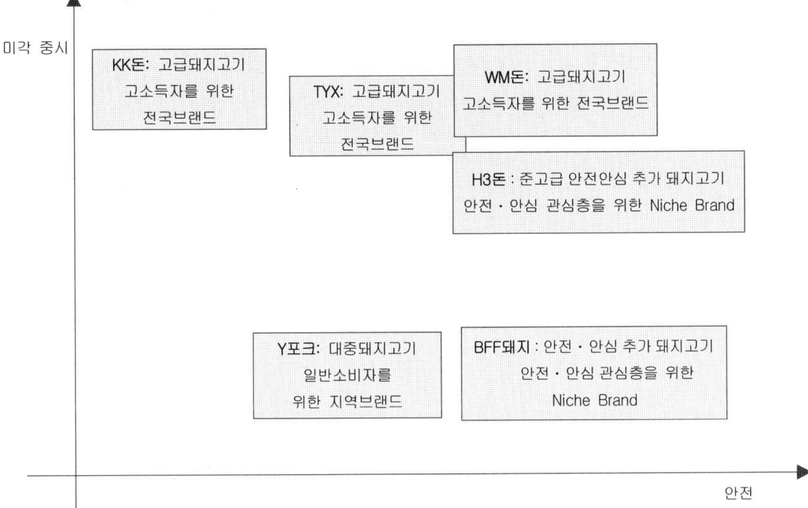

[그림 3-3] 주요 돼지고기 산지의 브랜드 전략상 위치도

자료: 필자 설문조사

이 가운데, 미각 향상을 위한 품종, 사료의 엄선 등을 통해 높은 평가를 받고 있는 것이 바크셔의 순수종을 생산하는 KK돈, 북경흑돈, 바크셔, 듀록의 육종 개량에 의해 개발된 TYX, 랜드레이스, 라지화이트, 듀록의 육종통계학에 기초한 개량종인 WM돈 등이다. 이들 산지는 고소득자용 전국브랜드로서 고급쇠고기와 같이 산시 지정판매점 방식에 의한 판매(KK돈, TYX)와 생산에서 소매까지의 신선도 유지를 고집하는 유통시스템에 의한 판매(WM돈)가 추진되고 있다.

미각의 관점에서는 위에서 지적한 돼지에 이어, 3원교배 중에 바크셔를 도입하고 있는 H3돈, 통상의 3원교배인 Y포크, BFF돈이 뒤를 잇고 있다. 한편, 안전 · 안심 관점에서는 방목비육의 도입(BFF돈), Non-GMO사료, 현지 사료미 도입(H3돈), 산지 지방 학교급식

잔반의 사료화(Y포크) 등 안전·안심만이 아닌 지역자원을 활용한 생산이 이루어지는 등 안전·안심에 관심이 많은 소비자층과 지역 주민에게 높은 평가를 얻는 형태로 판매가 이루어지고 있다.

돼지고기 상품의 차별화·향후 판매전략 방향 또한 3가지를 생각해 볼 수 있다. 첫째는 미각 향상을 기본으로 한 고품질화의 방향, 둘째는 안전·안심을 부가한 상품 만들기이다. 이들 방향은 기본적으로 쇠고기와 같은 방향이라고 여겨진다. 세 번째 방향은 쇠고기와는 다소 다른데, 첫 번째와 두 번째 방향을 결합한 것으로 보면 된다. 돼지고기는 쇠고기와 같이 대중 화우 및 F1을 대상으로 원래 산지산, 안정적인 공급, 적정가격대 등을 전략으로 할 것이 아니라, 미각 향상과 안전·안심 부가를 전략으로 하는 것이 여기에서 말하는 제3의 방향이라고 생각된다. 이러한 추진 방향의 상이함에 대하여는 뒤에서 다시 설명하기로 한다.

먼저 첫 번째 방향은 순수종과 육종통계학을 이용한 오리지널 품종을 개발하고 사료를 엄선함으로써 고급 품질, 가격은 고가격대, 판매처는 산지직영판매점 방식에 의한 판매, 생산에서 소비까지 신선도를 유지하는 시스템에 의한 백화점과 고급 대형마트에서의 한정 판매가 이루어지고 있다.

다음으로 두 번째 방향은 방목의 도입, 생산과정의 기장, 잔반의 이용, Non-GMO 사료의 급여 등, 안전·안심 및 자원순환을 부가한 돼지고기, 가격은 중가격대, 판매처는 안전·안심에 관심이 높은 소비자생활협동조합, 자원순환의 중요성을 이해하고 있는 지역 주민에 대한 판매를 들 수 있다. 안전·안심을 부가한 상품 만들기에 임하고 있는 산지에서는 쇠고기와 같이 이들의 노력을 이해하는 소비자그룹을 찾아내고 엄선하여 이들과의 교류를 강화하고 제3자를 통한 품질인증을 받음으로써 이 제품의 품질 및 개념을 이해시키는 홍보활동이 필요할 것이다.

세 번째 방향은 위의 두 가지 방향을 겸비한 전략으로서 생산 면에서는 순수종과의 교배 등에 의한 미각의 향상뿐만 아니라, Non-GMO 사료의 급여와 산지 지방 사료미의 급여 등에 의해 생산된 중고급·안전·안심 부가 돈육의 생산, 가격은 중가격대, 판매 면에서는 두 번째 방향의 소비자층만큼 안전·안심에 구애되는 소비자는 아니지만, 상품의 맛과 안심을 요구하는 소비자층을 아우르는 소비자생활협동조합과 대형마트 등에서의 판매를 들 수 있을 것이다.

이와 같이 국산 쇠고기와 돼지고기에는 브랜드전략의 추진에 약간의 차이가 있다. 국내산 쇠고기는 쇠고기 수입이 증대되면서 2장에서 언급한 바와 같이 소위 마블링(지방교잡)을 중시하는 개량의 방향으로서 화우와의 교잡(F1화)이라는 명확한 품종전환에 의한 차별화에 성공하였고, F1에 의한 차별화가 중요한 흐름으로 정착하였다. 그러나 돼지고기는 이와 같은 명확한 품질(미각)의 차별화 방향을 찾을 수 없고 순수종의 도입 등 미각 향상의 노력뿐만이 아닌, 안전·안심에도 배려한 전략이 추진되어 온 것이라고 할 수 있다.

또한 이는 돼지고기가 상대적으로 대중적인 육제품, 쇠고기가 고급 육제품으로서의 성격을 띠고 있는 사실도 커다란 요인으로 작용했을 것으로 여겨진다. 일상적으로 빈번히 구입하는 상품이라는 이유로 안전·안심에 대한 상대적 관심도는 쇠고기 이상으로 높고 생산자의 안전·안심에 대한 다양한 집착과 대응이 소비자에게 비교적 유연하게 받아들여진 것으로 생각된다. 이 결과 돼지고기의 경우 미각 향상과 안전·안심 부가가 중요한 브랜드전략의 방향으로 설정된 것이라 여겨진다. 또한 쇠고기의 경우 가족경영이 중심인 번식 부문과 기본적으로 분리되어 있는 것도 안전 · 안심에 대한 대처를 어렵게 한 것으로 생각된다. 이 결과 F1화한 쇠고기는 특히 안전 · 안심을 부가하는 일 없이 안정적인 공급, 적정 가격대, 원산지 등을 주요 개념으로 한 브랜드전략이 확립된 것으로 추정된다.

3절 축산물 브랜드의 과제

앞장에서는 축산물 브랜드전략의 실태와 추진 방향에 대하여 검토하였다. 여기에서는 이들 산지가 브랜드전략을 추진해 가는 과정상의 과제에 대하여 언급하고자 한다.

가장 먼저 지적해야 할 점은 앞 절에서 언급한 사례에서도 알 수 있듯이 브랜드전략이 비교적 양호한 산지는 생산과 유통 · 판매를 담당하는 조직이 일체가 되어 그 전략을 추진하고 있다는 점이다. 목표로 하고 있는 소비자계층을 파악하고 이들 소비자계층의 요구에 일치하는 제품을 생산 측이 일체가 되어 생산하고 있을 뿐만 아니라, 중간조직에 해당하는 도매업자, 가공업자(포장육 판매자)도 이들과 통일된 전략으로 제품의 신선도 유지 및 안정적인 공급을 위해 노력하고 있다. 그러나 대부분의 산지는 아직도 생산에서 유통 · 판매에 이르는 조직의 강한 연계가 이루어지지 않고 있다. 이와 같은 경향은 돼지고기에 비해 대규모화, 기업조직화가 진전되지 못한 쇠고기산지에서 많이 나타나고 있다. 가족경영을 중심으로 한 산지에서는 이와 같은 문제점을 진지하게 고려하여 생산에서 유통 · 판매를 아우르는 견고한 조직개편에 착수할 필요가 있다.

또한 생산 측면의 문제를 한 가지 더 꼽는다면, 사기업에 의해 개발된 신품종과는 달리 각 현의 시험장 등에서 개발된 수많은 지역 브랜드가 생산 현장은 물론, 유통 현장과도 충분히 연계되어 있지 않아 소멸의 위기에 노출되어 있다는 점이다. 뿐만 아니라 개발된 신상품(품종)은 통상의 기업체라면 항상 다양화하는 요구에 따라 개량이 이루어지기 마련이지만, 아무런 개량도 이루어지지 않고 있는 곳이 많다. 굳이 앞 절의 분석결과를 인용하지 않더라도 현재 소비자들은 단지 유명하고 비싼 전국 브랜드만을 요구하고 있는 것은 아니라는 점을 명확히 인식할 필요가 있다.

먹을거리의 안전·안심에 대한 관심에서부터 지역특산물 소비 붐이 일어나고 있고, 축산물의 지역브랜드도 새롭게 소비자에게 각광 받는 절호의 기회가 찾아왔다고 생각한다.

품종 개량, 기술 지도에 종사하는 농업기술센터, 생산지도·유통 판매를 담당하고 있는 농협, 제품 인증을 담당하고 있는 현 등은 강력한 연계를 서둘러 지역브랜드 재생의 길을 조속히 검토하지 않으면 위기상황을 초래하게 될 것이다.

더욱이 판매 측면으로 눈을 돌린다면, 앞 절에서 거론한 것과 같이 우량 산지에서는 마케팅의 관점에서 시장세분화, 상품군의 명확화와 이에 수반되는 마케팅 믹스를 구축하고 있다. 생산 측면의 문제와도 관계가 있지만 어떠한 조직이 이들의 판매 전략을 책임지고 담당하여 생산 측면에 유용한 정보를 피드백 하는가를 명확히 할 필요가 있다. 또한 소비자는 앞으로 더욱 먹을거리의 안전·안심에 대한 관심을 높여가야 한다.

신상품, 안전·안심을 부가한 상품에 대해서는 보급을 촉진하기 위하여 생산 공표 JAS 등의 공적 기관에 의한 인증을 유효하게 이용함과 동시에, 독자적인 인증제도의 개발·보급도 소비자에게 신상품의 가치를 인지시키기 위해 중요할 것이다. 또한 유통 측면에서는 쇠고기, 돼지고기 모두 많은 산지가 가정소비시장을 목표로 한 신선육을 주력상품으로 하고 있는 현실에 입각하여, 제품의 혼재, 모조품의 배제를 철저히 한 이력 추적에 힘써야 한다.

또한 WM돈에서 채택하고 있는 선도 유지를 철저히 한 유통에 의해 브랜드제품의 맛 그대로를 가감 없이 소비자에게 전달하는 유통시스템을 구축하는 것도 향후 외국과의 경쟁을 고려했을 때 중요한 요소가 되리라 본다.

이와 같은 제반 과제를 국가, 현, 농협, 기업을 넘어 일본 전체가 극복해 가지 않으면 축산물의 국산 프리미엄을 유지해 나가기란 어려울 것이다.

참고문헌

稻本志郎, 「새로운 농업경영의 이론적 과제」, 稻本志郎 編, 『일본농업연보: 농업경영자의 시대』, 농림통계협회, 2001.

鈴木宣弘, 『FTA와 日本의 식료·농업』, 筑波書房, 2004.

新山陽子, 「축산경영의 발전과 경영전략」, 『농업경영연구』, 제34권 제2호, 1996.

藤谷築次, 「농업경영과 농산물마케팅」, 長憲次 編, 『농업경영연구의 과제와 방향』, 일본경제평론사, 1993.

堀田和彦, 「본서의 과제와 구성」, 『먹을거리 안심·안전 경영전략』, 농림통계협회, 2005.

_______, 「안전·안심 부가상품의 판매·보급의 조건」, 위의 책, 2005.

일본식육소비종합센터, 『명품쇠고기 핸드북』, 2004.
필립 코틀러, 『마케팅 매니지먼트』, 프레지던트사, 1983.

4장

광우병 발생이 쇠고기 수급에 미친 영향

카이 사토시*

1절 미국산 쇠고기의 수입중단에 따른 육류 가격 및 소비 변화

일본 쇠고기 시장에서 전체 공급량의 30%를 차지하고 있던 미국산 쇠고기의 수입이 중단됨에 따라 쇠고기가격이 상승하고 있다. 따라서 국내 쇠고기 산업은 미증유의 황금기를 맞았다고 할 수도 있겠지만, 다른 한편 소비자는 점차 쇠고기에 대한 소비를 줄이고 있는 것 또한 사실이다.

쇠고기와 돼지고기는 서로 대체 관계에 있어 쇠고기 가격의 상승은 소득에 제약을 받고 있는 소비자의 돼지고기 소비를 증가시키게 된다. 이와 같은 관계는 닭고기의 경우에도 마찬가지여서 동일한 현상이 발생하고 있다.

*나카무라가쿠엔대학교 유통과학부 교수

쇠고기 산업의 황금기라 일컬어지는 이 시기에 정작 소비자의 쇠고기 소비는 서서히 감소하고 있음을 쇠고기산업 관계자들은 인식해야 하며 쇠고기 가격 인하와 안전성을 확보하여 소비자가 이탈하는 것을 막아야 한다. 그렇지 않으면 국내산 쇠고기는 일부 부유층만의 기호품으로 전락할 우려마저 있다.

2절 일본 · 미국 쇠고기 관련산업 구조 비교

미국은 세계 쇠고기 생산량의 4분의 1을 차지하고 있는 최대 생산국이며 호주, 브라질에 이어 세 번째 수출국이기도 하다. 미국의 농산물 판매액(20.2조 엔)에서 쇠고기 산업(5조 엔)이 차지하는 비중은 25%로서 가장 크며 미국의 농업 가운데 가장 중요한 부문으로 인식되고 있다. 참고로 미국 농업의 각 품목별 시장점유율은 낙농 11%, 옥수수 9%, 채소 9%, 닭고기 9%, 과일 7%, 콩 7%, 돼지고기 5%, 밀 3%, 기타 17% 등으로 나타나고 있다.

송아지를 생산하고 있는 번식우 경영은 가족 경영에 의한 조방적인 생산 · 관리가 이루어지고 있는 반면, 비육우는 대규모 농장(feedlot)에서 곡물비육을 하고 있다. 또한 육우의 유통은 대규모가공업자(packer)에 의한 과점화 현상이 뚜렷이 나타나고 있다.[1)]

미국의 육우 사육두수는 1억 마리가 넘었던 시기도 있었지만 쇠고기주기(Cattle Cycle: 11년이나 12년을 주기로 국제시장에서 반복되는 축산업의 불황기를 일컬음, 역자주) 및 한발의 영향으로 현재는 1억 마리를 약간 밑도는 수준이다.

---

1) 농축산업진흥기구, 『축산의 정보: 연보(해외편)』, 2003.

육우 경영은 크게 번식우를 생산하는 소규모 농가(번식우 경영)와 비육을 담당하는 대규모 농장(비육우 경영)으로 나뉘어진다. 미국과 일본의 번식우 경영을 비교해 보면 사육두수는 미국이 일본의 5.5배 정도이지만 대규모 농장 수는 큰 차이를 보이고 있다. 비교적 대규모라 할 수 있는 일본의 유용종(乳用種) 비육농가의 경우 사육두수가 5,000마리를 넘는 곳을 찾기는 쉽지 않다. 한편 미국의 경우 3만 마리 이상을 사육하는 비육우경영은 0.125%에 불과하지만 사육두수의 시장점유율이 42%에 이르는 등 대규모화가 진전되어 있음을 알 수 있다. [표 4-1]에서 보는 바와 같이 일본의 100마리 이상 사육 농가의 유용종 비육의 경쟁력은 2.4에 불과하지만, 미국의 3만 마리 이상 대규모 농장의 경쟁력은 336으로 매우 강력함을 알 수 있다.

미국의 연간 도축두수는 3,573만 마리이며 이 가운데 거세우가 1,752만 마리(49.1%), 미경산우가 1,134만 마리(31.7%)로 이를 합하면 무려 80.7%에 이른다. 이 가운데 90%는 20개월령 이하의 어린 소(若齡牛)이며 대규모 가공업자들은 이들 어린 소들을 도축·가공하고 있다. 30개월령 이상의 취급량은 1% 미만에 불과하다. 일반적으로 광우병(특정위험물질) 감염 확률이 높은 것으로 알려져 있는 유용(乳用) 경산우와 육용 경산우는 각각 260만 마리(7.3%), 305만 마리(8.5%)로 비율이 낮은 편이며, 이 소들은 영세한 가공업자가 취급하고 있고 대부분 미국 내 소비용으로 이용된다.

미국의 4대 가공업자는 25군데에 가공장을 보유하고 있고, 이들의 가공장 수와 연간처리 두수는 다음과 같다.[2)]

1위인 타이슨푸드사는 10군데의 가공장에서 943.5만 마리를 처리

2) 渡邊裕一郎, 『미국의 쇠고기산업』, 2005.

[표 4-1] 미국과 일본의 쇠고기 산업구조 비교

구 분	단 위	미 국	일 본	미국 일본:배	비 고
총사육 호수	만호(萬戶)	101	12.8	7.9	2003
이 가운데 번식우 경영	만호(萬戶)	79	8.5	9.3	2003
총사육 두수	만두(萬頭)	9,611	452.4	21.2	2003
이 가운데 번식우 두수	만두(萬頭)	3,295	64.3	51.2	2003
1호 평균 사육두수	두(頭)	95.2	35.3	2.7	2003
1호 평균 번식우 사육두수	두(頭)	41.7	7.6	5.5	2003
비육우 총사육두수	만두(萬頭)	1,632	183	8.9	2001
대규모농장(Feed lot) 수	만개소(萬個所)	9.4	2.2	4.3	2001
1피드로트당 사육두수	두(頭)	173	83.2	2.1	2001
유용종 비육의 100두 이상 층의 호수 점유율	%		33.1		2003
유용종 비육의 100두 이상 층의 두수 점유율	%		80.6		2003
유용종 비육의 101두 이상 층의 경쟁력지수	단위 없음		2.4		2003
3.2만 두 이상 층의 호수점유율	%	0.125			2001
3.2만 두 이상 층의 두수점유율	%	42			2001
3.3만 두 이상 층의 경쟁력지수	단위 없음	336			2001
도축시설 수	개소(個所)	706	172	4.1	2002
연간 도축두수	만두(萬頭)	3,573	126.3	28.3	2002
도축장당 연간 도축두수	두(頭)	50,609	7343	6.9	2002
4대 팩커의 25개 도축장의 도축점유율	%	80.3			2001
4대 팩커의 25개 도축장의 경쟁력지수	단위 없음	22.7			2001
4대 시장의 취급두수 점유율	%		2.9		2002
4대 시장의 취급 경쟁력지수	단위 없음		9.1		2002
대일 수출을 하고 있던 공장 수	개소(個所)	129			2003
총생산량(양국 모두 지육베이스)	천톤	12,288	536.6	22.9	2002
수입량(양국 모두 지육베이스)	천톤	1,459	695.5	2.1	2002
수출량(양국 모두 지육베이스)	천톤	1,110			2002
소비량(양국 모두 지육베이스)	천톤	12,645	1,232.1	10.3	2002
자급률	%	97.2	36	2.7	2002
1인당 소비량	kg	31	6.4	4.8	2002

하고 있고, 2위인 카길미트사는 7군데에서 800만 마리, 이어서 3위인 스위프트사는 6군데에서 500만 마리, 4위인 내셔널비프팩킹사는 2군데에서 320만 마리를 각각 처리하고 있다. 이들 4대 가공업자가 소유하고 있는 가공장 수는 전체의 3.5%에 불과하지만 도축두수는 80.3%를 차지하고 있고 이들의 경쟁력지수는 22.7에 이른다.

참고로 일본 4대 시장의 취급두수는 도쿄 15.98만 마리, 오사카 5.16만 마리, 센다이 2.86만 마리, 사이타마 2.33만 마리로 이들 4대 시장의 가공장 수는 전체의 2.3%, 취급두수는 20.9%, 경쟁력지수는 9.1로 미국과는 큰 격차를 보이고 있다.

미국의 쇠고기 생산량은 1,228만 8천 톤이고 소비량은 1,264만 5천 톤으로 97.2%의 자급률을 나타내고 있다. 수입은 주로 호주, 캐나다로부터 하고 있다. 또한 생체 수입은 캐나다가 압도적으로 많다. 캐나다로부터 광우병에 감염된 소가 수입됨으로써 미국에서 특정위험물질이 발생했다고 추측되고 있다. 한편, 미국산 쇠고기 수출량의 32%는 일본으로 수출되고 있다. 미국인 1인당 연간 쇠고기 소비량은 31kg이며 이는 일본인의 약 5배에 이른다.

3절 미국 쇠고기의 유통과정

미국의 쇠고기의 유통과정은 [그림 4-1]과 같다.[3] 먼저 번식농가는 자체 생산한 송아지에 소인(燒印)을 찍는다. 송아지를 생산한 번식농가는 소인을 통해 자신의 소유임을 확인하는 것이다. 또한 소인을 통해 누가 생산한 송아지인가에 대한 식별이 가능하고

3) Marcine Moldenhauer, *Beef Export Verification Process Flow*, 2005.

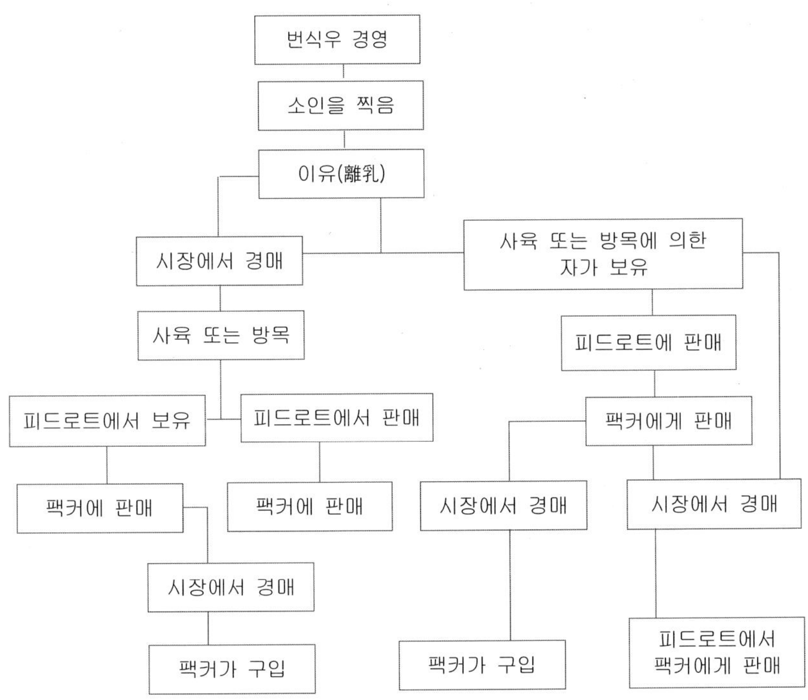

[그림 4-1] 미국 쇠고기의 유통도

자료: 카길사 축산본부 내부자료

도난방지에도 도움이 된다.

젖 뗀 후(생후 6~8개월: 평균 7개월) 시장에서 경매로 판매되거나 혹은 육성 또는 방목을 위하여 자가 보유하는 수도 있다. 육성 및 방목기간은 4~8개월(평균 6개월)이다. 이후 대규모(비육) 농장에 판매되면 그곳에서 4~6개월(평균 5개월) 정도 사육된 후 평균 18개월이 되면 가공업자에게 판매되어 도축되고 각 부위별로 가공되어 판매된다. 미국 전역에서 송아지가 생산되고 있지만 주산지는 남동부라 할 수 있다. 미국 전체 송아지의 약 35%가 이곳에서 생산되며 미국 내 27개 주로 공급되고 있다. 미국 남동부 송아지 생산지의 번식 경영은 20～30마리를 사육하는 영세한 농가가 많다. 이들은 면화나 콩을 재배하며 가축도 사육하는 가족 경영, 겸업 경영의 형태를 띠고 있는 경우가 많다.

대규모(비육) 농장을 일반적으로 피드로트(feedlot)라고 부르는데 피드야드(feedyard)라는 명칭도 동일한 의미로 쓰이고 있다. 캔자스주 이북에서는 피드야드로 부르는 경우가 많다.

앞에서도 언급한 바와 같이 생후 18개월에 도축되는 것이 일반적이지만 예외적으로 22개월까지 비육하는 경우도 있다. 이를 거세우와 미경산우로 한정해서 보면 20개월 이내에 도축되는 소가 90%를 차지한다.

4절 쇠고기 관련업체가 보유하고 있는 서류

1. 번식우 경영

번식농가는 아래의 서류를 보유하고 있다.

① 가축 보유 선서 진술서

② 육골분을 가축에게 급여하지 않는다는 선서

③ 소유권을 주장하기 위한 기록 진술서

④ 개별 가축에게 할당된 ID 등록번호

⑤ 판매청구서 및 계약서

모든 번식농가는 납세 관계로 인해 판매청구서 및 계약서는 반드시 보유하고 있지만 다른 서류는 농가의 사정에 따라 다소 차이가 있을 수도 있다.

피드로트 내의 단체기록(어느 소가 어느 그룹에 속해 있는가에 관한 기록), 피드로트에서 팩커까지의 개체별 기록은 구비되어 있지만 번식농가에서 팩커까지 일관기록 작성시스템은 아직 구축되어 있지 않다.

특히 개별 가축에게 할당되는 ID등록번호는 1년 6개월 전부터 보급되기 시작하여 현재 약 35%의 번식농가가 보유하고 있으며 ID등록번호는 매우 빠른 속도로 보급되고 있다. 또한 번식농가로 하여금 송아지 생산 및 판매에 관한 일곱 가지의 기록을 보유하도록 권유하고 있는데 반응이 좋은 편이지만 아직 완벽하다고 말할 수는 없다.

일곱 가지의 기록은 아래와 같다.

첫째, 출생 기록(출생일, 생체중, 성별, 백신투여 기록 등)

둘째, 종모우 기록(자연교배 개시일, 장소, 암소와 송아지 수, 우군ID 등록번호 등)

셋째, 소인(燒印) 기록(날짜, 장소, 우군ID 등록번호, 백신투여기록 등)

넷째, 이유(離乳) 기록(날짜, 장소, 우군ID 등록번호, 두수, 백신투여 기록 등)

다섯째, 집하 판매 기록(날짜, 두수, 성별, 가격, 장소 등)

여섯째, 출하증명(날짜, 두수, 성별, 수송업자 등)

일곱째, 건강기록(백신투여기록, 생체중, 송아지, 라벨 등)

자연교배를 위해 종모우를 약 2개월간 암소 무리가 있는 축사에 넣는다. 일반적으로 봄에 태어나는 송아지가 많고 가을에 태어나는 송아지가 적어 송아지의 생산두수는 계절 변동이 크다. 이것을 조절하고 있는 것이 육성 및 방목기간이다. 따라서 도축되는 비육우의 월령은 14개월부터 22개월에 이르는 등 폭이 매우 크다.

만일 앞으로 일본이 월령이 명확한 20개월 이내 소(쇠고기)만을 수입할 것으로 가정한다면, 해당 월령우를 확보하는 것이 당면과제이다.

상기 기록 이외에도 인공수정을 하는 경우에는 인공수정 기록 등이 남게 된다. 대다수 번식농가가 보다 좋은 품질의 송아지를 생산하고 유리하게 판매하기 위하여 기록을 남기고 기록을 활용하는 등 경영개선에 힘쓰고 있다. 일부 번식농가는 활자매체로 기록을 남기고 있는 반면, 또 다른 일부는 전자매체로 기록을 남기고 있다.

대부분의 번식농가는 20~30마리밖에 사육하지 않는 영세경영이므로 소들을 매일 관찰하고 있어 출생증명서의 작성은 비교적 쉬운 편이다.

2. 비육우 경영

대규모(비육) 농장은 열 가지 비육우 생산 및 판매 관계서류를 보유할 것을 권유받고 있다. 이들 관계서류는 현재 빠르게 보급되고 있지만 아직 완벽하지는 못하다.

첫째, 접수 기록(두수, 성별, 어느 업자로부터 매입했는가에 관한 수송증명, 번식농가가 발행한 출생증명서 등)

둘째, 건강 기록(집단 혹은 로트(lot)별, 개체별 건강 기록 등)

셋째, 급여사료 기록(사료명, 사료 공급자, 가격, 배합비율, 중량 등)

넷째, 로트 기록(솎아 내기, 사망, 별도 처리 등: 2회 이상의 발병 기록이 있는 소의 경우 별도처리 하는 식육업자에게 판매하는 경우가 많음).

다섯째, 전자 건강 기록 시스템(5~6년 전부터 전자귀표가 판매되고 있으므로 대규모 농장에서도 이것을 장착할 수 있는 환경이 정비되어 있음).

여섯째, 전자 가축ID 파일

일곱째, 사료샘플 실험실 기록

여덟째, 사료자재 구입증명서

아홉째, 소 구입증명서(계약서)

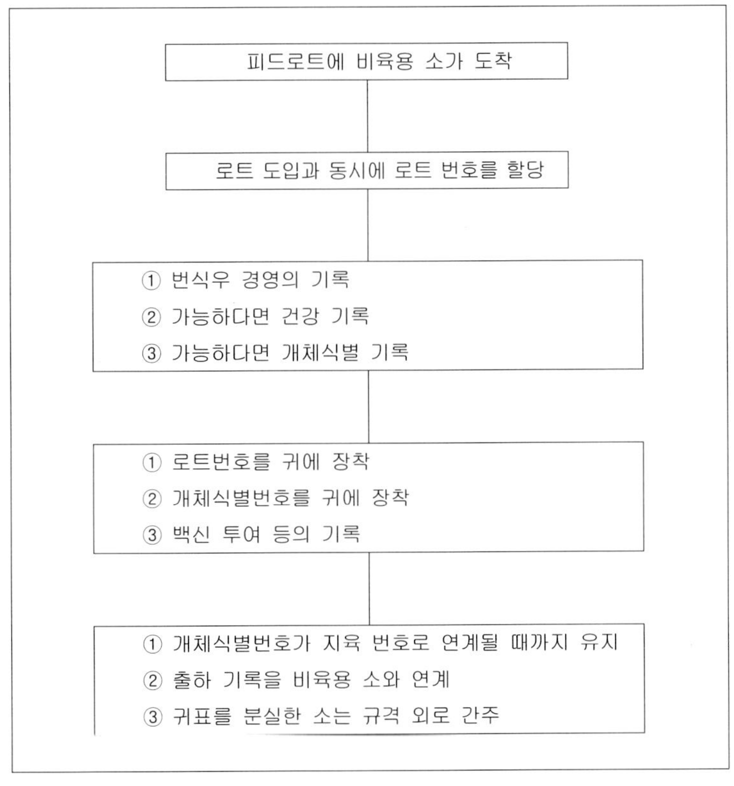

[그림 4-2] 개체식별 정보시스템을 위한 피드로트의 매뉴얼

열 번째, 로트 파일(구입증명서, 소유증명서, 판매증명서 등)

카길사의 경우 모든 기록을 보유하고 있을 것을 대규모 농장 측에 요구하고 있지만 세금 대책 등의 이유로 남아 있지 않은 경우도 있어 현 단계에서 완벽하다고 말하기는 어렵다. 그러나 이들 기록은 경로 추적을 가능하게 하며, 반대로 이들 가공업자가 육질 등에 관한 자료를 대규모 농장에 제공할 수 있다. 따라서 위의 [그림 4-2]에서 보는 바와 같이 전체 기록을 남기려는 적극적인 자세를 가진 곳에 한해서 비육우를 구입하고자 하는 경향이 나타나고 있다.

현재 사용되고 있는 소의 개체식별번호는 여러 종류가 있지만 이 가운데 전자 개체식별번호가 가장 최신의 것이다.

3. 대규모 가공업자

대규모 가공업자(packer)는 다음 3가지 관련서류를 보유하고 있다.

첫째, 비육우 구입 기록

대규모 농장의 명칭, 로트 번호, 두수, 성별, 구입가격, 가공 및 구입 형태(계약인지 아닌지, 생체인지 지육인지 등의 여부)

둘째, 지불 기록

집하일, 판매처, 금융업자가 중개를 하였는지의 여부, 특별 코멘트 등

셋째, 지육의 등급에 관한 기록

등급판정 결과에 관한 기록, 지육번호 등

5절 미국에서 개체식별번호가 보급되는 3가지 이유

미국에서 개체식별번호가 빠른 속도로 보급되는 이유는 다음과 같다.

첫째, 대규모 가공업자 단계의 기록을 대규모 농장에 환류시킴으로써 보다 양질의 쇠고기를 생산할 수 있는 시스템이 구축되기 때문이다. 즉 소의 개체식별번호를 정비함으로써 가공업자는 농장에 개체식별번호에 관한 정보, 지육번호, 지방의 색깔, 지육의 중량, 수율(收率), USDA의 등급 판정, 지육 단가와 두당 판매가격 등의 정보를 제공할 수 있게 된다. 또한 대규모 농장은 이와 같은 정보를 참고로 하여 송아지를 구입함은 물론, 적절한 사료관리를 할 수 있다.

둘째, 미국에서 광우병이 발생한 후 캐나다, 멕시코에 쇠고기를 수출하기 위해서는 30개월령 미만이라는 증명이 필요해짐에 따라 출생증명의 정비가 필요하게 되었기 때문이다.

셋째, 20개월령 미만 쇠고기의 일본 수출을 염두에 두고 있기 때문이다.

6절 특정위험물질의 제거와 관리

1. 광우병 규제의 경제적 영향과 특정위험물질 제거의 현주소

[표 4-2]는 미국에서 광우병 규제에 의한 경제적 영향을 추정한 것이다.[4] 특정위험물질(SRM) 제거비용이 1억 달러, 30개월령 이상

된 소의 치열 검사에 소요되는 비용(가공 라인의 증설비 등)이 1,700~5,900만 달러, 장애 소의 제거 비용(지방소재 도축가공장으로의 이송비용)이 5,000만 달러, 부분적으로 기계에 회수되어 오는 것을 방지하기 위한 비용이 1,500만 달러로 총 1억 8,200만~2억 2,400만 달러에 이른다.

[표 4-2] 광우병 규제가 미국 경제에 끼친 영향

(추정액 단위: 백만달러)

구　　분	추 정 액
SRM의 제거 비용	100
전두수 치열 검사에 소요되는 비용	17~59
보행 곤란 소 제거 비용	50
부분적으로 기계에 회수되어 오는 것을 방지하기 위한 비용	15
합　　계	182~224

주: American Meat Institute 자료를 이용하여 필자가 계산한 것임.

여기서 특히 주목되는 것은 특정위험물질의 제거에 따른 비용이 1억 달러에 달해 총비용의 45~55%에 이른다는 점이다. 미국에서 특정위험물질 제거에 관한 규제로서 첫째, 전체 소에서 편도선과 소장(小腸)의 제거가 의무화되어 있을 뿐이지만, 둘째, 여기에 추가하여 30개월령 이상 소는 두개(頭蓋: 뇌, 삼차신경절, 안구), 척수, 척추, 배근신경절의 제거가 의무화되어 있다.

그러나 실제로 대규모 가공업자들은 정부의 규칙보다 더 엄격하

4) Cargill Meat Solutions, *Management of Spicified Risk Materials in A Beef Facility*, 2005.

게 전체 소에서 위에서 열거한 모든 부위를 제거하고 있다.

2. 광우병의 기본 방지책과 문제점

[그림 4-3]은 미국에서 쇠고기가 소비자에게 전달되기까지의 흐름을 나타낸 것이다. 미국에서 광우병 방지책의 기본은 1996년부터 시작된 랜더링 공장으로부터 공급되는 반추수에서 유래된 단백질(반추 소화기관을 가진 동물에서 유래한 단백질, 역자주)의 소 사료 이용금지이다.5)

대규모 가공장에서 배출되는 특정위험물질은 랜더링 공장으로 이동되어 육골분 등으로 가공된다. 이러한 특정위험물질을 포함한 소에서 유래된 육골분을 소 사료로 이용하는 것을 금지하는 것이 미국의 광우병 대책의 기본이다.

일본에서 특정위험물질은 랜더링 공장과는 다른 별도의 시설에

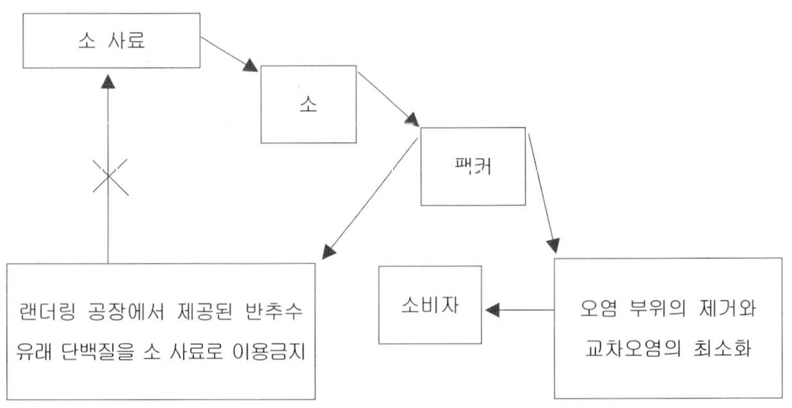

[그림 4-3] 미국의 특정위험물질 방지책

5) 미국육류수출연합회(USMEF), 『BSE문제에 대한 미국의 대응』, 2005.

서 소각되므로 사료는 물론 비료로도 이용되지 않는다. 또한 랜더링 공장에서 생산되는 소에서 유래한 일반적 육골분도 소각되어 사료나 비료로 이용되지 않는다. 즉 일본에서는 소에서 유래한 육골분이 완전 소각되고 있다.

한편, 미국에서는 특정위험물질을 포함한 소에서 유래한 육골분이 돼지나 닭의 사료로 이용되고 있다. 특정위험물질을 포함한 소에서 유래한 육골분의 소에 대한 공급을 FDA가 엄격히 감시하고 있지만 소, 돼지, 닭을 동시에 사육하는 농장에서 교차 이용하는 것을 철저히 배제해야 하는 문제점이 남아 있다.

더욱이 이러한 특정위험물질을 포함한 소에서 유래한 육골분이 아시아 등으로 수출되고 있어 수입국가는 미국 FDA의 규칙을 엄격히 준수하는 시스템을 구축할 필요가 있으며 더 이상 세계에 광우병이 확산되지 않게 하기 위해서는 소에서 유래한 육골분을 반추가축에게 급여하지 않는 시스템을 전 세계적으로 구축할 필요가 있다.

상대적 광우병의 감염력은 [표 4-3]에 나타나 있는 바와 같이

[표 4-3] 상대적인 광우병 감염력

(단위: %)

구 분	감 염 력
뇌	64.1
척수(등골)	25.6
척근 신경계	3.8
부분적 기계회수육의 금지에 따른 비용	2.6
회장원부위	3.3
편도선	0.1 이하

자료: EC Scientific Steerring Commottee 내부 자료

뇌가 64.1%로 가장 크며 척수가 25.6%로 두 번째이다. 소장의 감염력은 회장원부위(回腸遠位部)에 있는데 이것을 제거하는 데는 시간이 걸리므로 대규모 가공장은 소장 전체를 특정위험물질로 간주하여 제거하고 있으며, 일본으로부터도 원위부를 제거한 소장을 수출해 달라는 의뢰를 받고 있다. 그러나 현재로서는 쇠고기와 관련식품의 수출이 금지되어 있으며, 편도선을 확실하게 제거하기 위하여 혀를 포함하는 등의 시도가 이루어지고 있다.

7절 미국의 광우병 대책의 변화

미국의 광우병 대책은 2003년 12월 미국에서 광우병 소가 발견되면서 크게 변화하였다. 2003년 12월 이전 광우병 대책의 중심은 첫째 광우병 발생국으로부터 쇠고기와 생체 소 수입 금지, 둘째 위험 소에 대한 광우병 검사(당초에는 신경증상을 보였던 26만 마리의 소를 대상으로 광우병 검사를 실시할 예정이었으나 그 시기를 이미 넘어 사망한 소, 보행 불가능 소도 검사대상으로 확대시키고 있다. 검사 개시로부터 2005년 3월까지 약 27만 5전 마리에 대해 실시), 셋째 식품의약품국(FDA)이 규정한 반추가축에서 유래한 육골분의 소에 대한 급여 금지 등이다.

2003년 12월 이후에는 광우병 대책이 한층 강화되었다. 그 내용을 보면, 첫째 보행이 곤란한 소의 식용금지, 둘째 30개월 이상 소의 특정위험물질 제거, 셋째 모든 소의 소장과 편도선 제거, 넷째 공기주입 도축 금지, 뇌조직의 비산 방지, 다섯째 광우병 검사대상 소, 신경 증상을 보인 소, 사망한 소, 보행이 곤란한 소에 대해서는 광우병 검사결과가 나올 때까지 지육이나 내장 부산물 등을 보관, 여섯째 부분적으로 기계에 회수되어 오는 고기에 관한 추가조치 등이다.

현재 미국의 광우병 예방을 위한 대책 마련 순서는 [표 4-4]와 같다.

입하 전, 도축 전, 지육 냉각, 지육 해체, 랜더링 등 각 단계별로 세밀한 절차를 밟아야 한다. 미국에서는 월령 불명 소가 대부분이어서 치열로 월령을 판단할 수밖에 없다. 그것도 30개월령 이하인가 이상인가만을 구분하는 것이다. 특히 30개월령 이상의 소는 숫자가 매우 적기는 하지만 그 고기는 미국산 쇠고기의 수입을 재개한 캐나다, 멕시코, 최근에는 대만에 이르기까지 수출이 불가능하므로 청색 도장을 각각의 지육의 허벅지와 어깨 2곳에 찍고, 또한 파란 천 조각을 지육의 2군데에 매달아 놓는다. 나아가 티본 스테이크 등을 생산하지 못하도록 등뼈에 청색 잉크를 칠해 냉장고에서도 별도의 라인으로 보관하고 라인에 잠금 장치를 하며 잠금 장치는 미국농무성(USDA) 담당자만 해제할 수 있도록 되어 있다.

[표 4-4] 미국의 광우병 예방대책의 순서도

입하 전	도축 전	도 축	지육냉각	지육해체	랜더링
FDA의 유래 사료금지	보행곤란 소 불매정책	공기주입 도축금지	30개월령 이상 소의 지육분리	30개월령 이상 소의 지육분리	사료금지 지시
사료의 선언 진술서	도축 전 검사정책	치열 검사		SRM관리 프로그램(척추제거)	식용과 식용 불가(SRM)의 분리
피드로트에서 검사	보행곤란 소 정책	30개월령 이상 소 분리		기계 회수 방지 관리 프로그램	랜더링 제품 판매 지시서
		SRM관리 프로그램(편도선, 뇌, 정수, 편두, 소장의 제거)			랜더링 제품 수송차의 청소순서

여기서 주목할 것은 특정위험물질의 하나인 척수의 제거인데 일본처럼 등뼈를 가르기 전에 척수의 흡인은 시행하지 않고 등뼈를 가른 후에 척수를 세 명이 분담하여 제거하고 있다. 예상과 달리 등뼈를 자르는 대형 기계에 의해서도 척수가 크게 파괴되는 일 없이 띠 모양으로 척수는 잔존한다. 우선 한 명이 손으로 띠 모양의 척수를 빼내고 다른 한 명이 척수 흡인기로 지육 상부의 척수를 흡인하고 남은 한 명이 하부의 척수를 흡인하고 있다.

랜더링 공장에서는 소 지방 등의 식용 가능 부분과 기타 내장 등의 식용 불가 부분을 처리하는 라인을 명확하게 분리하고 있다. 일반적으로 식용 불가 부분에는 특정위험물질이 혼입되어 있으므로 특정위험물질을 포함한 소에서 유래한 육골분이 제조되지만 랜더링 제품의 고객이 특정위험물질의 제거를 희망하는 경우에는 이에 대응하는 제품의 제조도 가능하다.

치열 검사는 전두수를 대상으로 하고 있다. 일반적으로 유치가 다 자랐다면 24개월 이하이고 유치가 빠지고 영구치가 2개 이상 났다면 24개월 이상 30개월 이하에 해당된다. 영구치가 3개 이상 있으면 30개월 이상이다. 현재는 30개월령 이하와 이상으로 나누어 작업이 이루어지고 있다.

8절 BEV 프로그램

현재 캐나다와 미국, 멕시코와 미국간 BEV 프로그램(Bovine Export Verification Program)이 양국 협의하에 작성되어 있고, 이것을 기본으로 미국산 쇠고기가 캐나다와 멕시코로 수출되고 있다. BEV

프로그램은 캐나다, 멕시코에 쇠고기를 수출하는 각 가공장마다 작성되어 있으며 미국 농무성의 농산물 마케팅 서비스(AMS)로부터 6개월마다 주의사항이 확실히 이행되고 있는지, 검사 · 감사 · 인가를 받아 시행하고 있다.

주 내용은 첫째 어떠한 제품을 대상으로 하고 있는가, 둘째 지육의 증명과 분리 순서, 셋째 최종 제품의 확인 코드, 넷째 관련 서류의 보관, 다섯째 가공공정에 실수가 있는 경우의 수정 방법 등이다.

일본도 2003년 12월 수입이 중단되기까지는 이러한 BEV 프로그램에 따라 수입하였다. 따라서 수입이 재개된다면 새로운 BEV 프로그램에 따르게 될 것으로 본다.

9절 A40의 의미와 두수 비율

미국에서 번식농가는 송아지를 방목하여 생산하고 있으므로 송아지의 생년월일을 정확히 파악하기가 곤란하다. 그래서 소의 월령을 추측하기 위한 방법으로 제안된 것이 성숙도 판정법이다. 소 3,338마리를 분석한 결과 성숙도 A40은 생후 12~17개월령 소는 포함하지만 20개월령 이상의 소를 포함하지 않는 것으로 나타났다.[6] 그러나 A40두수의 비율은 불과 5.9%로 숫자 확보가 곤란할 것으로 예상된다. 예를 들어 A40를 넘으면 A50에서는 21개월령의 소를 4.7%포함하고 A60에서는 21개월령의 소를 6.0% 포함하게 된다. 앞으로 미국이 일본에 20개월령 이하 쇠고기만을 수출하게 되면 월령이 판명되는 않는 경우에는 A40 소를 찾아 이 소를 도축한

6) USDA Maturity Study, *Final Report to the Government of Japan*, 2005.

다면 일본이 20개월령 이상 소를 수입하는 일은 없을 것이다.

10절 대규모 농장의 개체식별 현황

콜로라도주 덴버 근교에 있는 이클레이 피드야드(Ekley feed yard)는 320에이커(128ha)의 농지를 보유하고 있는데, 이 가운데 110에이커(44ha)에서 조사료를 재배하고 있고 나머지 210에이커(84ha)에서 비육우 32,000마리가 종업원 22명(말 14필)에 의해 사육되고 있다. 비육용 밑소는 콜로라도주, 네브레스카주, 와이오밍주, 캘리포니아주로부터 구입하고 있다. 가공업자는 엑셀사로서 연간 7만 5천~8만 마리를 출하하고 있다.

이 지역은 연간 30일밖에 비가 오지 않으므로 미국에서도 가장 건조한 지역이며, 또한 대규모 농장이 많다.

비육용 밑소는 평균 생체 중량이 760파운드(약 345kg)이고 이 소를 150일간 비육하여 1,260파운드(572kg)에 출하하고 있다. 현재 구매 시 비육용 밑소의 가격은 1파운드당 1.1달러이므로 두당 가격은 836달러(1달러를 105엔으로 환산했을 때 87,780엔)이다. 또한 출하시 비육우 단가는 1파운드당 0.92달러로서 두당 1,159달러(121,695엔)이다.

150일간 비육하여 증가한 체중은 500파운드(= 1,260 − 760, 약 226.8kg)고, 일당 증체량은 3.33파운드(1.5kg)이다. 또한 150일간 비육에 의한 증가액은 323달러(= 1,159 − 836, 엔으로 환산하면 33,915엔)이고 일당 증가액은 2.15달러(226엔)이다. 미국에서 비육우 일당 증가액은 겨우 226엔의 불과하므로 규모를 확대하지 않으면 채산성을 맞추기 어려운 구조임을 알 수 있다.

사료는 주로 증기로 찐 압편, 콘후레이크(1일 약 1만 부셸 제조, GMO콘), 알팔파, 홀그롭 사일리지, 에탄올을 제거한 옥수수, 수박 등이다. 여기에 비타민(A, D, E 등)과 같은 첨가제가 액상사료로 급여되며 우지도 첨가된다. 사료의 대부분을 구입하고 있으므로 구입 시에는 육골분이 혼입되지 않았다는 증명서를 납품업자로부터 제출받고 있으며 농장 측에서도 육골분 혼입 여부를 검사하고 있다. 또한 곡물 구입 시 수분 함량, 건조물 무게도 농장에서 분석하고 있다.

사료는 5단계로 나누어 급여되고 있다. 1단계는 비육 개시 후 20일간인데 비타민을 많이 첨가한 사료를 급여하고 나머지 130일간은 4단계로 나누어서 체중 증가에 따라 배합 비율과 급여량을 변화시켜 나간다. 배합비율과 급여량은 컴퓨터로 관리되어 수분 함량, 건조물 중량 등을 감안하여 배합량이 결정되며 전광게시판의 지시에 따라 종업원이 각종 사료를 대형믹서로 배합하여 믹서트럭으로 옮긴 후 지정된 장소로 이동하여 급여한다.

소에게는 3개의 귀표가 장착된다. 청색 귀표에는 개체식별번호, 적색 귀표에는 그룹번호가 기입되고 흰색 원형 귀표(전자태그, EDI)에는 개체식별번호가 들어가게 된다. 이 농장에서는 2002년 9월부터 전자태그가 장착되었다.

소의 개체식별번호는 비육용 밑소가 농장에 도착한 이후 부착하므로 전 두수가 명확하지만 광대한 방목지에서 번식하는 농가는 월령이 명확하지 않은 경우가 많다. 따라서 현 단계에서 이력추적시스템은 대규모 농장의 비육용 밑소 구입에서 대규모 가공장의 지육 단계까지이다. 지육을 해체하여 부분육으로 가공하는 단계에서는 대규모 컨베이어에서의 작업이므로 개체별 가공처리가 불가능하다.

한편, 번식단계에서는 개체별 출생일을 확정하는 시스템이 도입되어 2004년 12월 1 일부터 평균 출생일 방식(calving date of group)이 미국 농무성의 인가를 받아 채택되었다.

참고문헌

渡邊裕一郎,『美國の牛肉産業』, 2005.

農畜産業振興機構,『畜産の情報: 年報(海外編)』, 2003.

Cargill Meat Solutions, *Management of Spicified Risk Materials in A Beef Facility*, 2005.

Marcine Moldenhauer, Beef Export Verification Process Flow, 2005.

USMEF,『BSE問題에 대한 美國의 對應』, 2005.

USDA Maturity Study, *Final Report to the Government of Japan*, 2005.

5장

자원순환형 축산의 전개와 정책지원

-육용우 부문을 대상으로-

후쿠다 스스무*

1절 자원순환형 축산의 전개

지난 시절 소는 벼농사를 짓기 위하여 역용 또는 거름을 얻기 위한 목적으로 사육되었고 농가의 소득 증대에 크게 기여해 왔다. 그러나 육용우라는 용어에서 알 수 있듯이 소를 기르는 목적은 점차 육용으로 전환되고 있고 농가소득의 확보, 지력의 유지 향상 등의 측면에서 더욱 더 중요해지고 있다. 또한 육용우는 수입 곡물사료에 의존하지 않고 국내의 토지를 이용하여 조사료를 중심으로 사육할 수 있으므로 식량 자급률 향상과 국토자원의 효율적인 이용이라는 측면에서도 생산을 장려할 가치가 있다.

한편, 쇠고기의 수요는 최근 꾸준히 증가하고 있고 앞으로 축산물 가운데 가장 많이 늘어날 것으로 예상되고 있지만 소비자들은 쇠고

*큐슈대학교 대학원 농학연구원 준교수

기가격이 외국에 비해 비싼 편이라고 인식하고 있다. 이와 같이 쇠고기 수요 측면만 보더라도 쇠고기의 공급을 늘려야 할 필요가 있고 그만큼 육용우 생산을 확대하는 것이 중요한 과제가 되고 있다.

그런데 소의 사육동향을 보면 젖소 수소의 사육두수는 꾸준히 증가하고 있는 반면, 육용종은 기대에 미치지 못하고 주춤하고 있다. 화우에 대한 일본인의 취향을 고려할 때 향후 화우의 잠재수요가 상당하다는 점, 젖소 수소를 이용한 쇠고기 공급은 낙농업의 규모상 한계가 있다는 점 등을 고려할 때 육용 전용인 화우의 생산 확대는 중대 과제가 아닐 수 없다.

그러나 육용종의 사육동향을 보면 규모의 확대는 다른 부문에 비교하여 완만한 편이고, 특히 송아지 생산은 아직까지도 매우 영세하다. 또한 번식용 암소의 두수 증가는 답보 상태이며 암소 보유율도 저하하고 있다. 따라서 번식 경영의 규모 확대 및 생산 합리화와 육용우 자원의 유지·확대를 도모할 필요가 있다.

이러한 가운데 큐슈 지역은 1979년 전국 육용종 사육두수의 43%, 2세 이상 암소의 48%를 차지하는 등 육용종 사육 동향을 좌우하는 산지로서 그 명성을 떨친 바 있다. 또한 1977년 11월 각료 회의에서 결정된 제3차 전국종합개발계획에서 큐슈는 종합 식량공급 기지로서 대가축의 생산진흥을 도모하기 위하여 아소 구주 이이다(阿蘇久住飯田) 지역 등에서 대규모로 초지를 개발하는 한편, 경종(耕種)과 축산의 결합에 의한 새로운 복합경영의 육성을 활발하게 진행해 왔다.

큐슈의 주요 번식우 지역은 미나미큐슈(南九州) 시익, 도서 지역과 고원 지역인 '아소 구주 이이다'를 꼽을 수 있다. 밭농사를 많이 짓는 미나미큐슈 지역에 소가 많은 것은 도시에서 멀리 떨어져 있어 취업기회가 적고 전분용 고구마 이외의 환금작물의 산지화가 늦어졌으며 소가 자연재해에 강한 품목이기 때문인 것으로 여겨진다.

큐슈에는 외딴 섬을 포함한 도서와 반도가 많으며, 특히 큐슈의 서쪽에서부터 남쪽으로 편재되어 있다. 이들 지역은 토지조건이 좋지는 않지만 예로부터 소가 많이 사육되었다. 그 이유는 기후가 비교적 따뜻하고 시장에서 멀리 떨어진 교통 불편지역이며 태풍 등 자연재해를 입기 쉬운 지역이기에 과수와 함께 사료작물과 결부된 육용우의 사육이 상대적으로 유리했기 때문이다. 또한 알코올 원료용 고구마의 대용 작목으로 육용우가 자리잡은 것도 또 다른 요인으로 볼 수 있다.

이와 같이 큐슈 지역의 번식우 경영은 지역적인 특징을 살려 토지를 유용하게 이용하면서 활발하게 전개되어 왔다. 초지지대, 밭작물지대, 외딴섬 등지에서 육용우가 특화된 것은 그만큼 육용우의 수익성이 낮다 보니 임금수준, 지대수준이 낮은 지대로 입지가 이동할 수밖에 없었다는 점을 나타낸다. 지금 이 순간에도 번식경영의 입지가 미나미큐슈에서 홋카이도, 오키나와로 이동하고 있는데, 이는 이들 지역의 임금 및 지대가 다른 지역에 비하여 현저히 저렴하기 때문이다.

초지지대와 같이 다른 용도로 전환하기 어려운 절대 열등지는 축산 가운데서도 특히 풍부한 자급사료 기반을 필요로 하는 번식부문이 상대적으로 우월하다. 생산력이 높은 오키나와 지역 초지에서 방목 사육하는 것이 전형적인 사례라고 할 수 있다. 그러나 같은 초지지대라도 아소구주(阿蘇久住)의 초지 축산이 육용우 부문을 중심으로 순조롭게 확대되어 왔다고는 말하기 어려운 측면이 있다.

여기에는 여러 가지 원인이 있겠지만, 이 점을 명확하게 하는 것이 이 장의 첫 번째 과제이다. 또한 아소 지역의 초지 이용에 관해서는 초지축산의 전개를 지원하는 목적과 공익적 기능을 강조하면서 초지 보존 자체를 목적으로 하는 NPO 법인을 비롯하여 산관학(産官学)의 상생적인 접근이 전개되어 오고 있기도 하다. 이 점에 관해서도 뒤에서 언급하기로 한다.

다음으로는 새로운 움직임으로서 한계지(限界地) 내지 유휴지(遊休地) 이용이 갖는 의의에 대한 견해를 밝히고자 한다. 큐슈에서는 축산과 함께 감귤류 특히 1965년 이후 온주밀감이 대량 재배되어 왔지만 공급이 과잉되면서 수많은 감귤농원이 폐원하게 되었다. 또한 논도 1965년 이후 쌀의 과잉공급에 따른 생산조정이 시행되면서 경작을 포기하는 논이 크게 증가하였다. 이에 따라 육용 번식우를 방목함으로써 이들 한계지 및 이용되고 있지 않은 농지를 활용하고자 하는 시도가 광범위하게 전개되어 오고 있다.

육용 번식우 자원의 감소가 우려되고 있는 가운데 이와 같이 한계지를 축산 부문에 이용하는 것은 큐슈 농업뿐만 아니라, 일본 농업에 시사하는 바가 크다. 이와 같은 흐름의 실태를 밝혀내면서 그 의의에 대하여 검토하고 과제를 명확히 하는 것이 두 번째 과제이다.

마지막으로 오랫동안 번식우 사육지대로서 그 지위를 확실히 다져온 미나미큐슈 지역에 대하여 검토하기로 한다. 이 지역은 이른바 태풍 상습 발생지역이고 수리 조건 또한 불리한 가운데, 고구마와 아울러 사료작물이 가뭄에 잘 견딘다는 점에서 유리한 위치를 차지해 왔다. 가공원료용으로서 고구마의 위상이 저하되고 있는 가운데 퇴비 공급과 볏짚 이용 등 경영 내에서 유기물 순환의 한 부문이었던 육용우가 상품 부문으로 확대되면서 점차 복합 부문의 중심작목으로 자리 잡게 된 것이다. 하지만 현재 이들 밭농사 지역에서는 대규모 밭 관개(灌漑)사업이 실시되고 있고 수리조건의 불리함을 극복하고 있는 가운데, 시설원예와 대규모 노지(露地) 밭농사 등 토지 이용에도 변화가 나타나고 있다.

육용우의 두수가 증가한 오키나와가 대표적이라고 할 수 있는데, 오키나와는 한계전작지(限界畑作地)라는 조건을 극복하고 이 지역에 적합한 목초 도입을 기반으로 방목을 전개해 왔다. 또한 기계작업에 의한 사료생산 체제를 확립하는 등 새로운 시도가 속속 나타나고 있다.

2절 사례 분석－아토가세 목야조합

여기에서는 아토가세(跡ケ瀬) 목야조합을 사례로 들어 초지축산의 새로운 전개방향을 제시하기로 한다.[1)]

1. 조합의 개요

아토가세 목야조합은 아소(阿蘇) 키타소토와(北外輪)의 해발 930m에 자리 잡고 있다. 마을이 소유하고 있는 입회지(入會地)를 사용한다고 하는 자치법에 근거하여 입회권자에 의한 임의 목야조합으로서, 광역농업 개발에 의한 초지 개량을 계기로 하여 1969년에 23세대의 농가가 1인당 5만 엔을 출자하여 설립하였다.

관할면적은 목초지 68ha, 야초지 120ha에 이르며 거기에 실제로 227마리(이 가운데 조합원 소유의 소는 78마리)를 사육하고 있다.

1) 본 절 이하의 현지조사 결과는 참고문헌[5]를 근거로 가필한 것임.

앞에서 설명한 바와 같이 해당지역의 경우에도 입회권자의 이농이 현저하여 현재는 8세대의 농가가 운영하고 있다. 8세대 구성원 중 낙농 1농가를 제외하고는 모두 갈모화우를 사육하고 있으나, 이 가운데 5농가는 겨우 2~4마리를 사육하는 영세 농가이다.

조합 설립 당시부터 하산동리(夏山冬里) 방식에 의한 방목사육을 하고 있으나, 목초를 유효하게 이용하기 위하여 1971년 건초 판매를 시작했다. 특이한 점은 동물원 두 곳에도 판매하고 있고 이로 인하여 진드기 구제에 상당히 효과를 보았다고 한다.

그리고 1990년 쇠고기 수입 자유화를 계기로 송아지 가격의 혼미가 계속되면서 소 사육을 그만두는 농가가 늘어남에 따라 아소(阿蘇)에서 초지축산의 우위를 확보하자는 차원에서 11월 하순이었던 방목 종료 기간을 점차 늘리는 시험을 하고 있다. 주년방목, 즉 1년 내내 방목하는 것은 아토가세(跡ケ瀨) 목야조합의 독자적인 판단에 의한 것이 아니고 송아지 생산단가 감소를 목적으로 주년방목 기술을 확립하고자 노력하고 있는 구마모토현 농업연구센터 초지축산연구소의 주문에 의한 것이다.

이미 1975년에 ASP(Autumn Saved Pasture, 秋季立毛貯藏牧草) 기술을 도입하여 방목기간이 연장되면서 나아갈 방향이 정해지고 이를 해당 목야조합이 실천해 온 것이라고 할 수 있다.[2)]

2. 목야조합과 지연(地緣)조직 연대의 중요성

아토가세(跡ケ瀨) 목야조합의 목야는 관광적 이용가치가 낮고 입회권을 갖고 있지만 가축을 보유하고 있지 않은 농가에게 당장은

2) 주년방목의 실태와 목야관리 기술에 관해서는 문헌[5]를 참고하기 바람.

가치 없는 목야에 불과하다. 이와 같은 점이 가축을 보유하고 있지 않은 농가로 하여금 입회권을 마음대로 이용할 수 있게 하는 주장을 못하게 하고, 유축 농가만으로 목야 이용조합을 만들게 하고 있다는 지적이 있다.[3)]

물론 이것은 하나의 요인이기는 하지만 이 조합으로부터 얻은 귀중한 교훈으로서 지역과 조합의 신뢰관계 및 연계가 그 만큼 중요함을 나타낸다. 조합과 지역의 활동이 거의 일치하고 있고 지역연고 집단으로서의 기반이 기능집단으로서의 활동을 떠받치고 있다는 점을 지적할 수 있다. 이 점은 아소(阿蘇)의 목야 전체에서 문제시되고 있는 들판 태우기의 실시 여부가 조합원 이외에 이 지역 무가축 농가를 포함한 전체 50세대에서 시행되고 있다는 점으로도 확인할 수 있다.

한편, 조합원 상호 결속을 높이기 위해 15년간 계속해서 연수여행을 다니고 있다. 현재 이 조합의 전 조합장이 자치회장을 맡고 있고 목야에 관한 여러 가지 활동을 조정하고 있는데, 자치회, 어린이회 등 지역행사를 최우선으로 하고 있다. 따라서 들판 태우기를 위한 방화대(防火帶) 만들기도 지역민 전원이 순조롭게 동원되어 지역행사로 치러지고 있다.

또한 논에서 사료작물을 재배하는 것은 조합의 기계를 이용하여 공동으로 작업하고 있다. 답리작은 귀리와 이탈리안 그라스를 섞어서 함께 심어 수확하는 체계인데 물론 목야조합원 이외의 논에서도 수확하여 이것을 유축농가가 이용하는 형태를 취하고 있다. 이와 같이 지역주민과 목야조합이라는 기능조직이 일체가 되어 활동함으로써 목야를 양호하게 유지・관리할 수 있는 것이라고 여겨진다.

3) 참고문헌[9], p.14.

이는 입회지를 이용하고 있는 조합의 원칙이라고 할 수 있다. 즉, 50세대의 입회권자(= 취락공동체)가 있는 가운데 유축농가 10세대만이 사용하고 있지만 어디까지나 지역의 공유자원이라는 인식이 바탕에 깔려 있다.

3. 주년방목을 위한 목야 공동이용의 의의

주년방목을 위해서는 채초지(採草地)를 3번 베지 않고 저장하여 거기에 겨울 동안 방목시키는 것이 중요하다. 그러나 많은 목야에서는 채초지를 분할하여 이용하고 있다. 즉, 그룹별로 나눠서 공동작업으로 풀을 베거나 개인으로 나눠서 풀베기를 하고 있다. 이와 같이 초지를 이용하면 ASP에 대응하는 토지이용이 불가능하게 되는 제약을 받게 된다. 따라서 공유지를 분할하지 않고 공동 이용하는 것은 이용주체를 불문하고 중요한 의의를 갖는다고 할 수 있다.

또한 야초지(野草地) 이용은 주년방목에서 중요한 열쇠를 쥐고 있다. 개량초지를 건초생산 판매용으로 이용하기 위해서 하절기에는 야초지를 중심으로 방목하고 있다. 그러나 야초지의 외곽절단, 들판 태우기를 하지 않는 목야조합이 많으며 목야 및 개량초지를 활용하기 위해서도 야초지 이용시스템을 재구축할 필요가 있다.

마찬가지로 개량초지의 비배(肥培)관리도 재검토의 여지가 있다. 이 조합에서는 방목지는 갱신하고 있지 않지만 채초지는 갱신하고 있다. 이는 곧 채초지와는 달리 방목에 의한 적당한 진압(鎭壓)이 걸리므로 개량초지의 생산력이 유지되고 있는 것이다.

4. 지원조직과 다른 목야(조직)의 연대

이 조합은 조합원의 견고한 결속력은 물론이고 행정조직, 농업개량보급센터, 축산농업협동조합 등과 밀접하게 연계하여 주년방목이라는 초지축산의 한 형태를 실천해 오고 있다. 이러한 경험을 다른 목야조합들도 배워야 할 것이다.

현재 이용도가 낮은 근교 야초지 30ha를 빌려서 채초하고 있다. 야초지를 유효하게 이용하지 않고 주년방목을 할 수는 없다. 하지만 목야 이용자가 감소하는 가운데 목야 이용을 포기하는 조합도 나타나고 있다. 이 조합의 경우 적극적인 설득으로 다른 조합의 목야를 이용하게 되었지만, 일반적으로 이용률이 저조한 목야를 다른 조합에서 활용한다는 의식은 매우 낮다. 따라서 보급지도기관이 조정역할을 하여 초지자원이 부족한 조합과 연대하여 유효하게 이용하는 시스템을 구축해야 할 것이다.

5. 아토가세 목야조합의 대처에 대한 평가

주년방목하고 있는 이 조합의 송아지 1두당 생산비(노동비 미포함)는 12만 4천 엔인데, 이는 하산동리(夏山冬里: 여름에는 방목하고 겨울에는 축사에 가두어 기르는 방식)에 의한 생산비 18만 엔에 비해 약 30% 낮은 것이다. 이는 방목요금과 기타 비목에 소요되는 비용이 종래의 방식에서보다 다소 높지만, 구입사료비가 절감되고 감가상각비가 낮아졌기 때문이다. 소득률은 3.6배로 늘어나고, 어미소를 보살피는 노동시간도 절반으로 줄어들었다.

이와 같이 주년방목의 성과가 나타나자 조합원 가운데 주년방목의 의향을 표명하는 사람들이 늘어나고 있다. 또한 주년방목의 움직임이 다른 목야조합에도 확대되고 있다.

이 조합처럼 주년방목의 성과를 올리기 위해서는 단순히 목장관리, 초지관리 등 기술적인 측면뿐만 아니라, 목야조합의 조직관리 및 운영이 기본적으로 중요하다는 점을 명확히 인식해야 한다.

6. 아소 지역 목야를 유지하기 위한 대응

앞에서 살펴본 바와 같이 획기적인 주년방목 및 광역 예탁방목에 의해 새로운 초지축산을 전개해 나가고자 하지만, 한편으로는 고령화와 농가 감소가 계속되고 있으므로 목야를 유지하는 것이 점점 어려워지고 있다는 위기의식이 나타나고 있다. 이러한 상황 아래 시민단체와 NPO 등이 중심이 되어 초지자원을 지키고자 하는 움직임이 활발하다. 하나의 사례로서 'Green Stock 아소'라든가, 큐슈 지역의 'Bio mass Forum' 등이 초지자원을 유지하고자 노력하고 있다.[4)]

어느 활동이 되었든지 간에 궁극적으로는 아소의 광대한 초지자원과 경관을 유지하고자 하는 것이며 이와 같은 유지・관리의 한 유형으로서 축산도 자리매김 하고 있다. 이러한 활동 가운데 특이한 점은 야초자원을 개량초지(목초지)와 구별하여 아소의 초원으로 보고 있다는 점이다. 이러한 관점은 산업정책의 일환으로 추진해 온 초지개발과 목초지의 도입을 부정적으로 보고 있는 측면이라고 할 수 있다. 또한 축산을 활성화하기 위한 수단의 하나로 초지개발을

4) 예를 들어 다카하시요시다카 '풀의 환경이용이 키워드' '일본내셔널트러스트보' 2005년 2~6월과 나카보마코토 '농산어촌의 경관보전을 향한 야초의 유효활용에 관하여' 농림수산환경정책제안회(2005. 12, 구마모토시 보고)를 참고 바람.

해 온 것이 사실이지만, 앞으로는 축산 이외에 초지자원을 유지하기 위하여 적극적으로 이용하고자 하고 있음을 나타내는 것이다.

예를 들면, 환경부의 지원하에 시행하는 초본계 바이오 매스 에너지 이용시스템 실험사업은 좋은 사례라고 할 수 있다. 그리고 초지자원 순환 이용과 동시에 초원이 가져다주는 다면적인 기능을 강조하여 초원에 대한 직접지불 제도를 도입하자는 주장도 제기되고 있다.

코몬즈(근대이전 영국에서 목초 관리를 자치적으로 행했던 제도)로서 아소 지역 초지자원 이용과 유지 관리에 많은 시민의 관심을 불러 모은 수단으로 평가받을 수 있을 것이다. 단지 축산업의 진흥, 이 가운데서도 특히 초지자원에 입각한 자원순환형 축산의 진흥이라는 축산정책 목표에서 보자면, 아소 지역 목야 활용을 어떻게 평가해야 하는지 다시 한 번 정리할 필요가 있다. 결국 아소 지역 초지자원 가운데 '토지이용 구분 = Zoning(지역 구분)'이라는 발상에 다름 아니다.

현실적으로 축산 부문에 이용가치가 높은 초지를 더욱 적극적으로 이용하기 위한 시스템을 구축하기 위해서는 배전의 노력을 기울여야 한다. 그러나 축산 부문에 대한 토지 이용이 한계에 이른 초지를 공익적 · 다면적 기능을 평가하고 난 다음 비로소 보존이라는 방향도 설정되리라 본다. 목초지와 야초지의 대립, 축산 부문 이용 및 비축산 부문 이용의 대립을 부각시키는 것이 아닌, 아소 지역 초원 전체의 토지 이용을 어떻게 하면 명확하게 구분할 수 있는가를 논해야 하는 시기에 와 있다. 바로 여기에 새로운 시민참가형 초지자원 유지라고 하는 상생 메커니즘이 존재하는 것이라고 할 수 있다.

3절 한계지 이용 면에서 본 육용번식 부문의 의의

구마모토형 방목의 일환으로 봄부터 가을까지 하절기에는 아소의 목야에 위탁 방목하고 동절기에는 자택 주변에서 이모작 방목을 하는 복합주년 방목 형태가 아소 지역에서 증가하고 있다.

또한 구마모토현에서는 감귤의 수입관세화 이후 감귤경작을 포기한 농원이 뽕밭 유휴지와 함께 증가하고 있다. 이러한 상황이 계속되면 결국 토지가 황폐해지므로 큰 걱정이 아닐 수 없다. 시모마시키군 미사토쵸 중앙지구의 경우 가까운 시일 내에 황폐지가 100ha에 달할 것이라는 예측도 있다. 이러한 가운데 방목이 황폐지의 확대를 멈추게 하는 하나의 방법으로 주목을 받고 있다. 현재는 하절기 축사 내 사육을 대체하는 방법으로 평가 받고 있지만 앞으로는 주년방목으로 발전할 가능성이 충분히 있다.

1. 답리작 방목의 전개와 효과

1) 답리작 방목의 대처상황

[표 5-1]은 아소 지역 논방목(일부 밭 이용도 포함) 상황을 나타낸 것이다. 1989년 아소 지역에서 처음으로 논에 육용우가 방목된 이래 착실하게 증가하여 1998년에는 이를 시행하고 있는 시정촌(市町村)이 20개소, 면적은 72ha, 방목 두수는 571마리에 달하고 있다. 또한 표를 보면 알 수 있듯이 그 중심은 여전히 아소 지역이지만 그 외의 지역의 점유율도 착실히 증가하고 있다.

특히 답리작 방목의 확대는 다른 지역에도 영향을 주어 현 중앙부에 위치한 우키(宇城) 지역에서도 아소 지역을 본 딴 답리작 방목을

[표 5-1] 구마모토현의 논밭 방목 상황

구 분	1996	1997	1998	1999	2000	2001	2002	2003	2004
시정촌 수	8	14	20	26	26	24	29	29	20
	(5)	(6)	(7)	(8)	(7)	(7)	(7)	(7)	(5)
면 적	28	45	86	102	110	129	183	189	184
	(25)	(33)	(72)	(78)	(80)	(90)	(94)	(98)	(116)
방목두수	238	360	668	862	883	962	1163	1122	966
	(223)	(313)	(571)	(725)	(693)	(733)	(750)	(544)	(477)

주: ( ) 내 숫자는 아소 관내 숫자를 나타냄.
자료: 구마모토현 축산과, 2005.

시행하는 농가가 증가하고 있다. 답리작 방목에 대해서는 아소시에서 1990년도부터 시 단독사업으로 보조하고 있다. 또한 아소 농업개량보급센터 관내 다른 마을에서도 1993년부터 7년간에 걸쳐 국가의 보조사업으로 시행한 적도 있다. 또한 국고보조사업의 종료 후에도 지자체의 단독사업으로 계속해 오는 곳이 많다. 여기에서는 먼저 아소 지역 S농가의 사례를 들어 고찰하기로 한다.

2) 방목에 의한 육용우 번식 경영－S농가의 사례

S씨는 올해 60세로 부인과 둘이서 번식우 41마리, 비육우 50마리를 기르는 일관경영을 하고 있다. 논 5ha 가운데 1ha는 작목을 바꾸었고 빌린 토지가 1ha 있다. 논방목은 1992년 시작하였고 야마다 중부목야조합의 조합장으로서 목야 주년방목도 1997년부터 시작하는 등 지역자원을 최대한 유효하게 이용하고 있다. 이모작 방목은 동절기 노동절감을 목적으로 시행해 왔으나 울타리가 뽑히는 등의 위험을 억제하기 위하여 방목 초기에는 줄로 쳐서 막는 계목(繫牧)부터 시작하였다.

벼 수확 10일 전부터 입도 상태에서 이탈리안 그라스를 파종하고 벼를 수확한 후에는 보통 10월 중순부터 방목하고 있다. S씨의 논은 비교적 축사에 가깝게 모여 있어 특히 자택주변의 3구역(30a, 60a, 110a)을 윤작으로 경작하면서 방목에 이용하고 있다.

S농가의 송아지 두당 생산비와 현의 평균치를 비교하면 사료비가 2.3만 엔, 목초・방목비가 2.4만 엔, 노동비가 6.8만 엔으로 현저히 낮고 지급이자・토지지대를 포함한 생산비는 22.9만 엔으로 현의 평균치보다도 10.7만 엔이나 낮다. 이와 같이 저렴한 비용으로 비육용 밑소를 확보할 수 있으므로 비육 부문에서도 특별히 높은 가격을 추구함이 없이 방목을 중심으로 한 건강・안전을 브랜드로 하여 그린 생활협동조합과 산지 직거래계약을 맺고 있다(갈모화우 산지 직거래조합원임). 다시 말해서 목야와 답리작을 유효하게 이용함으로써 흑모화우와 비교할 때 결코 높은 가격을 기대할 수 없는 갈모화우이기는 하지만 고소득 경영을 실현하고 있다.

특히 논을 비교적 넓게 소유하고 있는 이점을 방목에 유효하게 활용하고 있다는 점이 중요하다. 소유권에 제약을 받지 않는 단지(団地) 대차(貸借)에 기초한 답리작 이용이 답리작 방목을 보다 효율적인 저비용체계로 만든 것이라 여겨진다.

3) 미사토마치의 답리작 방목

이 지역에서는 1996년에 시모마시키군 츄오쵸(현재는 합병하여 미사토마치로 변경)에서 답리작 방목이 시작되었다. 이는 1987년에 결성된 츄오쵸 갈모화우 연구회 소속 육용우 농가들이 중심이 되어있다. 이 연구회는 결성 당시 8명으로 구성되었으며 현재는 40대 7명, 50대 1명 등 비교적 젊은 세대로 이루어져 있다. 번식우 사육두수는 마을 전체의 30%에 해당하는 64마리로 1세대당 사육두수는 마을평균 2.5마리를 훨씬 웃도는 7.3마리이다.

연구회 결성 이후 매년 주제를 정하여 연구모임을 하고 있으며 답리작 방목도 이 일환으로 시작되었다. 당시 1.2ha의 논에 번식우 세 마리를 1월부터 3월까지 약 80일간 방목하여 탈책(脫柵) 등의 문제를 극복하면서 사육관리에 드는 노동력을 절감하는 등 큰 성과를 올린 바 있다. 이와 같은 성과가 알려지면서 관내의 많은 농가가 자극을 받아 방목이 급속히 확대되었다.

4) 답리작 방목의 효과

시작 초기에는 전기목책(電気牧柵)에 익숙하지 않아 탈책이 많이 생겨 주변의 메론 시설 등에 크게 손실을 입힌 적도 있었지만, 현재는 동절기에도 노동력 경감이 가능하다는 이점이 널리 알려져 있고 앞으로도 계속 확대될 것으로 기대되고 있다. 단 고령화가 진행되고 있는 가운데 영세 사육규모 농가에서 답리작 방목을 하기 위해서는 다음의 두 가지를 문제점을 해결해야 한다.

첫째, 방목자재에 소요되는 비용을 지자체가 보조해 주어야 한다. 전기목책을 비롯한 자재에 1세대당 약 12만 엔이 소요되는데, 영세규모 농가일수록 그 부담이 클 수밖에 없다.

둘째, 개인이 소유하고 있는 논의 크기가 작으므로 방목 효율이 떨어진다. 따라서 논의 집적(集積)이 필요한데 이 문제는 축산만으로는 풀 수 없으므로 종합적인 토지 이용체계를 확립한 다음 논의하는 것이 중요하다.

2. 지역자원과 지원조직을 활용한 갈모화우 일관경영의 전개과정

1) 미사토마치 츄오지구 초지 방목의 전개

앞 절에서 언급한 바 있는 츄오쵸 갈모화우 연구회에서는 1997년부터 감귤농원이 있던 터에 방목을 시행하고 있다. 감귤농사를 그만두고 10년 이상 경과하여 관목이 무성한 상태의 토지를 빌려 큰 잡목을 제거하고 굵은 철사에 가시같이 작은 철사가 박힌 철선을 설치하여 봄부터 가을까지 두 마리를 방목하였다. 작은 관목나무는 사람 손으로 제거하지 않아 처음 방목할 때에는 소의 모습이 보이지 않을 정도였지만 소가 먹어치움으로써 비교적 빠르게 방목지답게 되었다.

시작 당시에는 불과 60a 정도였지만 1999년에는 2.1ha까지 확대되었다. 또한 감귤농원의 옛터에 방목하는 경우 적합한 잔디 등 풀 품종을 밝혀내기 위해서 종자협회의 위탁조사사업을 받아들여 15단 정도의 테라스에 잔디 등을 시험적으로 식재(栽植), 파종하고 있다. 아직 시험 중이기는 하지만 센티피트 잔디 등이 포복형으로 잘 자라고 기호도도 높아 유망 품목이 될 것으로 여겨진다.

우키(宇城) 지역에서는 과수원의 빈터를 이용하는 방목은 점차 증가하고 있어 향후 여러 농가가 공동으로 사용하는 형태로 미이용지를 이용하는 방목이 활발해질 것으로 기대되고 있다. 이러한 방법이 복합형 주년방목의 한 형태가 될 뿐만 아니라, 위탁을 필요로 하지 않는 완전 주년방목의 체계로 자리매김할 것으로 여겨지지만 농가의 노력만으로는 추신해 나가기 어려운 만큼 앞으로 행정기관 및 연구기관에서 적절히 지원해 주어야 될 것으로 본다.

2) 경영의 개요

구마모토현의 전형적인 중산간지역에 해당하는 미사토마치에 위치한 A농가는 부부와 부친 등 세 사람이 번식우 26마리, 육성우 2마리, 비육우 97마리 등 일관경영을 하고 있다. 경지면적은 논 77a(임차지 20a), 밭 268a(임차지 250a)로 이 밖에 공동으로 이용하고 있는 방목지가 635a 있다. 이 경영의 특징은 좋지 않은 입지조건을 살려 나가기 위하여 논방목, 초지방목 등 자급사료 기반을 확보하기 위하여 적극적으로 대응해 왔다는 점이다.

A씨는 24세이던 1982년 감귤 2ha＋벼＋번식우 3마리 규모의 부친의 경영에 참여하여 점차 번식 부문의 규모를 확대해 가며 1991년에 비육을 시작하였고, 1995년에 감귤재배를 그만두고 번식우 15마리, 비육우 24마리로 일관경영을 하고 있다. 1996년에는 논방목을, 1997년에 미이용토지 방목을 시작하였다. 2004년도 조수입 6,800만 엔 가운데 85.6%가 비육 부문이며 번식 부문이 5.1%를 차지하고 있다. 참고로 소득률은 20% 정도이다.

3) 자급 사료기반의 확대와 질적 전환

사육두수의 확대와 함께 사료기반의 규모를 확대해 나가는 가운데 특기할 점은 질적 전환으로서 다음 두 가지를 지적해 두고자 한다.

첫째는 이른바 컨트렉터라는 외부화(外部化)를 도모하면서 목초의 롤랩 사일리지(Roll wrap silage: 사일로 저장사료) 체계를 확립해 온 것에 있다. 번식우 규모가 영세한 시절에는 청예사료가 중심인 옥수수-이탈리안 그라스, 소르고-이탈리안 그라스 체계가 주를 이루었지만, 규모가 확대되면서 사료기반도 확대하여 소르고-이탈리안 그라스의 사일리지 · 건초 체계로 바뀌었다. 2000년부터는 스스로 기계를 운전하는 컨트렉터를 조직하여 수확 · 조정 작업을 외부화하는 이탈리안-수단 그라스의 롤랩 사일리지 체계로 규모를 확대하였다. 2004년에는 이탈리안-수단 그라스와 여름건초, 청엽밀렛을 도입하여 완전한 목초 중심의 롤랩 체계를 확립하였다.

둘째는 그 사이에 지역자원을 유효하게 이용하기 위하여 방목사육을 도입한 것이다. 1996년 A씨가 중심이 되어 미사토중앙지구 화우생산개량조합의 젊은 그룹인 츄오쵸 갈모화우 연구회의 구성원이 중심이 되어 논방목을 시작하였다. A씨의 방목 면적은 57a로서 도입 당시와 변화가 없지만 구성원의 논방목 면적은 1999년 125a에서 2004년 475a로 확대되었다.

1997년에는 감귤 폐원지 60a에 잔디초지를 조성하여 3마리를 방목했다. 물론 그동안 선진지 연수 및 보급기관의 지도를 받았지만, 그 후 미사토중앙지구 화우생산개량조합의 협력 아래 지역 내 황폐지 등을 적극적으로 빌려 2005년 현재 17개소, 635.3a의 방목지에서 총 2,180일(A씨 1,135일)을 방목하고 있다.

더욱이 2004년에는 미사토중앙지구에서 조합원 22명(축산농가 9명, 경종농가 13명)에 의한 사료용 벼 생산조합을 설립하였다. 이 조합에서는 2004년 12.1ha에 사료용 벼를 심고, 미사토중앙지구 화우생산개량조합의 조합원 각자가 사료용 벼 생산 이용조합과 계약을 맺어 번식우용 사료로 이용하고 있다. 사료용 벼는 중산간 지역 논의 기능 유지, 환경 보전 면에서 필수불가결한 작물이며 번식우의 사료로서 가장 적합하고 자급률 향상에도 기여할 수 있으므로 앞으로도 면적의 확대와 증산에 힘써나가야 한다.

4) 지역 지원조직의 활동과 의의

이상 살펴본 바와 같이 자급 사료기반이 충실한 배경에는 A씨를 중심으로 한 다양한 지원조직이 존재하고 있다. [그림 5-1]은 지원조직의 구성을 나타낸 것이다.

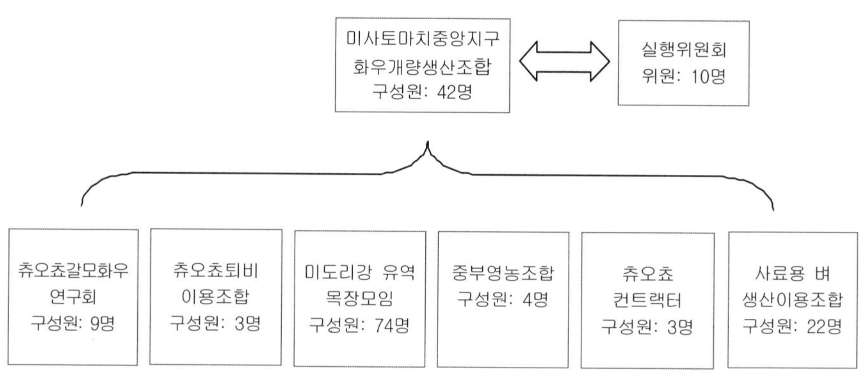

[그림 5-1] A경영을 둘러싼 육용우 경영 지원조직

이와 같이 지역 내 농가에 의한 축산지원이 기능하게 됨으로써 개별 축산 경영을 지원하고 있는 측면이 매우 강하다. 물론, 이 주변에 축산농협과 보급센터 등 지도기관이 있어 강력한 지원태세를 갖추고 있는 것도 사실이다. 그리고 이와 같이 지역자원을 최대한 활용한 축산 경영이 중산간 지역에서도 성립하고 있음을 지역 내 비교우위산업의 한 모형으로 자리매김할 필요가 있다.

3. 구마모토형 방목이 육용우 생산에 미치는 효과와 위상

지금까지 서술해 온 구마모토형 방목, 즉 위탁방목, 주년방목

등은 앞에서 서술한 바와 같이 지금도 보급되고 있으며 육용우 생산에 큰 영향을 미치고 있다.

이미 언급한 바와 같이 구마모토형 방목사업은 갈모화우 송아지 가격의 혼미, 농가의 고령화 또한 이에 수반되는 번식 암소 두수의 감소가 불러온 평탄지(平坦地) 및 아소 지역 목야 문제를 해결하기 위한 대책의 일환으로 시행해 온 사업이며 번식농가와 목야 모두에서 효과가 나타나고 있다. 앞으로 이 사업은 농가가 자발적으로 위탁방목을 시행할 수 있도록 하는 동기부여의 성격도 있다고 생각되며 이러한 점에서 이미 시작되었다고 여겨진다.

주년방목도 아소 지역에서 개량초지를 이용한 체계를 중심으로 확대되고 있는데, 송아지 생산비가 감소하고 노동시간이 줄어드는 등의 효과가 나타나고 있어 앞으로 확대되어 나갈 것으로 여겨진다.

답리작 방목이란 겨울철에도 방목사육하는 것을 말하며 주년방목 체계를 실현하는 것으로서 노동의 경감, 저비용화의 중요한 수단이며 감귤농원터 등 미이용 토지 방목은 황폐해 가는 토지의 대응책으로 장기적인 관점에서 필수불가결한 것이라고 할 수 있다.

이와 같이 어느 쪽이든 점진적이긴 하지만 지역의 실정에 맞는 구마모토형 방목이 보급되어 가고 있다. 육용우 번식 부문에서 방목사육 형태가 다른 사육 형태보다도 자연순환형 축산이라는 점에서 비교우위에 있고, 보다 높은 다면적인 기능을 지니고 있음을 알 수 있을 것이다. 또한 방목사육에 의해 육용우 생산비용의 저하, 잉여노동력을 활용한 경영규모 확대, 초지 자원의 이용, 아소 지역 초지자원 보전 등 다면적인 파급효과가 나타나고 있다.

마지막으로, [그림 5-2]는 중장기적인 과제에 입각한 구마모토형 방목 정착을 위한 흐름을 나타낸 것이다. 구마모토형 방목의 중심이

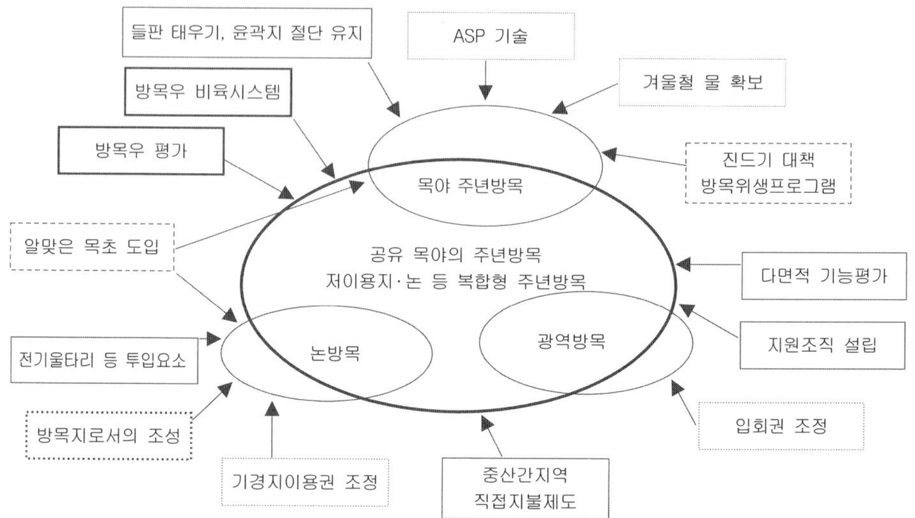

[그림 5-2] 자원이용형 방목 정착을 위한 흐름도

되는 주년방목, 논방목, 광역방목이 상호 연관되어 있음은 이미 언급한 바 있다. 그리고 이 그림에서는 이들의 독자적인 전개, 방목의 전개를 위한 제도적 · 사회경제적 조건과 기술적 조건이 정비되지 않으면 안 된다는 것을 나타내고 있다.

참고문헌

甲斐諭, 『육우생산의 전개구조』, 명문서방, 1976.

______, 『육우의 생산과 유통』, 1982.

______, 『토지이용형 육우생산의 조건』, 1985.

福田晉, 『육용우 번식경영의 현상과 전망』, 전국농업협동조합연합회, 1996.

福田晉,『다양한 지역자원 이용에 따른 방목의 전개』, 일본의 농업 227, 2003.
______,『자원순환형 축산의 전망과 정책과제』, 농림통계협회, 2006.
九州農政局,『구주의 육용번식우 증두전략 연구회 보고서』, 1999.
九州肉用牛振興研究會,『구주의 자급사료 증대전략 연구회 보고서』, 1999.
熊本縣農政部畜産課・熊本縣畜産會,『낙농・육우 기본방침개발보급사업보고서』, 1993.

6장

육용우 경영의 경쟁력 제고 방안

-일본 제일의 대형농장이 되기까지의 성장과정-

야마우치 토시유키*

1절 JET 그룹의 변천 과정

토치기현 소재 농업생산법인 JET 농장, 토치기 농장, JET 아그리서포트는 동일 인물이 대표이사인 그룹 회사(이하 'JET 그룹')로서 정규사원에서 사원해외연수생 등을 포함 70여 명의 종업원을 두고 있는 대형 농장(mega farm)이다. 가공형 축산이 주류를 차지하고 있는 일본에서 주목받고 있는 존재이기도 하다. 여기에서는 JET 그룹의 변천 과정을 연혁에 따라 정리하고 JET 그룹의 조직체계와 각 회사 간의 관계 및 규모 확대의 원천 등을 알아보기로 한다.

JET 그룹의 변천사는 [표 6-1]에 나타나 있는 바와 같다. 현재의 회장이 홋카이도 에베츠시에서 1979년부터 육용우 비육경영에서 시작하였으며 낙농 부문을 도입한 것은 1988년이다. 대대적인 조직

*전 중앙축산회 사업제일통괄부 조사역

[표 6-1] JET 그룹의 연혁

연 도	연 혁
1979	홋카이도에서 현 회장이 농업생산법인 유한회사 에베츠 육우농장을 설립
1987	토치기현으로 진출하여 농업생산법인 유한회사 토치기 농장을 설립
1988	에베츠 농장에서 착유우 120마리 규모의 낙농업 개시
1990	유한회사 에베츠 육우농장을 농업생산법인 유한회사 제이이티 팜으로 변경하고, 낙농 부문을 토치기 농장에 모두 이관
2003	비유전자조작사료로 변경하고 사료에 포함된 항생물질 등을 제거 전농 안심시스템으로부터 인증 취득(제2호)[1]
2004	유한회사 제이이티 아그리서포트 설립
2005	ISO9001 인증 취득(일본 최초)[2]
2006	생산정보공표 쇠고기 JAS 인정 취득[3]
2007	ISO14001 인증 취득[4]

개편을 하고 대규모화를 추진한 것은 1990년부터인데 쇠고기의 수입자유화 시기와 때를 같이하고 있음을 알 수 있다.

토치기현으로 진출한 이유는 홋카이도에서 육우를 생산해 출하

---

1) 토치기 팜이 전농안심시스템의 인증을 받기 위해 도입한 전농안심시스템은 다음과 같다.
① 생산기준을 준수하여 생산할 것
② 위의 내용을 검증할 수 있는 시스템이 생산·가공·유통의 각 공정에 구축되어 있을 것
③ 일련의 정보를 확실히 전달할 수 있는 구조를 보유하고 있을 것
④ 생산기준이 생산자에게 철저히 전달될 수 있는 시스템을 구축하고 있을 것
⑤ 생산기준에 준하여 생산이 이루어지고 있는 것을 확인하고 문제점은 수시로 지적하여 시정될 수 있는 시스템이 구축되어 있을 것
⑥ 기준을 벗어난 생산자 및 그 생산물을 구분·관리하는 구조로 되어 있을 것
이상과 관련된 내용을 검사원의 검사보고서에 근거하여 이해관계가 없는 외부 심사기관에 맡겨 공정하게 심사한 결과 전농이 인증하여 인증서를 발행하는 시스템인 것이다.

2) JET 농장과 토치기 농장이 대상이다. 또한 ISO9001이 품질 시스템이라 하더라도 원재료가 여타 공업 제품과는 다르므로 모든 제품(생유·쇠고기)이 동질이라 할 수 없다. 사료·약물 사용은 다시 말하면 가축의 자질 이외의 부분에 대해서는 동질이라는 것이 담보 가능하다는 의미이다. 즉 생산공정은 동일하다는 것이 담보된다.

[표 6-2] JET 그룹의 사육두수(2007년 2월 현재)

(단위: 두)

구 분	유용우	유 용 육성우	교잡종 육성우	교잡종 비육우	흑모화우 육 성 우	흑모화우 번 식 우	계
토치기 목장	2,100		1,000	100			3,200
시이야 목장					150		150
에베츠 목장				70			70
나카시베츠 센 터			300				300
오야츠 목장				2,000			2,000
쿠로다 목장				500		150	900
계	2,100		1,300	2,670	150	150	6,620

하는 것보다 대량 소비처인 칸토지방에서 생산하고 싶다는 것 때문이었지만, 생유 판매와도 크게 관련되어 있다. 낙농을 본격적으로 시작한 것은 토치기현에 농장을 개설한 후 3년이 지난 1990년이다.

토치기현에 진출하면서 새로운 회사인 토치기 농장을 설립하고 낙농부문을 토치기로 옮겨오면서 법인명칭을 변경하였다. JET 아그리서포트를 시작할 때에도 새 회사를 시작하고 있다. 이처럼 모든 부문을 별도 법인으로 하고 있는 것이 흥미롭다. 생산물은 인증

3) 최근 BSE 발생, 식품 부정표시사건 등을 계기로 소비자 간에 식품의 안전성, 식품 표시에 대한 불신감이 생겨나고 있는데 향후 먹을거리에 대한 신뢰를 회복하기 위한 홍보를 대대적으로 전개할 필요가 있다. 이를 위해 식품의 생산정보를 소비자에게 정확히 전달하고 있다는 것을 제3자 기관이 인정하는 생산정보공개 JAS 규격이 도입되어 우선, 국민의 관심이 높고 개체관리체계가 정비되어 있는 쇠고기를 대상으로 이 규격이 제정된 후, 돼지고기, 농산물, 일부 가공식품(두부 및 우묵)으로까지 규격제정 범위를 확대해 나가고 있다. 생산정보공개 JAS 마크가 부착되어 있는 상품은 인정생산˙공정관리자가 식별번호 별로 생산정보를 정확히 기록・보관・공개하고 있으므로 일반소비자는 판매점의 표시나 인터넷, 팩스 등을 통하여 이들의 정보를 입수할 수 있다.

4) JET 농장과 토치기 농장이 대상이다.

및 인정 시스템을 적극적으로 이용하고 있는 점이 특기할 만하다. 현재의 사육규모는 위의 [표 6-2]에 나타나 있는 바와 같으며 흑모화우 번식 부문도 도입하기 시작하였다.

현재의 사육 규모에 이르기까지의 과정을 보면, 먼저 유용우(乳用牛)는 [그림 6-1]에 나타나 있는 바와 같이 서서히 두수 및 유량을 늘려 왔음을 알 수 있다.

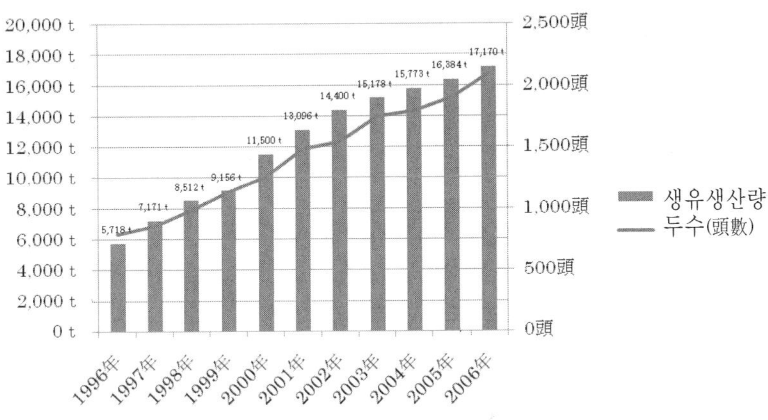

[그림 6-1] 유용우 사육두수와 출하유량의 추이

[그림 6-2]는 JET 농장의 우유생산량의 추이를 나타낸 것인데 다소 산포의 불균형이 보여진다. 또한 일본의 일반적인 낙농경영의 두당 우유 생산량과 비교해 보더라도 놀랄 만한 수준의 유량은 아닌 것을 확인할 수 있다. 더욱이 2003년부터 유량이 저하하고 있는데 이는 아마도 사료와 관계가 있는 것으로 생각된다.

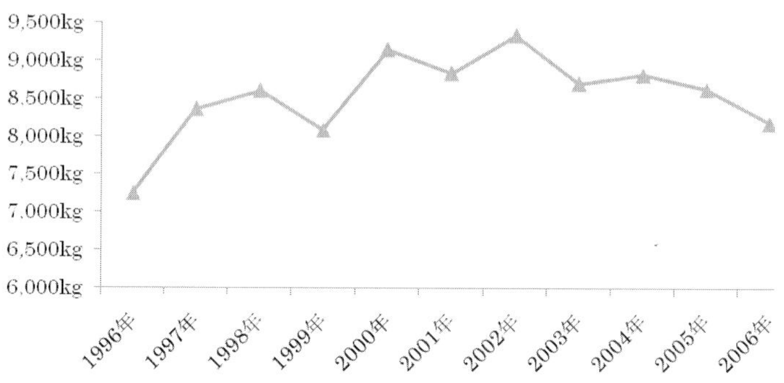

[그림 6-2] 유용우 두당 평균 산유량의 추이

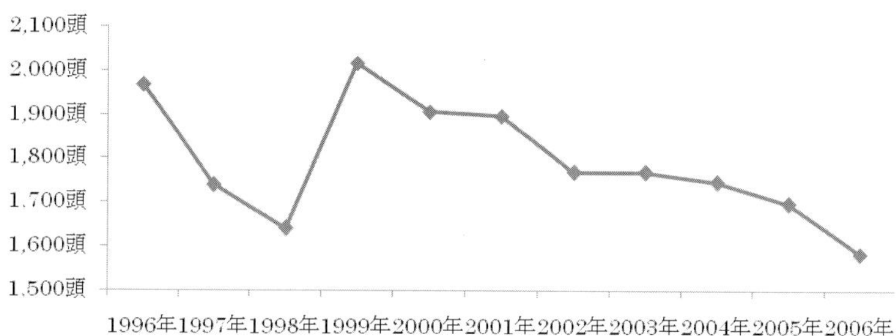

[그림 6-3] 육우 출하두수

JET 그룹은 유용우를 용도폐기하여 시장에 출하한 경우 육용우로 분류하므로 정확한 교잡종 출하두수를 파악할 수는 없지만 [그림 6-3]에 나타난 바와 같이 육우 출하두수는 감소하고 있다. 이는 낙농 부문의 폐용 두수가 감소한 것에 기인하는 것이다. 더욱이 모든 비육우가 자가산(自家産)으로 탈바꿈한 것은 2003년부터이다.

이와 같이 지금은 일본 굴지의 대규모 농장으로 성장했지만 여기에 오기까지의 과정은 결코 서두르지 않았다.

2절 JET 그룹의 조직체계와 각 사의 관계

1. JET 그룹의 조직체계

앞에서 언급한 바와 같이 회사는 3개의 법인으로서 이루어져 있으나 그 활동은 일체화되어 있다.

ISO9001은 품질관리 시스템이지만 품질관리를 실행하기 위해서는 그 회사에 적합한 매뉴얼 등을 작성하는 것이 통례이고 만일 그것이 불가능하다면 ISO9001의 취득은 불가능하다. 이 때문에 담당자들은 월 1회 정례적인 모임 외에 여러 차례에 걸쳐 의견을 교환하고 있다. 이렇게 함으로써 각 부문의 문제점을 명확히 알 수 있을 뿐만 아니라 새로운 지혜가 생겨 나와 경영이 호전되어 가는 경우가 많다. JET 그룹의 경우에도 양 부문의 지혜가 잘 활용되고 있다. 이는 일종의 암묵적 지식의 형식적 지식화라고 부를 수 있을 것이다.

이와 같이 정례회의를 통해 지식의 공유도 기할 수 있어 각 그룹의 원활한 활동의 윤활제가 되고 있다. 또한 이것이 매뉴얼의 형식으로 연결되고 있다. 이러한 행동이야말로 암묵적 지식의 형식적 지식화로 연결되어 말하자면 OJT(on the Job Training)를 용이하게 하는 결과를 낳고 있다.

부언하자면 각종 ISO는 취득 그 자체를 상품에 덧씌우는 것이 본래의 목적이어서는 안 된다. 명확한 매뉴얼을 작성하고 그 매뉴얼을 현장의 실태에 맞도록 개선하여 보다 나은 품질관리를 이룰 수 있는 시스템과 체제의 만들기가 목석이 되어야 하는 것이다.

JET 그룹에서는 상호 지혜를 활용해 가며 생산에 임하고 있다.

[표 6-3] JET 그룹 구성원의 내역

직 급	인 원
대표이사 회장	1명
대표이사 사장	1명
상무이사	1명
사 원	29명
준사원	14명
파트 타임	10명
해외연수생	14명

낙농 부문과 육용우 비육 부문을 완전히 분리하여 회계처리 함으로써 어느 쪽에 비중을 두는 것이 유리한지 판단 자료로 삼고 있다. 아마도 그러한 일은 없을 터이지만 교잡종 육용우 비육 부문이 적자가 되어 회사에 짐이 되는 경우에는 낙농으로 이동한다는 결단도 이 자료로 쉽게 판단할 수 있다. 이는 곧 시가평가를 기준으로 하여 전농 토치기를 통하여 매매함으로써 송아지를 버리고 낙농으로 특화하는 것이 좋을지 지금 이대로의 형태가 좋을지의 판단을 더욱 쉽게 할 수 있다.

JET 그룹의 구성원은 [표 6-3]에 나타나 있는 바와 같다. 해외연수생은 JET 농장에서는 귀중한 전력이며, 그 이유는 다음 항에서 설명하기로 한다.

지금까지 JET 그룹의 조직체계에 대해 알아보았는데 이제부터는 각 사의 활동에 초점을 맞추어 살펴보기로 한다.

2. JET 농장

JET 농장에 대해 언급하기 전에 먼저 일본 육용우 송아지에 관해 고찰하고자 한다. 일본에서 사육되고 있는 육용우로부터 얻는 쇠고기는 국내 수요의 40% 정도를 차지하고 있다. 또한 가공형 축산으로 불리는 것처럼 결코 토지에 입각한 생산이라고 말할 수 없고, 농후사료라 불리는 곡물사료는 거의 100% 무관세로 수입된 곡물에 의존하고 있다. 그리고 혼슈의 많은 농가는 조사료(粗飼料)라 불리는 목초나 볏짚류조차 수입에 의존하고 있다.

육용우가 40%이지만 낙농과의 관계를 결코 무시할 수 없다. 오히려 젖소가 많다고 보는 것이 타당할 것이다. 낙농으로부터 공급되는 소에서 생산된 쇠고기는 수입쇠고기와는 일본인이 중시하는 육질을 기준으로 말하면 경합관계에 있다. 수입 재개는 되었지만 아직은 이전 수치를 회복하지 못하고 있고, 미국의 압력과 호주와의 FTA 등을 감안할 때 농축산물 중 가장 민감한 품목이라 해도 과언이 아니다.

JET 농장에서는 초산 소를 포함한 모든 암소에게 흑모화우 정액을 사용하고 있다. 따라서 생산되는 소는 모두가 교잡종이다. 일반 낙농 경영에서는 생각할 수 없는 일이지만, 개방형 우사 내에 적당히 흑모화우 수소를 넣어 두고 있다. 자연교배는 일반적으로 수태율이 좋은 것으로 알려져 있어 여기에서도 불필요한 요소를 가급적 줄이고자 하는 자세를 엿볼 수 있다. 인공수정은 자연교배로 수태하지 못한 암소에게만 한정적으로 시행한다.

흑모화우 수소의 선택에도 세심한 주의를 기울이고 있는데 과연 어떤 혈통이 홀스타인종에 적합한지를 과거의 자료를 참고로 하여 송아지를 생산하고 있다. 생산된 송아지는 7개월령까지 JET 농장에서 사육된다. 더욱이 육성 초기의 대용유에는 설사 예방 등을 위한 항생제 등이 혼합되어 있지만 육성초기 이후에는 병이 발생하지 않는 한 항생제는 전혀 사용하지 않는다.

앞의 [표 6-1]에서 비유전자조작 사료의 도입, 사료로부터 항생물질 제거 등에 대해 기록하고 있는데, 이는 토치기 농장이 전농안심시스템의 인증을 받기 위해 취한 행위이다. 생유(生乳)의 프리미엄에 대해 큰 기대를 한 것이 사실이지만 실제로 영업에 활용하지는 않았다. 그러나 ISO9001 취득과 관련하여 타카나시 유업과 하리타니 유업에 전량은 아니지만 프리미엄을 붙여 판매하고 있다.

프리미엄의 조건은 타카나시 유업 측은 JET 농장의 생산체제라면 조건을 충족시키는 것으로 판단하고 있다. 하리타니 유업에 판매하는 우유는 초산우로부터 유기사료를 85% 급여한 것이라는 조건이 붙어 있다. 소비자들이 가축 복지에 관해서는 그다지 중시하지 않고 있다는 것을 조사하고 이러한 조건의 우유 생산을 JET 농장 측에 타진했다고 생각된다.

일본에서는 유기사료를 급여하고 있는 낙농 경영이 이따금 눈에 띄는데 모든 농가가 유기 우유 생산을 위해 노력하고 있으며, 아직 시장이 형성되어 있지는 않지만 시장을 선점하기 위한 노력이 이루어지고 있다.

직접 판매처는 낙농 토치기 농업협동조합인데, 프리미엄 생유는 별도의 탱크로리가 준비되어 있어 판매처에서 섞을 염려는 없다. 한편, 착유단계에서도 섞이지 않도록 유의하지 않으면 안 되지만 착유는 초산의 유기사료 급여 소를 우선 착유하는 등의 방법적 연구가 필요할 것이다. 여기서 착유의 역할을 담당하는 것이 바로 기숙사에 있는 연수생이다.

연수생을 중심으로 사원도 포함하여 착유 8시간×3회의 착유를 시행하고 있어 실질적으로 24시간 가동하고 있는 셈이다. 이와 같은 체제에서도 문제없이 착유가 이루어지는 것은 매뉴얼에 충실하기 때문이다.

3. 토치기 농장

이 농장의 매출액은 JET 농장보다는 뒤지지만 주력인 육용우 비육 부문과 부산물인 퇴비 판매를 담당하고 있다.

전농 안심시스템이라든가, 생산정보공표 쇠고기 JAS에 의해 새로운 판로는 개척 되었지만 이들 인증・인정 시스템으로부터 부가가치를 얻지는 않았다. 혹시나 인증・인정시스템을 이용하면 부가가치를 얻을 수 있다고 한다면, 많은 농가가 시스템을 도입하고자 할 것이다.

그러나 쇠고기의 경우 시스템을 도입하고 있는 농가는 적다. 이는 판매가격에 전가되지 않는다는 점이 큰 이유겠지만, 이밖에 다음의 이유를 들 수 있다.

이들 시스템은 정보를 공개하는 시스템이다. 일반 육용우 사육경영에서 항생제 등이 일체 들어 있지 않은 사료를 급여하고 있는 경영은 극히 드물다. 이러한 것을 의식하지 않는 경영조차 있다. 일반적인 배합사료에는 반드시 항생제 등이 포함되어 있다고 생각해도 좋다. 즉, 자가 배합을 하고 있는 경영이나 사료회사에 의뢰하여 지징배합을 하고 있는 경영 이외에는 항생제 등이 제기된 사료를 입수하는 것은 곤란하다.

더욱이 육용 교잡종 사육 경영의 경우 체중증가를 위해 모넨신이라는 항생물질을 사용하는 농가가 많다. 이것은 약사법에서 사용이 인정되고 있고 휴약기간을 둔다면 법률이 담보한 기초 위에 판매가 가능하다. 또한 이들 약재를 사용한 것을 공개하지 않으면 안 된다. 게다가 공개 방법은 각 농가가 스스로 하지 않으면 안 된다. 생산자 정보공표 쇠고기 JAS의 경우 송아지 출생 이후의 기록을 공개하지 않으면 안 되므로 일반 농가에는 많은 수의 동물약품이 기재된다.

이 때문에 일반 농가는 전농 안심시스템이나 생산정보공표 쇠고기 JAS의 인증 · 인정을 받는 인센티브가 미약한 것이다. 토치기팜의 경우에도 실제로 공개하지 않으면 안 되는 정보는 대용우유에 포함되는 동물약품과 치료에 쓴 동물약품이다. 전농 안심시스템이나 생산정보공표 쇠고기 JAS의 인정 · 인증을 취득하지 않은 농가는 이러한 정보를 공개하지 않아도 된다.

또한 일본에서는 광우병(BSE) 발생을 계기로 소의 개체식별을 위한 정보 관리 및 전달에 관한 특별조치법이 있고 이것과 생산정보공표 쇠고기 JAS를 혼동하고 있는 경우가 많이 있다. 이 법률의 취지는 이를테면 광우병 소가 발견된 경우 어느 농가에서 송아지가 생산되어 이 소를 어느 농가에서 사육하고 각 농가가 어떠한 사료를 급여하고 있었는가를 추적하기 위해 시행된 법률이다. 정보의 공개도 시행하고는 있지만 생산지역과 비육지역을 알 수 있을 뿐이다.

농가가 어떤 약품이나 사료를 사용했는가 하는 것은 기업비밀에 해당하고 이들 정보를 공개하기로 수용한 농가가 전농 안심시스템이나 생산정보공표 쇠고기 JAS의 대상 경영이라고 이해하는 편이 쉬울지도 모른다.

[표 6-4]는 새로이 개척한 판로를 정리한 것이다. 더욱이 판로

[표 6-4] 전농 안전시스템과 생산정보공표 쇠고기 JAS의 인증 · 인정 취득을 통해 개척한 판로

인증·인정시스템	판매처
생산정보공표 쇠고기 JAS	토치기 농장 소로서 AEON 그룹
전농 안심시스템	토치기 농장이 타카시마야(백화점) 스테이크미야(외식업체) 플렛세이 그룹에 판매

루트는 전부 전농 토치기를 통해 판매되고 있지만 이것은 (주)JA 전농미트푸드를 경유하고 있다. 이는 전농 안심시스템과 생산정보공표 쇠고기 JAS와 관계가 있다. 여기를 경유하는 것은 분별까지의 단계로써 양 시스템에서 유래한 쇠고기라는 것이 담보된다.

토치기 농장의 특징은 출하 월령이 29개월령으로 상당히 긴 동안 비육한다는 점이다. 장기 비육이 육질에 유효한지에 대한 과학적 근거는 없지만 교잡종으로서는 믿을 수 없을 만큼 육질이 좋은 쇠고기를 생산하고 있다. 육질에 대해서는 사단법인 일본 등급판정소의 자료와 대비하여 [표 6-5]에 나타냈다.

일본의 유기농산물을 생산하고 있는 농가에서는 축산에서 유래한 퇴비를 경원하고 있는 듯하다. 그 이유는 우사 바닥 깔개로서

[표 6-5] 토치기 농장에서 생산된 쇠고기의 등급 분석

육질 등급	토치기 농장	일본 등급판정 소 자료 (교잡종 거세우)
5	3%	0%
4	12%	7%
3	71%	42%
2	15%	50%
1	0%	1%

[표 6-6] 퇴비의 이용 및 판매처

용 도	비 율
바닥깔개재로서 재활용	전체의 60% 바닥깔개
비료로서 판매	전체의 20%는 원예농가 등에 개별 판매 전체의 10%는 포장 판매
자체 이용 및 무상 제공	전체의 10%

톱밥을 사용하고 있는데 그 톱밥이 해외 수입재료라면 훈증 처리된 것이고 이는 농약을 포함하고 있기 때문이다.

또한 「가축 배설물 관리의 적정화 및 이용의 촉진에 관한 법률」이 시행된 이래 퇴비도 남아돌고 있어, 이전까지는 유상으로 수거해 주던 홈 센터 등이 비닐 백에 넣지 않으면 수거해 가지 않는 현상이 발생하고 있다. 그러나 토치기 팜에서 생산된 퇴비는 [표 6-6]에서 보는 것과 같이 대부분이 유상으로 거래되고 있다.

일본의 경우, 질소는 국가 전체로 본다면 가축에서 유래한 퇴비는 처리 가능하지만 지역에 따라서는 처리 불능 지역도 있다. 또한 퇴비를 좀처럼 이용하지 않으므로 축산농가에서 취급하기가 궁색하다는 사실을 들 수 있다. 이를 어떻게 해결해 갈 것인가는 축산을 계속하기 위한 커다란 과제이다. 따라서 상품으로 취급되는 퇴비를 생산하지 않는 한 최종처리는 불가능하다.

토치기 농장에서 양질의 퇴비가 생산되는 이유는 수분이 많은 낙농부분의 분뇨와 수분이 적은 육용우 부분의 분뇨가 적당히 조합되어 적당한 수분을 유지하는 것도 하나의 원인으로 생각된다.

토치기 농장에서는 JET 농장의 경험을 살려 일본의 비육농가에서는 볼 수 없는 사육 방법을 시행하고 있다. 그리하여 노동시간의 단축뿐만 아니라 소의 스트레스 경감에도 효과를 올리고 있다.

일본의 일반 육용우 비육 농가는 사료조(槽)를 두고 한 마리 한 마리 혹은 그 소의 방에 있는 소가 어느 정도의 사료를 먹고 있는가를 관찰하는 경우가 많다. 그러나 낙농농가는 사료조를 두지 않는 곳도 많다. 따라서 비육 우사에 사료조를 두지 않고 비육을 시행했지만 육질 등에 영향이 나타나는 것은 없었고, 먹다 남긴 사료를 간단히 수거하여 새로운 사료를 급여할 수 있으므로 노동 시간의 단축으로 연결되었다.

일본의 일반 육용우 비육 경영은 대개 천정을 낮게 하여 어두운 우사에서 육용우를 사육한다. 그러나 토치기 농장에서는 JET 농장처럼 천정이 높은 우사로 변경한 결과 열 방지 대책도 되며 더욱이 육질 등에 영향을 미치는 것은 없었다.

소의 가장 큰 스트레스는 더위이므로 천정을 높이면 통풍이 원활해지므로 더위 방지 대책으로 상당히 유효하다. 이와 관련하여 선풍기의 가동 시간을 줄일 수 있으므로 그만큼 비용을 절감할 수 있게 된다.

4. JET 아그리서포트

이곳은 JET 그룹의 계약자적인 입장에 있고, 작업할 경우 타사로부터 사람을 빌려오고 있다. 이곳의 특징은 장래 유기사료 생산을 염두에 두고 사료를 무농약 · 무화학 비료로 생산하고 있다는 점이다. 90ha의 농지에 옥수수와 답리작으로 이탈리안 라이그라스를 경작하고 있다. 목장의 규모, 무농약 · 무화학 비료라는 점을 생각하면 생산된 사료의 양으로 경영 전체의 사료 생산을 담당하고 있다고 말하기는 어렵다.

그러나 이러한 시도는 JET 그룹의 어떤 움직임과 공통되어 있다. 최초로 낙농 부문에 도입한 때에도 시험적으로 120마리부터 시작하고 있다.

5. JET 그룹 전체의 성과

JET는 Japan Ebetsu Tochigi의 약자로 에베츠시에서 창업했을 때의 고생을 잊지 말고 목장의 핵심인 토치기현에서 일본 제일의 목장을 지향하고자 하는 이념 아래 명명했다고 한다. 그리하여 지금은 일본 굴지의 생유 생산량을 자랑하는 경영으로 발전하였다. JET의 경영이념은 다음과 같다.

첫째, 안심 · 안전 생산물 공급

둘째, 정시 · 정량 · 균질 우유 생산

셋째, 철저한 효율화 및 자원절약에 의한 생산원가 절감

넷째, 환경을 배려한 건강한 육우 사육

다섯째, 지역주민을 통한 사회적 공헌

ISO1400은 환경경영 시스템인데 이를 취득하기 위해서는 막대한 투자가 필요하지만, 이를 도입한 이유는 앞에서 언급한 경영이념을 달성하기 위함이었다. 이는 또한 기업의 이미지를 높이는 데도 크게 기여하고 있다.

JET 경영의 특징은 다음과 같이 요약할 수 있다.

첫째, 창업 이래 지금까지 진정한 법인이 되도록 노력하고 있다.

둘째, 낙농 부문을 과감히 도입한 것도 성공을 확신했기 때문이며, 쇠고기 수입자유화를 앞두고 위험 경감을 고려한 비즈니스 모델을

구축하고 있다.

셋째, 부문별로 법인화함으로써 책임의 소재를 명확히 하고 있다.

넷째, 각종 인증 시스템으로 생산물 품질의 담보를 확보하는 비즈니스 모델을 구축하고 있다.

그렇다면, 과연 현재의 성과는 어떠한가?

[표 6-7]에 나타나 있는 바와 같이 매출액은 결산기가 다르므로 같은 기간의 수치는 아니지만 36억 엔 정도 된다. 이번 조사에서는 재무제표 등을 직접 볼 수 없었지만 담당자의 설명에 따르면 매출액 이익률(= 순이익 ÷ 매출액)은 높은 편이고 경영은 안정되어 있다.

더욱이 재무성의『법인기업 통계연보』(2005년)를 보면, 제조업의 평균이 5.0%, 비제조업이 2.8%인데 JET 그룹 전체의 매출액 이익률

[표 6-7] JET 그룹 개요

기 업 명	(유)JET 농장	(유)토치기 농장	(유)JET 아그리서포트
목 장 명	본사 토치기 목장 홋카이도 본사 에베츠 목장(홋) 나카시베츠 육성센터(홋)	오다니츠 목장(토) 쿠로다 목장(토) 사사하라다 농장(토)	스기야마 농장 (토)
설 립 일	1979년 8월 24일	1987년 4월 1일	2004년 4월 5일
자 본 금	4천560만 엔	5천만 엔	500만 엔
대표이사	시노다 노리오	시노다 노리오	시노다 노리오
사업내용	우유사업, 육우의 생산 및 비육사업	육우번식·육성, 육우비육 발효사료의 제조 및 판매	사료용 작물의 수탁 생산(90ha)
매 출 액	2006. 1 ~ 2006. 12 24억 3천만 엔	2005. 4 ~ 2006. 3 11억 6천만 엔	
종업원수	50여 명	10명	1명

주: (홋):홋카이도, (토):토치기현

은 제조업 평균치인 5.0%의 2배 이상에 이르고 있는 듯하다.

일반 제조업에 비해 낙농 부문의 육성우, 비육 부문의 비육우라고 하는 유동자산이 장기간 경영 내부에 체류하는 점을 감안한다면, 건전한 경영은 당연히 제조업보다 높은 수치가 아니면 안 된다. 그렇다고 하더라도 도요타 자동차에 필적할 만한 수치라는 것은 그만큼 건전한 경영이라고 말할 수 있다.

책임자의 급여는 능력급으로 지급하고 있다. 물론 능력급 제도를 도입하면 알력이 생기기도 한다. 사실 대기업 가운데 발 빠르게 능력급을 도입한 후지츠는 지금은 능력급 제도를 시행하고 있지 않다. 공정한 평가 기준을 마련하기 어려웠기 때문이다. JET 그룹에서는 월 1회 이상의 워크숍을 개최하고 있다. 여기에서 부서 책임자들끼리 서로 의견을 솔직히 교환하고 있으므로 비교적 알력이 발생하지 않는 분위기라고 자부하고 있다.

6. JET 그룹의 발전 가능성

올해 와카나이(稚内)에 소재한 (사)소야축산공사가 소유하고 있던 축사 전부와 약간의 토지를 구입하였다. 조사시점인 2007년 6월 현재, 아직 사용 용도는 아직 결정되지 않았고 예전부터 사육되어 온 소와 추가로 들여온 교잡종 소가 혼재한 상황이다. 낙농에 사용할지 육용우 사육에 사용할지 여부에 대해서는 낙농에서 사용할 경우에는 플랜트가 문제가 된다는 대답을 들었다. 생유 패널이 아닌 플랜트라는 곳에 차기 경영전개의 키워드가 숨겨져 있다고 확신한다.

소야축산공사의 우사에는 패독(paddock)이 병설되어 있어 언제라도 자유롭게 출입이 가능하도록 설계되어 있다. 일본 유기축산물의 JAS기준 사육환경을 만족시키고 있는 우사이기도 하다. 예상컨대, 와카나이시(市)가 상당히 유기축산을 의식하고 있어 일본 최초로 대형 농장에서 유기축산물 생산(가축사육)을 인증받을 가능성 또한 높다.

3절 JET 그룹 규모 확대의 원천

JET 그룹의 특징 가운데 하나는 어떤 사업을 시행할 때에는 사전에 철저히 준비함과 동시에 책임 소재를 분명히 하기 위하여 별도 회사를 설립하고 부문별 책임자를 두어 왔다는 점이다. 먼저 비즈니스 모형을 상정한 다음에 움직이기 시작하는 것이다.

회사법이 개정됨에 따라 향후 주식회사를 추구할 것인지 여부는 아직 확실하지 않지만 이 회사의 특징이 책임을 명확히 하고 있다는 점을 감안할 때 반드시 조직을 법인화할 것으로 예상된다. 이리하여 (사)소야축산개발공사로부터 매입한 시설 등에서 일본 축산에 충격을 줄 무언가를 만들어 낼 것이다. 이 회사는 넘버원 기업인 동시에 오직 하나뿐인 기업이다. 이는 이미 서술한 내용을 확인하면 납득할 수 있을 것이다.

육용우 비육경영이 낙농에 진력함으로써 얻는 인센티브는 높지 않다. 왜냐하면, 낙농경영에서는 흑모화우가 홀스타인에 비해 체구가 작아서 난산이 많은 초산에 흑모화우종 정액을 선택하는 케이스가 상당수 있고, 태어난 새끼는 암수에 관계없이 대부분의 경우 부산물로 송아지 시장에 판매된다. 또한 혼슈의 낙농경영 중에는 홋카이도로부터 유용 종우를 도입하고 부산물인 송아지의 부가가치를 높이기 위하여 흑모화우 정액을 중심으로 인공수정을 시행하는 경영도 많다.

낙농 부문을 도입하기 위해서는 착유시설 등 막대한 경비가 소요되고 이와 동시에 낙농 신기술을 습득하는 것이 반드시 필요하므로 신중을 기해야 한다. 생유를 판매하기 위해서는 아웃사이더를 선택하지 않는 한, 생산 허용한도의 문제가 발생한다. 대도시 도쿄에 근접해 있는 토치기의 입지조건은 시장 우유로서의 판매가 가능하므로 홋카이도에서 생산 허용한도를 확보하는 것보다 당시에는 더 확보하기 쉬웠다고 생각된다.

또한 이 시기는 공교롭게도 쇠고기 수입자유화와 맞물린다. 본업이 어떻게 될지 모르던 그 시기에 위험 부담을 안고서까지 낙농 부문을 도입하는 인센티브는 교잡종 비육경영에서는 낮다. 이 때문에 교잡종 비육경영에서 낙농 부문을 도입하는 것을 굳이 JET 농장이 실행할 이유는 없었다고 본다.

또한 안심할 수 있는 음식을 식탁까지라는 기치 아래 부가가치에는 연결되지 않는 ISO9001이라든가 생산정보공표 쇠고기 JAS 제도도 과감히 도입하였다. 이 두 시스템은 소비자를 안심시키기 위한 담보제공(=선행투자)이라고 할 수 있다.

행정기관 등에서 축산공해를 조사할 경우 항목은 수질오염, 악취, 해충 발생, 기타(가축이 우는 소리 등)로 분류하는 경우가 많다. 이들 항목 중에 가장 많이 언급되는 것이 악취이다. 그 다음이 수질오염과 해충 발생이다. 한편, 최근 들어 종래에는 농촌지역이었던 곳의 택지화가 진행되어 나중에 들어온 주민으로부터 제기되는 가축의 우는 소리에 대한 민원이라는 새로운 공해도 도시 근교형 축산에는 문제로 대두되고 있다.

수질오염방지법과 이와 관련한 조례, 악취 방지법이나 「가축배설물 관리의 적정화 및 이용의 촉진에 관한 법률」 등에 따라 수질오염, 악취 등에 대해서는 산업폐기물 책임자가 규정되어 있지만, 해충의 발생과 가축의 우는 소리에 관해서는 간접적 문제로 간주되어 소음방지법 등에 저촉이 되지 않는 한 그 사업자에게 책임을 묻기 어려운 실정이다. 또한 퇴비처리문제도 간단치 않다.

특히 폐쇄된 환경에서는 하기 곤란한 낙농 경영이나 육용우 경영의 경우 이러한 문제를 해결하지 못하면 즉시 영농이 불가능하게 된다. JET 그룹은 이에 대한 대비책의 일환으로 ISO14001을 취득하였다.

앞으로는 확실한 기업이념을 가지고 비즈니스모델을 구축하는 경영 이외에는 낙농·비육우 사육업체로서 존립할 수 없다고 필자는 확신한다. 즉, 구태의연한 경영 스타일이 아닌 온리 원(only one) 경영만이 살아남을 수 있다고 본다.

정부는 대규모 경영체를 지원하기 위하여 쌀, 보리, 콩 등을 대상으로 새로운 보조금 제도를 도입하였다. 이는 이른바 '품목 통합적 경영안정화 대책'이라고 불리는 것인데, 전국에서 7만 이상의 농가가 신청한 것으로 발표되었다. 전체 경작면적에서 가입 농업경영자 등의 경작면적의 비율은 전국 평균이 쌀 26%, 보리 93%, 콩 77% 이었다. 보리, 콩 등은 자급률이 낮은 품목이며 게다가 그 주산지는 유럽 수준의 경영규모를 가진 홋카이도이다.

참고문헌

JET Farm 홈페이지(http://www.jetfarm.co.jp).
中洞正,『행복한 소에서 나오는 맛있는 우유』, Commons, 2007.
中洞牧場 홈페이지(http://www.nakahora-farm.co.jp).
野中郁次郎・勝見明,『이노베이션의 방법』, 일본경제신문사, 2007.

찾아보기

ㅈ

ㅊ